逆引きデザイン事典

Illustrator

設計幫幫忙

Illustrator 逆引きデザイン事典 [CC/CS6/CS5/CS4/CS3] 増補改訂版

(Illustrator Gyakubiki Design Jiten Zouhokaiteiban : 4982-0)

Copyright © 2017 by Shinichi Ikuta, Junya Yamada, Hiropon Tsuge, Mamoru Juni.

Original Japanese edition published by SHOEISHA Co.,Ltd.

Complex Chinese Character translation rights arranged with SHOEISHA Co.,Ltd.

through JAPAN UNI AGENCY, INC.

Complex Chinese Character translation copyright © 2018 by GOTOP INFORMATION INC.

關於本書的適用對象

本書支援 Adobe Illustrator CC/CS6/CS5/CS4/CS3。
書中說明的版本為 CC，若操作內容與其他版本有出
入時，將另外標示說明。

本書同時支援 Windows 與 Mac 等兩種 OS 版本。書
內以 Windows 的操作介面為主，Mac 也可以執行相
同操作。

Windows		Mac
Ctrl 鍵	➡	⌘ 鍵
Alt 鍵	➡	Option 鍵
Enter 鍵	➡	Return 鍵

※ 書內記載的 URL 等資料可能在沒有預告的情況下更改。
※ 本書內容已力求正確，作者與出版社皆不對書中內容做任何保證。對讀者按照內容或範例執行的結果，概不負任何責任。
※ 書中介紹的範例程式、Script 及記錄執行結果的畫面影像等，都是基於特定的設定環境，呈現出來的其中一種結果。
※ 本書記載的公司名稱、產品名稱皆屬於各公司的商標或註冊商標。

序

Adobe Illustrator 是設計職場不可或缺的軟體，除了能靈活地繪製高品質的圖片，也能製作印刷、網頁或是各種裝置使用的檔案，業界也都利用 Adobe Illustrator 製作印刷品、網頁以及五花八門的內容。

截至目前為止的 Illustrator，透過不斷的改版，實現使用者的每一個願望，而且這個精神也傳承至今。最新版的 Illustrator CC 使用了 Creative Cloud（CC）的程式庫，新增圖片、段落、文字、樣式、顏色這些項目，也能於多種應用軟體之間使用，還可利用 Typekit 從豐富的字型程式庫同步使用喜歡的字型，也可透過 CC 將 Adobe Stock 的圖片輕鬆地嵌入文件裡。此外，文字編輯功能也大幅強化，操作也變得更簡單方便。在網路用途方面，搭載了資產集面板，能一次輸出適合所有裝置使用的內容，也藉此大幅縮短製作時間。

許多使用者都希望能早點學會 Illustrator 這些富有魅力的功能，並早一步用於職場吧！本書除了支援使用新版 Illustrator CC 的使用者，也支援使用 CS6/CS5/CS4/CS3 的使用者，整理了過去以及現在所有最新的功能，讓使用者能更快熟悉 Illustrator 的功能。讀者可從任何一個章節開始閱讀，也可直接跳到想看的頁面閱讀。此外，為了讓大家能在短時間內學會，所有的項目都限縮在 1 ～ 2 頁之內。書末也收錄了近似色色表與框線的製作查詢表。本書最大的特點就是能在短時間之內，有效率地學會需要的資訊。

執筆之際，也請第一線的專家們從各自的專業領域說明內容，這也可說是本書的一大特色。我相信，這本書一定能在職場助各位一臂之力，各位也一定會對本書愛不釋手。

由衷期盼本書能在各位的創意發想、職場與學習上有所幫助。

生田 信一

CONTENTS
目錄

第 2 章　繪製物件 057

第 3 章　編輯物件 083

第4章　填色、筆畫、顏色的設定 111

第 7 章　文字的操作 191

第 8 章　排版樣式 229

第 9 章　繪製圖表 249

第 12 章　印刷與完稿 319

● **下載範例檔案**

本書用於解說的範例檔皆可下載，請前往下列
網站下載。

http://books.gotop.com.tw/download/
ACU076200

● **頁面閱讀方式**

 007 利用舊版製作新文件
008 於 CC 2017 新增文件

相關項目：介紹類似功能或建議同時閱讀的
項目。

VER.
CC / CS6 / CS5 / CS4 / CS3

黑字表示支援的版本，淡灰字表示不支援的版
本。此外，本書的 CC 新功能是涵蓋到 2016
年 11 月發布的 Illustrator CC 2017 版本。

TOOL REFERENCE
工具索引

● Illustrator CC 工具列

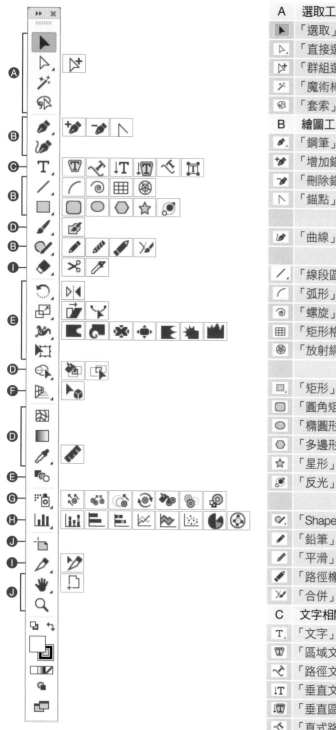

A	選取工具
▶	「選取」工具
▷	「直接選取」工具
▷+	「群組選取」工具
⚡	「魔術棒」工具
⟲	「套索」工具
B	**繪圖工具**
✎	「鋼筆」工具
+✎	「增加錨點」工具
✎-	「刪除錨點」工具
⎰	「錨點」工具　[CC～]
✎	「曲線」工具　[CC～]
╱	「線段區段」工具
⌒	「弧形」工具
◎	「螺旋」工具
⊞	「矩形格線」工具
⊛	「放射網格」工具
▢	「矩形」工具
▢	「圓角矩形」工具
◯	「橢圓形」工具
⬡	「多邊形」工具
☆	「星形」工具
◉	「反光」工具
✐	「Shaper」工具　[CC～]
✐	「鉛筆」工具
✐	「平滑」工具
✐	「路徑橡皮擦」工具
✂	「合併」工具　[CC～]
C	**文字相關工具**
T	「文字」工具
⊤	「區域文字」工具
⟋	「路徑文字」工具
↓T	「垂直文字」工具
⊤	「垂直區域文字」誕具
⟋	「直式路徑文字」工具
⊤	「觸控文字」工具　[CC～]

012

D	繪圖工具
	「繪圖筆刷」工具
	「點滴筆刷」工具 〔CS4～〕
	「形狀建立程式」工具 〔CS5～〕
	「即時上色油漆桶」工具
	「即時上色選取」工具
	「網格」工具
	「漸層」工具
	「檢色滴管」工具
	「測量」工具
E	改變外框工具
	「旋轉」工具
	「鏡射」工具
	「縮放」工具
	「傾斜」工具
	「改變外框」工具
	「寬度」工具 〔CS5～〕
	「彎曲」工具
	「扭轉」工具
	「縮攏」工具
	「膨脹」工具
	「扇形化」工具
	「結晶化」工具
	「皺摺」工具
	「任意變形」工具
	「漸變」工具
F	透視圖相關工具
	「透視格點」工具 〔CS5～〕
	「透視選取」工具 〔CS5～〕

G	符號相關工具
	「符號噴灑器」工具
	「符號偏移器」工具
	「符號壓縮器」工具
	「符號縮放器」工具
	「符號旋轉器」工具
	「符號著色器」工具
	「符號濾色器」工具
	「符號樣式設定器」工具
H	圖表工具
	「長條圖」工具
	「堆疊長條圖」工具
	「橫條圖」工具
	「堆疊橫條圖」工具
	「折線圖」工具
	「區域圖」工具
	「散佈圖」工具
	「圓形圖」工具
	「雷達圖」工具
I	消除、截斷、切片工具
	「橡皮擦」工具 〔CS3～〕
	「剪刀」工具
	「美工刀」
	「切片」工具
	「切片選取範圍」工具
J	移動顯示工具
	「工作區域」工具 〔CS4～〕
	「手形」工具
	「列印並排」工具
	「放大鏡」工具

WORK SPACE REFERENCE

工作區域說明

選單列

控制面板
⊃ 026 頁

工具面板
⊃ 022 頁

Dock
⊃ 024 頁

作業空間

面板選單

工作區

面板
⊃ 024 頁

縮放方塊
⊃ 040 頁

工作區域
導覽

選擇中的工具
名稱

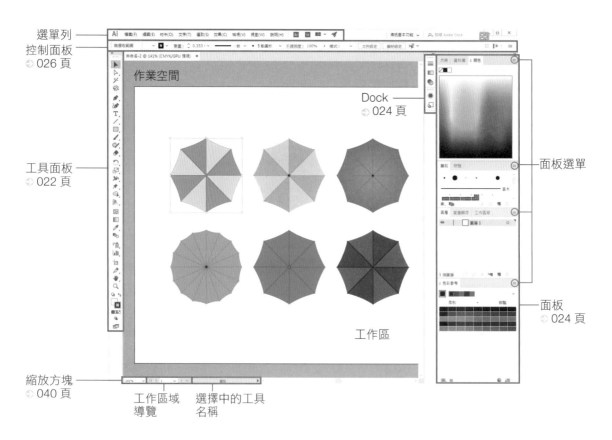

PANEL REFERENCE

面板說明

● **編輯填色與筆畫的面板**

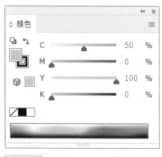

：用於設定
填色與筆畫顏色。⊃
112 頁

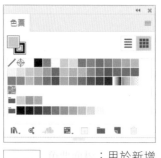

：用於新增
與套用顏色、圖樣、
漸層色的面板 ⊃ 114
頁

：進階設定漸層
的面板。⊃ 124 頁

筆畫面板：設定筆畫的粗細與形狀。 120 頁

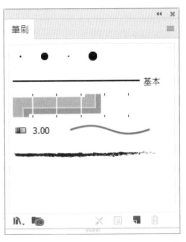

筆刷面板：設定筆刷種類，也可新增自訂筆刷。 130 頁

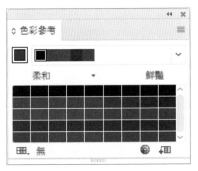

顏色參考面板：選擇配色或特別色。 138 頁

透明度面板：設定透明度與漸變模式。 135 頁

● **編輯物件的面板**

資料庫面板：新增顏色、文字格式或物件，再於其他文件 或 Photoshop、InDesign 使用。 054 頁

繪圖樣式面板：可同時新增填色、筆畫顏色、屬性、濾鏡效果再套用至物件。 175 頁

符號面板：將物件新增為符號，就能輕鬆地使用物件。→080 頁

動作面板：預先記錄一連串的動作再套用。→310 頁

參數面板：製作可置換的圖片或文字的樣板。→314 頁

外觀面板：確認與編輯填色、筆畫顏色、屬性、濾鏡效果。→121 頁

● 讓物件變形的面板

路徑管理員面板：讓多個物件合併或是利用物件裁切另一個物件。→078 頁

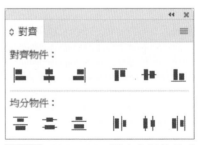

對齊面板：對齊多個物件或是等距配置物件的面板。→076 頁

● 確認物件狀態的面板

 ：顯示文件的縮圖。可立刻移動至要觀察的部分。● 040 頁

 連結面板：顯示所有點陣圖（例如照片）。可確認與編輯連結的狀態。● 146 頁

：用來複製與刪除工作區域的面板。● 034 頁

：對齊、複製、削除圖層的面板。● 072 頁

：顯示物件的位置、大小、旋轉角度這類與形狀有關的資訊。● 091 頁

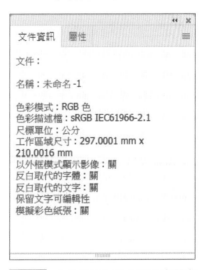

：顯示有關文件各種資訊的面板。● 332 頁

● 網頁相關面板

CSS 內容面板：可從物件轉存 CSS（樣式表）的面板。◯280頁

SVG 互動面板：可對物件設定在網頁裡顯示時的動作。◯286頁

資產轉存面板：可將有助於網頁或 App 製作的設計元件（資產）轉存為各種格式。◯289頁

● 與格式有關的面板

字元面板：設定文字的字型、字級與行距。◯204頁

定位點面板：預先在文字內輸入定位點可對齊文字。◯212頁

段落面板：用來設定段落的縮排、間距、首字放大、換行組合。◯206頁

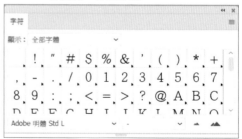

字符面板：可輸入異體字或各種符號。◯210頁

CC NEW FEATURES REFERENCE

CC 新功能

Illustrator CC 2017 [2016.11.2]

Illustrator CC 2015.3.1 [2016.8.10]

Illustrator CC 2015.3 [2016.6.20]

Illustrator CC 2015.2 [2015.11.30]

Illustrator CC 2015 [2015.6.15]

Ai Creative Cloud 開始

第 1 章　作業環境與操作

NO. 001 工具面板的基本操作

VER.
CC / CS6 / CS5 / CS4 / CS3　　　介紹切換「工具」面板的顯示模式以及選擇隱藏工具的方法。

「工具」面板的移動與 1 欄 / 2 欄的顯示模式切換

「工具」面板屬於頻繁使用的面板，先記住操作方法，有利於日後的操作。要移動「工具」面板時，可拖曳標題列 ❶。此外，點選標題列的雙重箭頭（ ►► ）就能切換成 1 欄或 2 欄的模式 ❷。

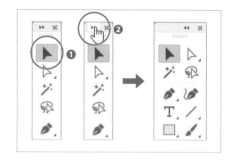

選擇隱藏的工具

假設工具圖示右下角有三角形，代表裡面還有隱藏的工具。此時只要按住工具圖示，下拉式選單就會開啟，也會列出隱藏的工具 ❸，也就能直接選擇需要的工具 ❹。

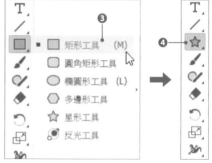

> **MEMO**
> 要依照叫出隱藏的工具，可按住 [Alt]（[Option]）鍵再點選工具圖示。

分離工具群組

隱藏的工具群可從「工具」面板分離。在按住工具圖示的狀態下，將滑鼠游標拖曳到顯示右端三角形的區域 ❺，此時工具群組會自動分離，也可移動到任何的位置 ❻。要關閉分離的面板只需要點選「關閉」按鈕 ❼。假設工具名稱的右端顯示了英文字母，代表可直接利用對應的鍵盤按鈕選擇該工具。例如矩形工具可按下 [M] 選擇 ❽。

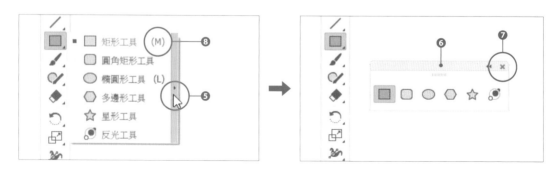

NO.
002 自訂工具面板

VER.
CC / CS6 / CS5 / CS4 / CS3　　CC 17.1 之後可利用自訂工具面板功能建立專屬的工具集。

STEP 1　接下來要新增自訂的「工具」面板。請從「視窗」選單點選【工具 → 新增工具面板】❶。「新增工具面板」對話框開啟後，輸入名稱❷。此時畫面上會出現新的「工具」面板。

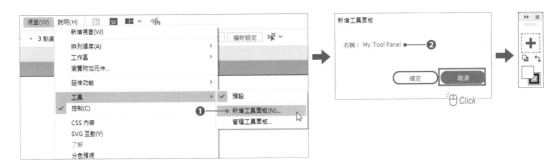

STEP 2　接著從既有的「工具」面板將要新增的工具拖放至剛剛新增的「工具」面板❹，就能新增工具❺。重覆這個操作就能建立專屬的「工具」面板❻。

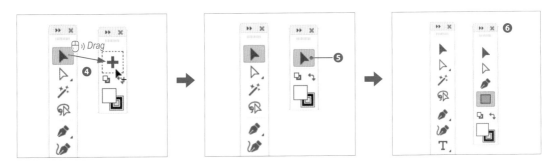

STEP 3　從「視窗」選單點選「工具」之後，剛剛新增的「工具」面板的名稱會於副選單顯示❼，所以可隨時呼叫出來使用。從「視窗」選單點選「管理工具面板」❽將顯示「管理工具面板」對話框❾，此時即可刪除或複製剛剛新增的面板❿。

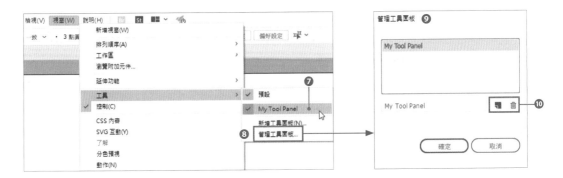

NO.

003 自訂作業畫面

VER.
CC / CS6 / CS5 / CS4 / CS3

選擇工作區域的種類，自訂面板的顯示方式，再儲存這些設定。

選擇工作區域

Illustrator 的工作區域可視用途切換。從「視窗」選單點選「工作區域」，即可從中依照目的選擇「網頁」、「印刷樣式」、「描圖」、「列印和校樣」、「繪圖」、「版面」、「基本功能」、「自動」這些工作區域（顯示的內容會隨著版本而不同）。此時面板的種類與組合也會隨著選擇的工作區域而有所不同❶。

DOCK 的操作

面板可收納在 DOCK 裡❷，而這些面板都會顯示為圖示。點選 DOCK 的圖示❸將會顯示面板❹。點選「展開面板」鈕❺將顯示所有的面板❻。

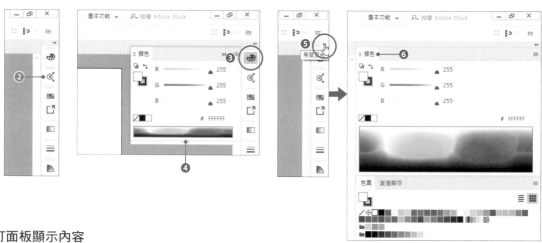

自訂面板顯示內容

在 DOCK 裡，可自由地將面板設定為群組。要將面板拖曳到群組內部只需要拖曳面板標籤名稱，再直接拖曳到群組內的標籤名稱位置❼，或是拖曳到圖示上方❽。要讓面板脫離群組時，可直接將該面板的標籤名稱拖到外部。

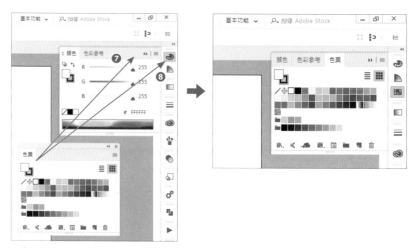

此外，將面板的標籤名稱拖曳到 DOCK 下方 ❾，
會於 DOCK 成為獨立的面板 ❿。

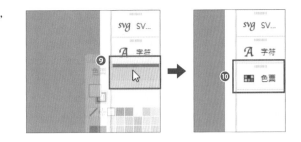

儲存自訂的工作區域

STEP 1 自訂的工作區域可在命名之後儲存。
第一步先從「視窗」選單點選【工
作區 → 新增工作區域】（CS5 之前為
「儲存工作區域」）❶。

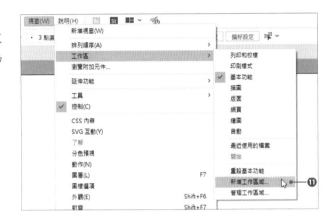

STEP 2 「新增工作區域」（CS5 之前為「儲存
工作區域」）對話框開啟後，輸入工作
區域的名稱 ⓬ 再點選「確定」。

STEP 3 儲存的工作區域可隨時叫出來使用。
從「視窗」選單點選「工具」後，會
顯示儲存的工作區域的名稱，此時即
可選擇需要的工作區域 ⓭。

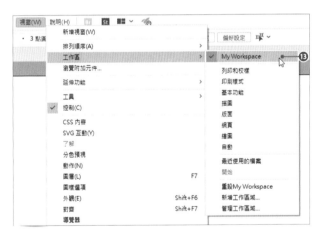

STEP 4 若想要刪除儲存的工作區域，可從
「視窗」選單點選【工作區 → 管理工
作區域】，再點選要刪除的工作區域的
名稱，然後點選「刪除工作區域」鈕
⓮。

002 自訂工具面板

VER.
CC / CS6 / CS5 / CS4 / CS3

活用橫長的「控制」面板可讓作業變得更有效率。「控制」面板的內容會隨著選擇的物件種類而不同，面板的長度也會隨著顯示的項目數量而改變。

「控制」面板的操作

「控制」面板為了讓使用者設定物件的屬性，會顯示各種面板或是可輸入數值的輸入方塊，也可利用按鈕執行命令。主要的操作方法如下。

STEP 1 填色與筆畫的顏色可在點選箭頭按鈕（☑），開啟「色票」面板❶之後，按住 Shift 鍵點選可開啟「顏色」面板❷。此外，若是點選顏色的面板名稱（CC2017 為底線）將會開啟面板。

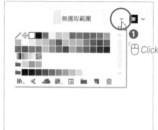
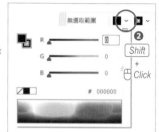

STEP 2 要指定數值時，可從下拉式選單點選數值❸或是直接在輸入方塊裡輸入數值❹。

STEP 3 要執行命令時，可利用按鈕執行❺或是直接從內容選單執行❻。

STEP 4 點選「控制 面板的右端會顯示面板選單。預設值為「固定至頂部」，若是選擇「固定至底部」，「控制」面板就會於視窗下方顯示。此外，也可選擇「控制」面板裡的項目。

以「選擇」工具選取物件時

下列是以「選取」工具 ▶ 選取矩形物件時的「控制」面板。可指定物件的筆畫、填色的顏色，也可指定筆畫寬度、變數寬度描述檔、筆刷以及不透明度。

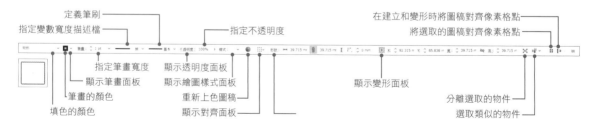

以「直接選取」工具選擇錨點時

下圖是以「直接選取」工具 ▷ 選擇單一錨點的「控制」面板。若選取多個錨點，還可使用「對齊」面板操作錨點。

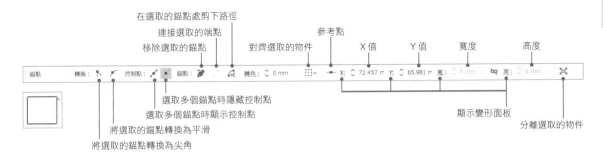

選擇文字的時候

下圖是以「選取」工具 ▶ 或「文字」工具 T 點選文字物件的「控制」面板。除了可設定文字的字型家族、字體樣式與字級，還可顯示「字元」面板或是「段落」面板

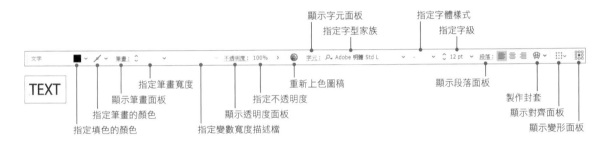

選擇圖片的情況

這是選擇配置的連結圖片的控制面板。此時可開啟「連結」面板或是利用按鈕執行「嵌入」、「編輯原稿」的操作。點選「遮色片」還可建立剪裁遮色片。

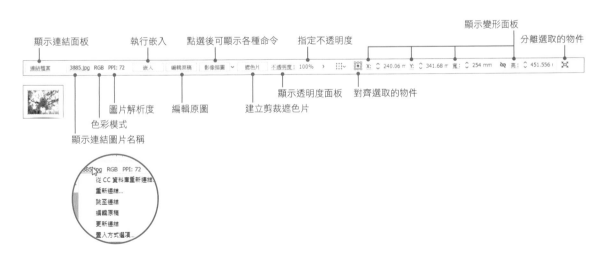

005 CC 2017 的新介面

CC 2017 在工具圖示、面板與新增文件的介面上新增了一些變動。

工作區域介面的變動

CC 2017 的介面設計變得更簡單易懂。工具圖示的設計也有所變動，滑鼠游標在畫面上的形狀也改變了。

CC 2017

CC 2017

選取工具

直接選取工具

鋼筆工具

作業時的滑鼠
游標形狀

CC 2015

選取工具

直接選取工具

鋼筆工具

CC 2015

面板的內容更動如下圖。圖示的設計變得更扁平，也更簡單明瞭。

CC 2017

CC 2015

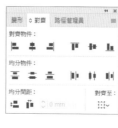

NO.

006 變更介面亮度

VER.

CC / CS6 / CS5 / CS4 / CS3

CS6 之後，介面就有四種亮度可以設定，也能調整畫布亮度。

指定使用者介面的明亮度

作業畫面的面板與對話框的背景顏色有四種顏色可以切換。從「編輯」選單點選【偏好設定 → 使用者介面】，就能從「亮度」選擇「暗」、「中等暗色」、「中等淺色」、「亮」四種顏色❶。

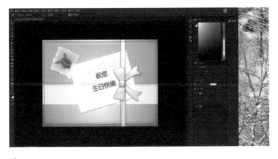

暗

中等暗色

中等淺色

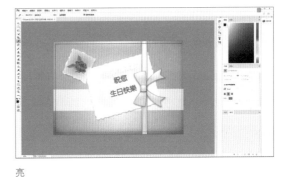

亮

指定畫布的顏色

工作區域以外的周邊部分稱為畫布❷。畫布的顏色通常會與使用者介面的亮度一致，但是若在「畫布顏色」選擇「白色」，畫布就會轉換成白色❸。

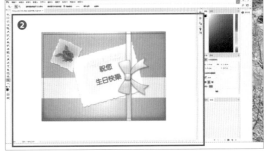

007 利用舊版製作新文件

VER.
CC / CS6 / CS5 / CS4 / CS3

CC 2017 之前的版本新增文件時，可於「描述檔」選擇需要的媒體，再分別進行設定。

選擇需要的描述檔再設定新增文件的選項

從「檔案」選單選擇新增之後，會開啟新增文件的對話框。在「描述檔」❶ 選擇需要的媒體後，可設定「單位」❷、「色彩模式」或是其他選項。

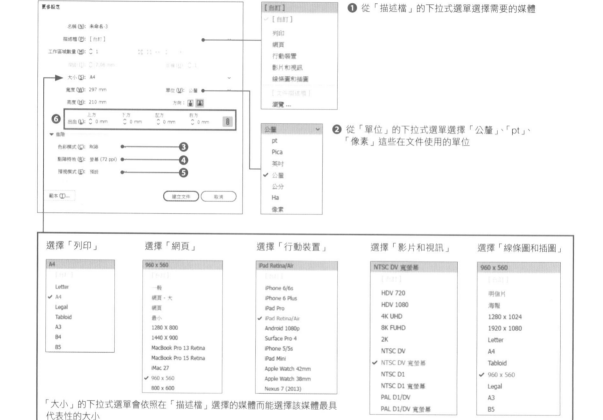

❶ 從「描述檔」的下拉式選單選擇需要的媒體

❷ 從「單位」的下拉式選單選擇「公釐」、「pt」、「像素」這些在文件使用的單位

選擇「列印」　　選擇「網頁」　　選擇「行動裝置」　　選擇「影片和視訊」　　選擇「線條圖和插圖」

「大小」的下拉式選單會依照在「描述檔」選擇的媒體而能選擇該媒體最具代表性的大小

❸ 色彩模式

用於印刷或是列印時可選擇「CMYK」，若是像網頁這種在螢幕顯示的用途則可選擇「RGB」

❹ 點陣特效

指定從「效果」選單點選「點陣化」的解析度

❺ 預視模式

指定畫面顯示模式。若是在網頁這種於螢幕顯示的用途可選擇「像素」

設定出血

「出血」（從 CS4 之後即可設定）❻ 通常會指定為「3mm」。設定「出血」值之後，工作區域的周圍會出現紅框❼。如果想在出血的範圍配置照片或顏色，就必須在紅框之內填滿顏色。

008 於 CC 2017 新增文件

VER.
CC / CS6 / CS5 / CS4 / CS3　　CC 2017 是於新的使用者介面新增文件。

第
1
章

作業環境與操作

STEP 1　啟動 CC 2017 Illustrator 之後，會顯示如右圖的畫面。這個對話框可用來開啟最近使用過的檔案❶，也可搜尋 Adobe Stock。如果想新增文件可點選「新增」❷。

STEP 2　開啟新增文件對話框之後，可於上方的標籤點選「最近」、「已儲存」、「行動裝置」、「網頁」、「列印」、「影片和視訊」、「線條圖和插圖」這些選項。視窗的右側則可指定大小、單位、工作區數量。點選「更多設定」❸可進行更細膩的設定❹。

🔶 **MEMO**

若想以之前的介面新增文件，可從「編輯」選單點選【偏好設定 → 一般】，再勾選「使用舊版『新增檔案』介面」即可。

☑ 沒有文件開啟時顯示開始工作區 (H)

☐ 開啟檔案時顯示最近使用的檔案工作區 (N)

☑ 使用舊版「新增檔案」介面

☐ 使用預視邊界 (V)

☑ 開啟舊版檔案時加入 [轉換](L)

009 以標籤的方式開啟文件

VER.
CC / CS6 / CS5 / CS4 / CS3

CS4 之後，就能於標籤開啟文件，也能以視窗分離並列的方式顯示文件。

以標籤的方式開啟文件

從「編輯」選單點選【偏好設定 → 使用者介面】之後，勾選「以標籤方式開啟文件」❶，就可在新增文件或開啟舊檔時，以標籤方式開啟文件。若是開啟了很多文件，標籤就會顯示檔案名稱。要切換至其他的文件，只需要點選顯示檔案名稱的標籤❷。

分離以標籤顯示的視窗

以標籤顯示視窗之後，就只能顯示單一的文件。若要讓多個視窗並列顯示，可先讓視窗分離。拖曳標籤就能讓視窗分離❸。若想讓多個視窗同時分離，可從「視窗」選單點選【排列順序 → 全部在視窗中浮動】即可❹。

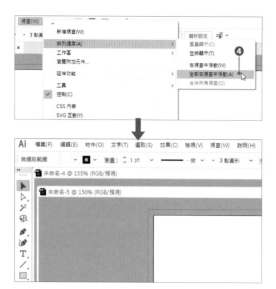

> **MEMO**
>
> 如果想讓多個文件並排顯示，可於應用程式列點選「排列文件」鈕，就能隨心所欲地切換成喜歡的排列模式。

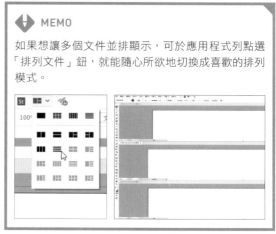

007 利用舊版製作新文件
008 於 CC 2017 新增文件

NO.
010 新增多個工作區域，
調整工作區域的大小

VER.
CC / CS6 / CS5 / CS4 / CS3　CS4 之後，可於單一的文件裡新增多個工作區域。

新增文件時，可建立多個工作區域

從「檔案」選單點選「新增」，開啟新增文件對話框之後，可在「工作區域數量」裡輸入工作區域數量❶，再以按鈕指定工作區域排列的方式❷，然後指定「間距」的值❸。點選「確定」就能建立多個工作區域。

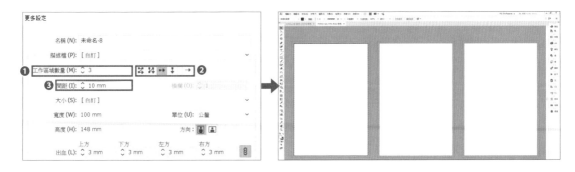

新增文件之後才變更工作區域的大小

第一步先點選「工作區域」工具 🔲 ❹。「控制」面板的內容會切換成工作區域專屬的選項，此時可進行各種操作❺。以「工作區域」工具 🔲 點選要變更大小的工作區域，再於「預設集」的彈出式選單選擇大小❻。也可以直接在「控制」面板的「W（寬）」與「H（高）」）的輸入方塊直接輸入值。下圖是變更了右側的工作區域的結果❼。

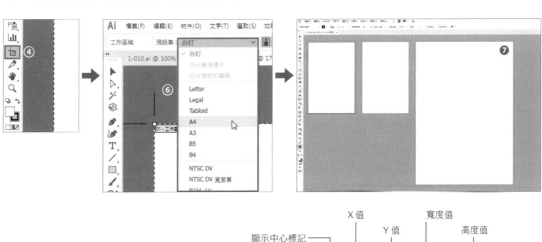

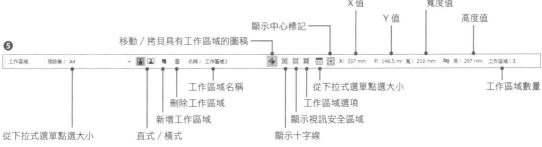

NO.
011 新增工作區域

新增工作區域可使用「工作區域」工具 🗐 或「工作區域」面板操作。

STEP 1
點選「工作區域」工具 🗐，「控制」面板的內容改變後，請點選「新增工作區域」鈕❶。此時滑鼠游標的形狀會轉換成代表工作區域大小的形狀❷，此時可點選目標位置新增工作區域❸。

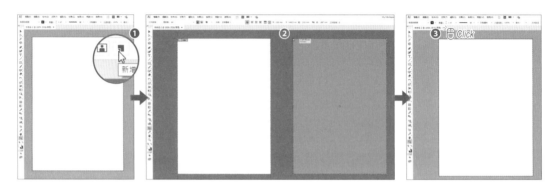

STEP 2
CS5 之後，可從「視窗」選單點選「工作區域」，開啟「工作區域」面板。點選面板下方的「新增工作區域」鈕❹，就能新增與選取中的工作區域一樣尺寸的工作區域。「工作區域」面板也會以新的名稱新增工作區域。

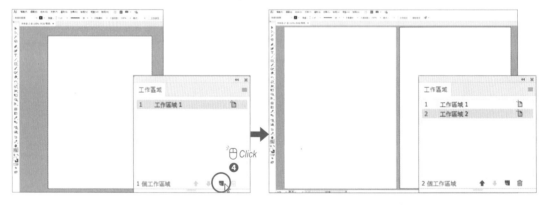

STEP 3
建立多個工作區域之後，如果想要進一步管理，可先開啟「工作區域」面板。CS6 之後，雙點工作區域名稱左側的數字❺就能切換畫面。此外，雙點工作區域名稱❻也能重新命名。CS5 之後，點選工作區域名稱右側的圖示❼，可開啟「工作區域選項」面板❽，可於對話框之中進行各種設定。

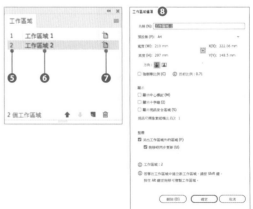

012 複製工作區域

NO. 012 複製工作區域

VER.
CC / CS6 / CS5 / CS4 / CS3

接著要複製工作區域。此時可以選擇只複製工作區域或是連同圖稿一併複製。

STEP 1
這次要先準備一個明信片圖稿，再複製工作區域。第一步請先點選「工作區域」工具 🔲。接著取消「控制」面板裡的「移動 / 拷貝具有工作區域的圖稿」❶。按住 `Alt`（`Option`）鍵再拖曳，就能只複製工作區域 ❷。

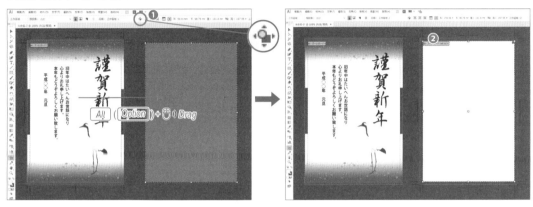

STEP 2
若要連同圖稿一併複製，可在點選「工作區域」工具 🔲 之後，於「控制」面板勾選「移動 / 拷貝具有工作區域的圖稿」按鈕 ❸。接著按住 `Alt`（`Option`）鍵再拖曳，就能連同圖稿一併複製 ❹。

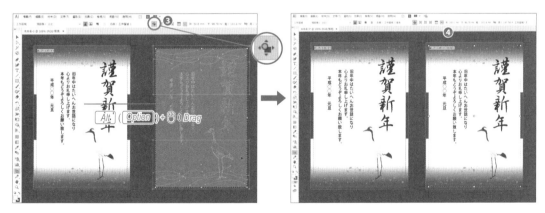

STEP 3
CS5 之後，也能利用「工作區域」面板複製工作區域。從面板選單點選「複製多個工作區域」❺ 即可複製。不過，這種複製方式會連同圖稿一併複製 ❻。

013 變更工作區域的頁面順序

VER.
CC / CS6 / CS5 / CS4 / CS3

於「工作區域」面板變更頁面編號,再以「重新排列工作區域順序」命令重新配置工作區域於畫面的位置。

STEP 1　工作區域會依照順序建立編號。這個編號可於「工作區域」面板確認 ❶。下圖已替三個工作區域命名,以便看出排列的順序。由左至右的頁面順序為 1、2、3。第一步先試著變更頁面順序。

STEP 2　在「工作區域」面板裡,將編號 1 的「招待函」圖層拖曳到最下方,變更圖層的順序。雖然「招待函」的圖層移到最下面,三個工作區域的頁面編號也改變了,但畫面的順序還沒變。

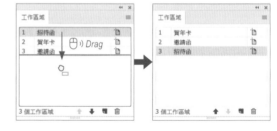

STEP 3　若要改更畫面裡的工作區域順序,可從「工作區域」面板的選單點選「重新排列工作區域順序」,開啟對話框之後,點選「配置」的按鈕 ❷,再指定「間距」的值 ❸。勾選「隨工作區域移動圖稿」之後,物件就會跟著工作區域移動 ❹。點選「確定」,圖稿就會重新配置位置。

作業環境與操作

NO.
014 將工作區域儲存成 不同的檔案

明信片.ai　明信片_招待函.ai

VER.
CC / CS6 / CS5 / CS4 / CS3

若是單一文件含有多個工作區域，可於儲存時，將工作區域分別存成不同的檔案。

STEP 1
開啟含有多個工作區域的文件。從「檔案」選單點選「另存新檔」❶。

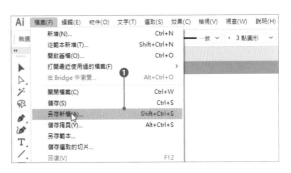

STEP 2
於「另存新檔」對話框指定「名稱」與「位置」之後，於「存檔類型」點選「Adobe Illustrator（*.AI）」再點選「存檔」❷。開啟「Illustrator 選項」對話框之後，勾選「將每個工作區域儲存至不同的檔案」選項❸（CS4 則是於「版本」勾選「Illustrator CS3」之前的選項，就能儲存為不同的檔案）。點選「全部」❹ 可將所有的工作區域儲存成不同的檔案，勾選「範圍」❺ 則可於輸入方塊輸入工作區域的頁面編號，指定哪些工作區域要儲存成檔案。

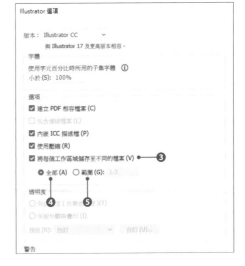

◆ MEMO

指定要儲存為檔案的工作區域時，可加入「,」指定特定的頁面，也可加入「-」指定連續的頁面範圍。舉例來說，若是指定為「1,3-5」，就代表將第 1 頁以及第 3～5 頁的工作區域分別儲存成檔案。

STEP 3
點選 STEP 2 的「存檔」之後，就會如右圖將所有的工作區域儲存成不同的檔案。CS5之後，會在檔案名稱加入工作區域的名稱，提供使用者辨識。

明信片.ai　明信片_招待函.ai　明信片_賀年卡.ai　明信片_邀請函.ai

015 利用放大鏡工具
變更畫面顯示

VER
CC / CS6 / CS5 / CS4 / CS3　利用「放大鏡」工具 🔍 縮放畫面。

STEP 1　以「放大鏡」工具 🔍 點選畫面，就會從點選的位置放大畫面。下圖是以「放大鏡」工具 🔍 點選❶的位置，放大畫面的結果。想要縮小畫面時，可按住 Alt（Option）鍵再以「放大鏡」點選畫面。按住 Alt（Option）鍵之後，工具圖示會從「+」（加號）切換成「-」（減號）。

按住 Alt（Option）鍵，「放大鏡」工具 🔍 的圖示就會從 + 號轉換成 - 號

STEP 2　在「CPU 預視」模式（CC 2015 搭載）之下，可利用「放大鏡」工具 🔍 指定放大的區域。如左下圖所示，以「放大鏡」工具 🔍 拖曳四角形❷，就能指定要放大顯示的範圍。一放開滑鼠左鍵，剛剛指定的區域就會放大顯示。

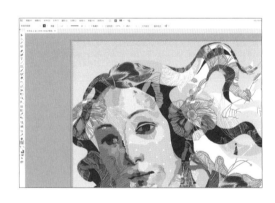

 MEMO

Illustrator CC 2015 之後，只要從「編輯」選單點選【偏好設定 → GPU 效能】，再啟用「GPU 效能」與「動畫的縮放」選項，就能使用放大鏡工具的「Scrub 縮放」與「動畫縮放」。「Scrub 縮放」可利用放大鏡工具往右側拖曳時放大畫面，從左側拖曳時縮小畫面。「動畫縮放」則可在按住滑鼠左鍵時，慢慢地放大畫面（按住 Alt（Option）鍵則是慢慢縮小）。「檢視」選單可點選「GPU 預視」與「CPU 預視」。

必須安裝獨立顯卡才會有此功能。

---

 016 利用快捷鍵調整畫面顯示倍率
017 變更畫面顯示範圍

NO. 016 利用快捷鍵 調整畫面顯示倍率

VER.
CC / CS6 / CS5 / CS4 / CS3

有很多快捷鍵可調整畫面的顯示倍率，先記住的話有利於日後操作。

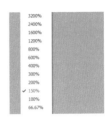

第1章

作業環境與操作

從「檢視」選單選擇切換畫面顯示方式的命令

「檢視」選單裡有「放大顯示」、「縮小顯示」、「使工作區域符合視窗」、「全部符合視窗」、「實際尺寸」這些調整畫面顯示模式的命令。到了 CC 2017 之後，在選取了物件的狀態下放大顯示，就會從物件的位置放大畫面。

S 放大顯示：Ctrl（⌘）+ + / 縮小顯示：Ctrl（⌘）+ -
使工作區域符合視窗：Ctrl（⌘）+ 0
全部符合視窗：Ctrl（⌘）+ Alt（Option）+ 0 （CS5 之後）
實際尺寸：Ctrl（⌘）+ 1

雙點「手形」工具與「放大鏡」工具，切換畫面顯示模式

雙點「工具」面板裡的「手形」工具 ✋ 圖示 ❶，就會切換成「使工作區域符合視窗」的顯示模式，若是雙點「放大鏡」工具 🔍 ❷ 就會切換成「實際尺寸」的顯示模式。

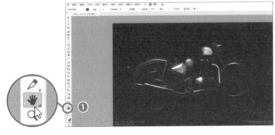

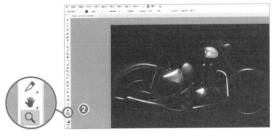

於縮放方塊切換畫面顯示倍率

點選視窗左下角的縮放方塊 ❸，可開啟顯示倍率的彈出式視窗，從中可選取需要的顯示倍率。此外，也可直接在縮放方輸入畫面顯示倍率。cc 2014 之後，最大可擴大至 64,000%。

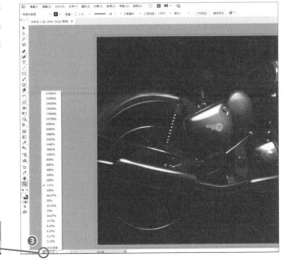

NO. 017 變更畫面顯示範圍

VER.
CC / CS6 / CS5 / CS4 / CS3

「導覽器」面板或「手形」工具 ✋ 可變更畫面的顯示範圍。

利用「導覽器」面板切換畫面

STEP 1
從「視窗」選單點選「導覽器」可開啟「導覽器」面板。「導覽器」面板會顯示文件的縮圖，也會以紅色方框❶標示目前顯示的區域。此外，面板下方的縮放方塊❷會顯示目前的顯示倍率。在這個方塊輸入數值可切換顯示倍率。再者，還可利用縮小按鈕❸與放大按鈕❹切換畫面。

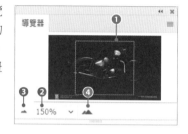

STEP 2
直接拖曳「導覽器」面板裡的紅框可調整目前的顯示範圍。下圖就是與紅框對應的畫面。

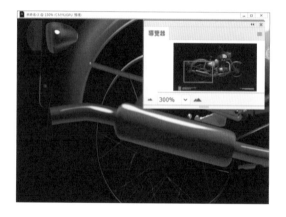

利用「手形」工具移動畫面

於「工具」面板點選「手形」工具 ✋，滑鼠游標就會轉換成手掌形狀❺。此時可在文件裡隨意拖曳，畫面也會跟著移動。這種操作很適合用來顯示旁邊沒有顯示的區域。

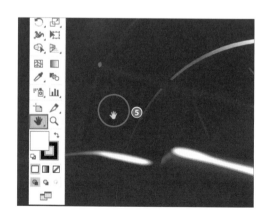

NO. 018 顯示尺標，以座標值指定物件的位置

VER.
CC / CS6 / CS5 / CS4 / CS3

要正確地指定物件的位置可先顯示尺標，再以 X、Y 的座標值指定。

STEP 1

物件的位置可利用 X 值與 Y 值指定。第一步從「檢視」選單點選【尺標 → 顯示尺標】（CS4 之前是從「檢視」選單點選「顯示尺標」）❶。此時視窗的上方與左側會顯示尺標。

S 顯示尺標 [Ctrl]（[⌘]）+ [R]

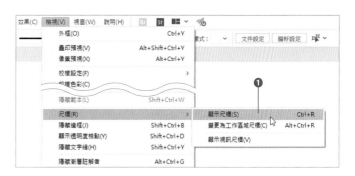

STEP 2

座標值的原點（0,0）位於工作區域的左上角❷。（註：CS3 之前以工作區域的左下角為原點（0,0）。）繪製正方形的物件後，「變形」面板會顯示 X 值與 Y 值❸。此外，「控制」面板也會顯示 X 值與 Y 值❹。於 X、Y 的輸入方塊直接輸入數值可指定物件的座標值。

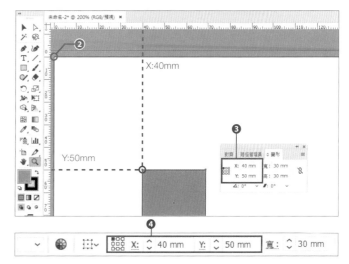

指定「參考點」，顯示 X 值與 Y 值

X、Y 的座標會隨著物件的參考點位置而改變。參考點會於「變形」面板或是「控制」面板裡顯示，點選 9 個小四角形的按鈕即可切換參考點的位置❺。右圖將參考點指定為中央之後，X、Y 的座標值也跟著改變❻。

❺這是切換「參考點」的 9 個按鈕。右圖指定為中央的按鈕

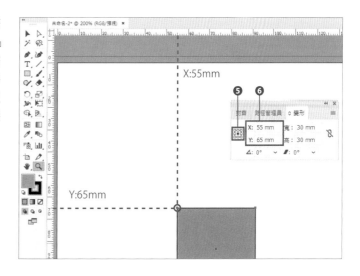

019 變更座標的原點位置

019 變更座標的原點位置

VER.
CC / CS6 / CS5 / CS4 / CS3　　X、Y 座標的原點可隨意調整位置。

STEP 1
這次要試著將 X、Y 座標的原點（0,0）設定為正方形物件的左上角位置。第一步，先將滑鼠游標移到水平、垂直尺標交錯處的四方形裡，再按下滑鼠左鍵❶。

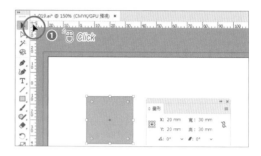

STEP 2
開始拖曳後，會顯示十字符號❷。拖曳到要設定為座標原點的位置後放開滑鼠左鍵❸。要對齊某處時，可利用錨點的位置貼齊。

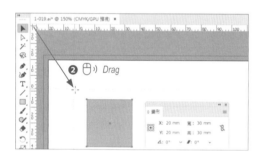

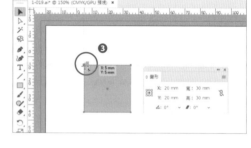

STEP 3
放開滑鼠左鍵的位置會設定為 X、Y 座標的原點（0,0）。可發現尺標的「0」改變位置了。

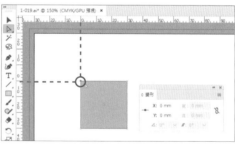

🔶 **MEMO**

於文件內部建立裁切標記與排版時，建議將原點設定為完稿的左上角位置，而不是工作區域的左上角位置。右圖是名片的編輯畫面，將座標的原點設定為完稿的左上角，才能以 X、Y 座標值正確地配置物件。

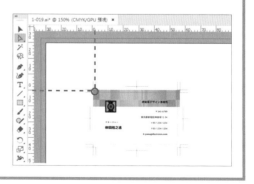

　　◈　018 顯示尺標，以座標值指定物件的位置

NO.
020 將物件轉換成參考線

隱藏參考線(U)	Ctrl+;
鎖定參考線(K)	Alt+Ctrl+;
製作參考線(M)	Ctrl+5
釋放參考線(L)	Alt+Ctrl+5
清除參考線(C)	

VER.
CC / CS6 / CS5 / CS4 / CS3

所有的物件都可轉換成參考線。參考線會於螢幕顯示，但不會被列印出來。

 STEP 1　參考線是設計時的輔助線。這次要建立 A4 大小的工作區域，再建立代表天地左右 10mm 留白的參考線。第一步先利用「矩形」工具 點選畫面，再輸入寬：190mm」、「高：277mm」❶ 繪製留白的長方形。座標軸請以左上角為基準❷，再設定「X：10mm」、「Y：10mm」（CS3 則 設 定「Y：287mm」）❸，在工作區域內配置長方形❹。

STEP 2　選取長方形，再從「檢視」選單點選【參考線 → 製作參考線】❺。此時長方形物件會轉換成參考線物件❻。若要避免不小心選取到參考線或是不想移動參考線，可從「檢視」選單點選【參考線 → 鎖定參考線】❼。

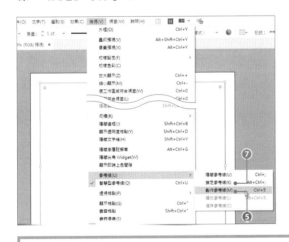

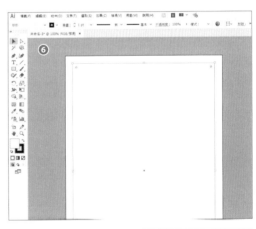

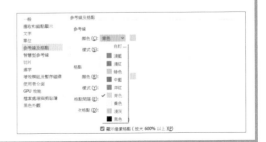

◆ MEMO

若要隱藏參考線可從「檢視」選單點選【參考線 → 隱藏參考線】。有時物件的顏色會使得參考線變得不清楚，這時候可試著變更參考線的顏色。從「編輯」選單點選【偏好設定 → 參考線及格點】，就能從「參考線」欄位的「顏色」下拉式選單點選需要的顏色。

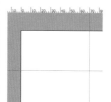

021 利用座標值正確配置水平與垂直的參考線

VER.
CC / CS6 / CS5 / CS4 / CS3

從尺標往文件內部拖曳可建立水平與垂直的參考線。

STEP 1

可建立水平與垂直的參考線。第一步從「檢視」選單選擇【尺標 → 顯示尺標】（CS4 之前從「檢視」選單點選「顯示尺標」）顯示尺標。將滑鼠游標移到左側的垂直尺標上，再往工作區域內拖曳，就能建立垂直的參考線❶。將滑鼠游標移至上方的水平尺標，再往工作區域內拖曳，就能建立水平的參考線❷。

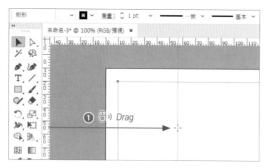

STEP 2

接著以座標值正確地指定剛剛拖曳配置的參考線。此時需要利用「選取」工具 ▶ 選取參考線，所以要先解除參考線的鎖定。從「檢視」選單點選【參考線 → 解除鎖定參考線】❸。CC 2015 之前可選取「鎖定參考線」解除勾選。

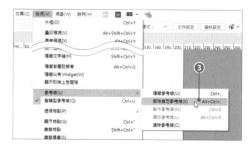

STEP 3

確認與輸入參考線的座標都可透過「變形」面板或「控制」面板的「X」、「Y」輸入方塊完成。在解除參考線鎖定的狀態下，利用「選取」工具 ▶ 點選參考線。垂直參考線❹可利用X值❺設定位置，水平參考線❻可利用Y值設定位置❼。

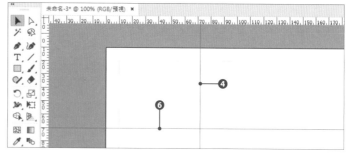

MEMO

在 Illustrator CC 的尺標雙點，可於該位置建立水平與垂直的參考線。若是按住 [Shift] 再雙點，就能自動與尺標上最接近的刻度（符號）貼齊。

MEMO

選取參考線再按下 [Delete] 鍵即可刪除參考線。從「檢視」選單點選【參考線 → 清除參考線】，即可刪除所有的參考線。

NO. 022 利用智慧型參考線讓物件彼此對齊

VER.
CC / CS6 / CS5 / CS4 / CS3

智慧型參考線可在移動與變形物件時，顯示對齊資訊。

設定智慧型參考線顯示的項目

要使用智慧型參考線時，可從「檢視」選單點選「智慧型參考線」❶。此外，可從「編輯」選單點選【偏好設定 → 智慧型參考線】（CS3 可點選「智慧型參考線和切片」）設定要顯示的智慧型參考線項目❷。

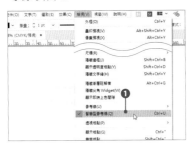

物件彼此重疊時顯示的訊息

在物件彼此重疊的情況下，選取的錨點與其他物件的錨點❸、路徑❹、中心點❺對齊時，就會顯示右圖的訊息。

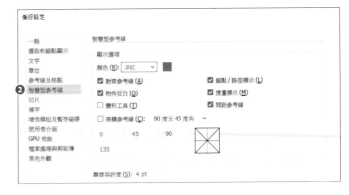

相離的物件對齊時的訊息

CS4 之後，在物件彼此遠離的情況下，物件的端點或是中心點對齊時會顯示輔助線，也會顯示對齊資訊❻。

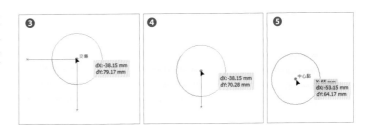

使用變形工具時顯示的訊息

從「編輯」選單點選【偏好設定 → 智慧型參考線】，再從對話框勾選「變形工具」，利用「縮放」工具、「傾斜」工具這類變形工具的時候，就會顯示智慧型參考線的訊息。右圖是使用「縮放」工具放大時的智慧型參考線訊息❼。

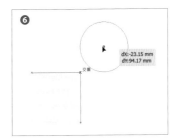

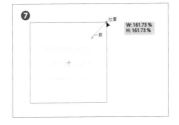

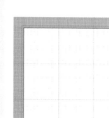

NO. 023 善用格點

VER.
CC / CS6 / CS5 / CS4 / CS3

需要繪製精細的圖稿時,可先在作業畫面的背面顯示格狀的格點。

STEP 1
第一步先設定格點的刻度數量與間距。從「編輯」選單點選【偏好設定 → 參考線及格點】,再從「格點」欄位的「顏色」❶、「樣式」❷ 下拉式選單選擇需要的設定。「格點間距」與「次格點」的輸入方塊❸ 可輸入格點的相關值。

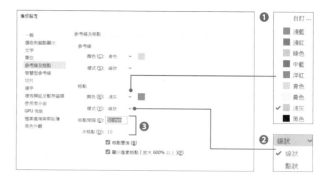

STEP 2
在 STEP1 設定「格點間距:50mm」、「次點:10」,以及將「樣式」指定為「線狀」之後,從「檢視」選單點選「顯示格點」❹,就能在畫面裡顯示間為 50mm 的粗實線與間距 5mm 的細實線❺。

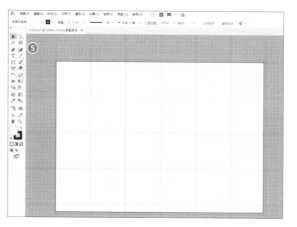

STEP 3
從「檢視」選單點選「貼齊格點」❻,就能在繪製或配置物件時,讓物件貼齊格點,也就是讓物件的錨點與格點的交錯處貼齊❼。此外,配置文字時,也可以讓文字與格點交錯處貼齊❽。

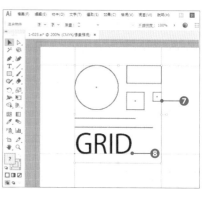

054 繪製矩形與同心圓的格線

NO. 024　切換預視顯示與外框顯示

VER.
CC / CS6 / CS5 / CS4 / CS3

將預視顯示切換成外框顯示後，就只會顯示路徑與錨點。

切換預視顯示與外框顯示

從「檢視」點選「外框」❶，於路徑套用的填色與筆畫的設定就會隱藏，只剩下路徑與錨點。如果要恢復原本的顯示模式，可從「檢視」選單選擇「CPU 預視」或「GPU 預視」（只有 CC 2015 以上的版本能使用 GPU 預視。CC 2014 之前只能選擇「預視」或「外框」）。

S 預視與外框的切換→ Ctrl（⌘）+ Y

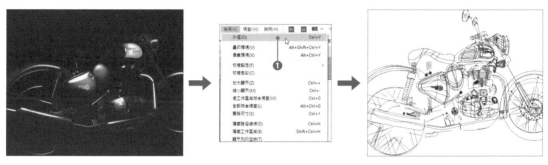

> **MEMO**
>
> 選擇以外框模式顯示的物件後，就會出現右圖的結果。
> 這很適合用來觀察別人繪製的物件的路徑或錨點的構
> 造。此外，也能輕易選取躲在背後的物件。

在預視模式底下顯示特定的圖層

若要讓特定的圖層以預視的方式顯示，可從「圖層」面板點選要預視的圖層，再從「面板」選單點選「為所有圖層製作外框」❷，就能讓其他圖層的物件改成外框顯示模式。如果要恢復原狀，可從相同的選單點選「預視所有圖層」。

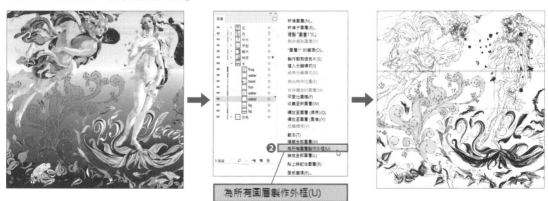

為所有圖層製作外框(U)

在不同的視窗顯示或新增視窗顯示方式

可利用不同的方式排列視窗,也可以替視窗的顯示方式命名。

以不同的方式排列一個視窗

從「視窗」選單點選「新增視窗」,可利用不同的顯示方式排列一個視窗。左下圖的範例是讓一個視窗顯示圖稿整體,另一個視窗放大顯示❶。右下圖則是一個視窗顯示圖稿整體,另一個視窗切換成預視模式❷。在其中一個視窗修改圖稿後,另一個視窗將立刻套用變更。

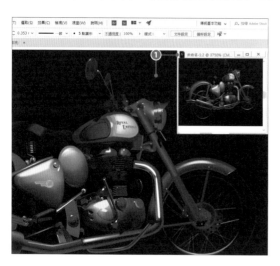

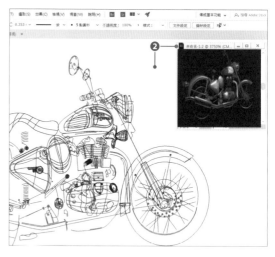

新增畫面顯示方法

可命名與新增畫面的顯示方法。第一步先調整畫面的顯示方法,接著從「檢視」選單點選「新增檢視視窗」❸。開啟「新增檢視」對話框之後,可輸入「名稱」❹再點選「確定」。新增完成後,「檢視」選單的最下方會顯示剛剛新增的檢視畫面名稱❺。點選該名稱即可切換成對應的檢視方式。

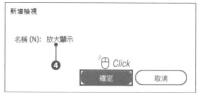

NO.
026 變更方向鍵的
移動距離與角度

VER.
CC / CS6 / CS5 / CS4 / CS3

要微調物件的位置或是讓物件以固定的距離移動時可使用方向鍵 ↑ ↓ ← → 。

調整方向鍵的移動距離

在選取物件後按下方向鍵 ↑ ↓ ← → 其中之一，就能讓物件微微移動，而此時的移動距離是可以調整的。從「編輯」選單點選【偏好設定 → 一般】後，調整「鍵盤漸增」數值❶。

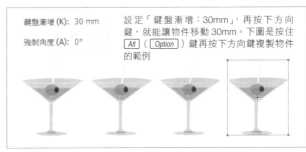

 MEMO

選取物件之後，按住 Shift 鍵再以方向鍵移動物件，移動距離會放大 10 倍。舉例來說，「鍵盤漸增」設定為「1mm」的時候，按住 Shift 鍵以方向鍵移動物件時，就會移動 10mm。

鍵盤漸增 (K): 30 mm

強制角度 (A): 0°

設定「鍵盤漸增：30mm」，再按下方向鍵，就能讓物件移動 30mm。下圖是按住 Alt （ Option ）鍵再按下方向鍵複製物件的範例

變更「強制角度」的值

接著是於「偏好設定」對話框的「一般」調整「強制角度」的值❷。預設值為「0。」，所以利用方向鍵往右移動物件時，會沿著水平方向移動。若是調整此值，就能在利用方向鍵移動物件時限制移動的角度❸，也能限制拖曳繪製矩形這類物件時的角度❹，同時還能調整按住 Shift 鍵時的移動角度。

鍵盤漸增 (K): 30 mm

強制角度 (A): 30°

❸將「強制角度」設定為 30。之後，以方向鍵移動物件時，就會沿著 30。的方向移動。

鍵盤漸增 (K): 30 mm

強制角度 (A): 45°

❹這是在設定「強制角度：45。」之後繪製物件的範例。

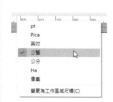

027 變更尺標、文字、筆畫的單位

VER.
CC / CS6 / CS5 / CS4 / CS3

選擇「偏好設定」的「單位」，可分別設定尺標的單位以及筆畫、文字的單位。

於「偏好設定」對話框設定單位

從「編輯」選單點選【偏好設定 → 單位】（CS4 是點選「單位及顯示效能」），可從下拉式選單設定「一般」（尺標使用的一般單位）、「筆畫」、「文字」（CS5 之前為「格式」）、「東亞文字」（CS6 之前為「日語選項」）的單位。

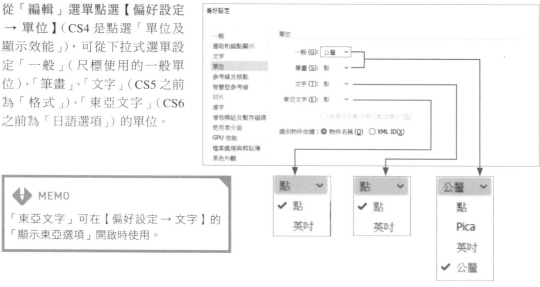

> ⭐ MEMO
>
> 「東亞文字」可在【偏好設定 → 文字】的「顯示東亞選項」開啟時使用。

於「文件設定」對話框設定單位

若只想變更開啟中文件的單位，可從「檔案」選單點選「文件設定」，再於「一般」標籤變更「單位」❶。此外，在尺標按住 [Ctrl]（[⌘]）+ 滑鼠右鍵，可從內容選單點選需要的單位❷。

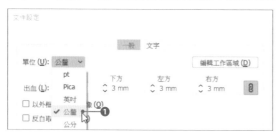

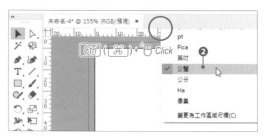

在輸入方塊指定數值時，可直接加上單位

在輸入方塊輸入數值之後，可再附加單位。字級的單位為「Q」或「q」，公釐的單位為「mm」，點的單位為「pt」，輸入後，將自動換算成設定的單位。

NO.
028 還原與重做操作

VER.
CC / CS6 / CS5 / CS4 / CS3

不小心執行錯誤的操作時，可多次還原，也可重做取消的操作。

還原操作

不小心執行錯誤的操作時，可還原操作。右圖是利用「鋼筆」工具 繪製曲線之後，從「編輯」選單點選「還原鋼筆」❶，還原操作的情況。可按下快捷鍵 Ctrl（⌘）+ Z 快速執行還原。

S 還原→ Ctrl（⌘）+ Z

> ⬇ **MEMO**
>
> 能還原的次數端看可使用的記憶體容量。

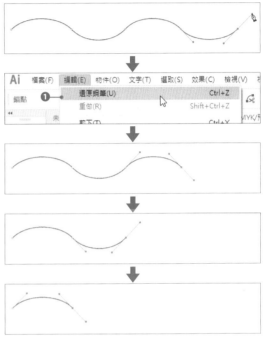

重做操作

上圖以「鋼筆」工具 繪製曲線以及還原操作後，從「編輯」選單點選「重做鋼筆」❷，就能重做剛剛的操作。這個操作可利用快捷鍵 Ctrl（⌘）+ Shift + Z 鍵快速執行。

S 重做→ Ctrl（⌘）+ Shift + Z

> ⬇ **MEMO**
>
> 若想還原到儲檔的狀態，可從「檔案」選單點選「回復」。不過這個操作無法取消。
>
>

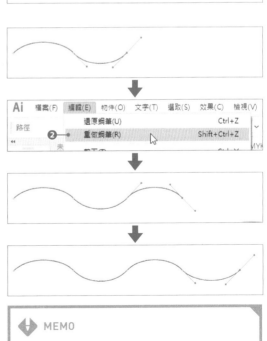

> ⬇ **MEMO**
>
> 一旦關閉文件，即使再度開啟文件，也無法還原或重做之前的操作。

儲存文件時，可選擇檔案格式與版本。

選擇儲存的檔案格式

從「檔案」選單點選「儲存」即可儲存檔案。從「檔案」選單點選「另存新檔」之後，可變更檔案名稱或是變更檔案格式再儲存。Illustrator CC 提供的檔案格式有「Adobe Illustrator」、「Illustrator EPS」、「Illustrator Template」、「Adobe PDF」、「SVG 已壓縮」、「SVG」❶。儲存之後，不同的檔案格式會出現如下圖示與副檔名。

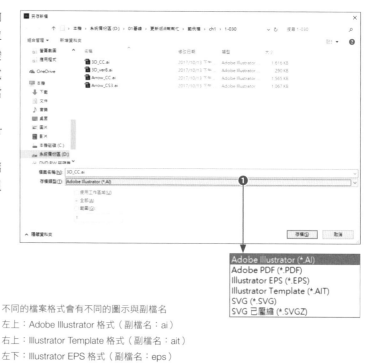

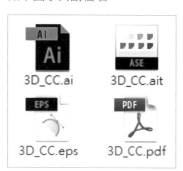

不同的檔案格式會有不同的圖示與副檔名
左上：Adobe Illustrator 格式（副檔名：ai）
右上：Illustrator Template 格式（副檔名：ait）
左下：Illustrator EPS 格式（副檔名：eps）
右下：Adobe PDF 格式（副檔名：pdf）

指定版本再儲存

儲存時，可指定 Illustrator 的版本。若會在舊版本開啟檔案，可從「版本」的下拉式列表選擇版本❷再儲存。

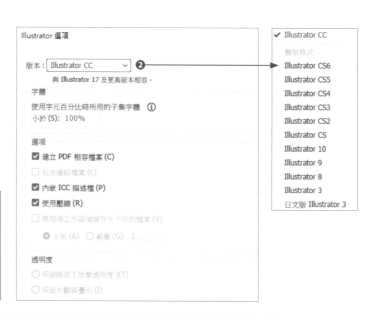

> **CAUTION**
>
> 若在編輯過程中使用了新版才有的功能，儲存為舊版檔案時，有可能圖稿會被點陣化，只留下外觀，某些效果也可能會被轉換。

  030 將文件儲存為舊版文件

NO.

030 將文件儲存為舊版文件

VER.
CC / CS6 / CS5 / CS4 / CS3

若使用了新版的功能，儲存為舊版文件時，就只會留下外觀。

指定筆畫的形狀再儲存為舊版檔案

Illustrator CS5 之後，開始能於「筆畫」面板指定筆畫的形狀。若是將 CS5 之後的筆畫形狀儲存為舊版，這個筆畫的形狀會如何變形呢？讓我們來驗證看看。

左下圖是於 Illustrator CC 將筆畫形狀指定為箭頭的結果。右圖則是將這個結果儲存為 Illustrator CS3 的結果。可以發現，為了維持筆畫的形狀，筆畫被分割成路徑了。

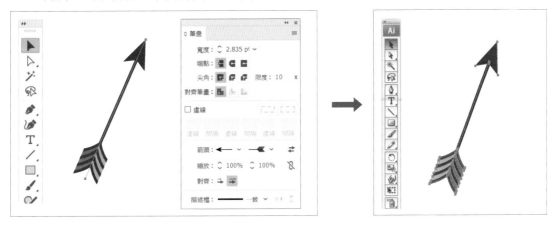

使用 3D 效果再儲存為舊版文件

Illustrator 的 3D 效果是從 CS 版本之後才有的，所以接下來讓我們來驗證一下將新版具有 3D 效果的文件儲存為舊版文件的話，會發生什麼結果。

上圖是於 Illustrator CC 使用「3D 突出與斜角」功能繪製的圖稿。將這個圖稿儲存為 Illustrator 8 的文件之後，會得到下圖的結果。可以發現，為了維持 3D 的形狀，圖稿被分割為路徑。有時候模糊或透明這類效果會轉換成點陣圖，藉此保有原本的形狀。

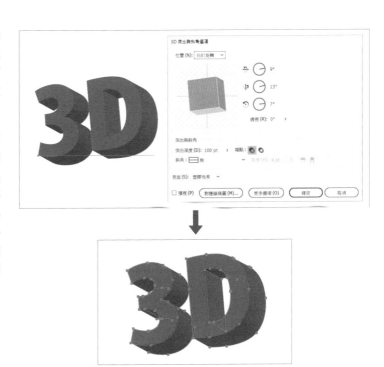

「資料庫」面板可新增顏色、文字的格式與物件。Photoshop 或 InDesign 也會顯示相同的面板，所以也可從中使用這些資料。

新增資料庫

每個版本的「資料庫」面板在操作上都不太一樣。下列是 CC 2017 的操作。第一步要新增資料庫。點選資料庫名稱右側往下箭頭❶，輸入名稱後，點選「建立」❷就能新增資料庫❸。

新增圖形至資料庫

接著要在資料庫新增圖形。選取物件之後，點選「新增內容」鈕❹，再點選「圖形」，然後點選「新增」❺即可。也可以直接將物件拖曳至面板內❻。新增的圖形可自行變更名稱❼。

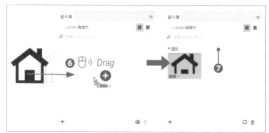

在資料庫新增文字樣式 / 段落樣式

也可在「資料庫」面板新增文字樣式或段落樣式。新增文字樣式時，可選取要新增的文字，再點選「資料庫」面板的「新增內容」，然後勾選「字元樣式」，再點選「新增」即可❽。要新增段落樣式時，可先選取要新增的文字，接著點選「資料庫」面板的「新增內容」鈕❾，再勾選「段落樣式」❿然後點選「新增」。

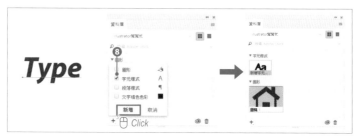

於資料庫新增填色

接著在資料庫面板新增填色。
請先選取套用了填色的物件，
再點選「新增內容」，然後點選
「填色色彩」⓫。新增的填色可
變更名稱⓬。

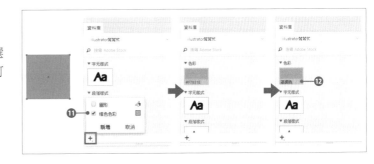

在文件配置與套用資料

要在文件配置資料庫裡的圖
形，可直接將圖形從「資料庫」
面板拖放在文件裡⓭。如果要
套用字元樣式、段落樣式或填
色，可先點選文字或物件，然
後點選「資料庫」面板裡的樣
式與顏色⓮。

變更資料庫的內容

雙點資料庫裡的圖形⓯，就會於另一
個視窗開啟資料庫裡的資料⓰。此時
若是修正資料⓱與儲存資料⓲，文件
裡的物件就會跟著套用變更⓳。

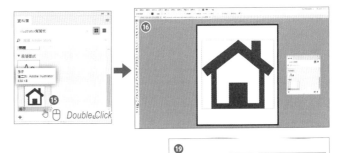

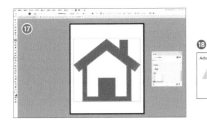

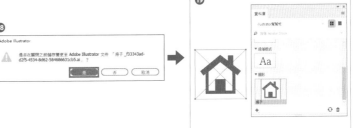

NO. 032 設定以備不時之需的資料復原

從 CC 2015 之後就新增了「復原資料」的功能。建議大家啟用這項功能，以便應付不時之需。

STEP 1

要使用資料復原功能，可從「檔案」選單點選【偏好設定 → 檔案處理與剪貼簿】❶開啟對話框。接著在「資料復原」欄位勾選「自動儲存復原資料間隔」❷，再從下拉式列表選擇儲存的間隔❸。點選「選擇」鈕❹，可指定備份文件的儲存位置❺。如果文件的內容太複雜，儲存的時間拖得太長，可以勾選「關閉複雜文件的資料復原功能」❻，停用這項功能。

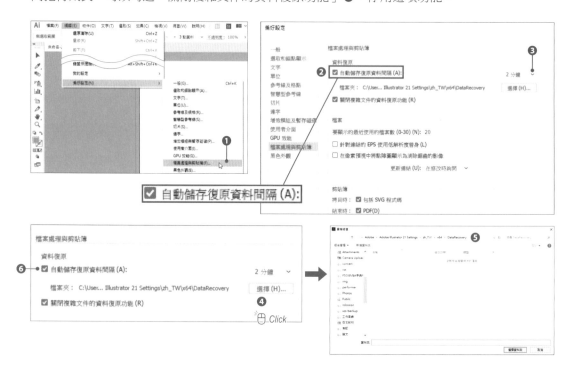

STEP 2

偏好設定變更之後，重新啟動 Illustrator 即可使用這項功能。舉例來說，如果以 Windows 的「工作管理員」強制關閉 Illustrator ❼，重新啟動 Illustrator 時，就會顯示下列的對話框❽，此時請點選「確定」。復原的文件的名稱後面會顯示「已復原」❾的字樣。

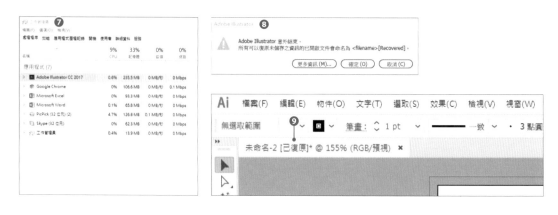

第 **2** 章　繪製物件

033 指定大小再繪製圖形

VER.
CC / CS6 / CS5 / CS4 / CS3　　長方形與圓形這類基本圖形可指定數值，繪製正確的大小。

STEP 1
從「工具」面板點選「矩形工具」❶，再點選工作區域的任意處，就會開啟「矩形」對話框。

> **MEMO**
>
> 「矩形」工具 🔲 點選的位置就是繪製圖形的起點，也就是圖形的左上角。如果按住 [Alt]（[Option]）鍵再點選，圖形的起點會是中心點。

STEP 2
在「矩形」對話框輸入「寬度」與「高度」的數值❷。

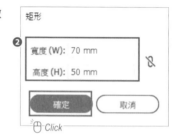

Click

STEP 3
點選「確定」之後，就會依照指定的大小繪製圖形。筆畫與填色會依照「顏色」面板的設定呈現。

> **MEMO**
>
> 剛剛繪製的矩形的大小會於「變形」面板或「控制」面板顯示。可在此重新輸入數值，變更矩形的大小。
>
>

NO.
034 一邊確認形狀，一邊繪製星形或多邊形

VER:
CC / CS6 / CS5 / CS4 / CS3

拖曳繪製星形或多邊形工具時，可一邊確認邊長與點的數量，一邊繪圖。

STEP 1　從「工具」面板點選「星形」工具  ❶，再於工作區域的任何一點開始拖曳 ❷。只要按住滑鼠左鍵，就能隨意調整圖形的大小。

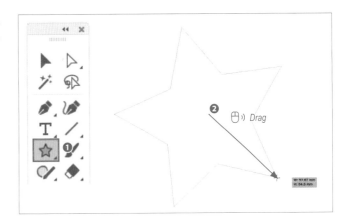

STEP 2　按住滑鼠左鍵時，按下 ⬆ 或 ⬇，可調整點數的數量。按住 Ctrl（⌘）鍵再拖曳，可變更第 2 半徑的大小。

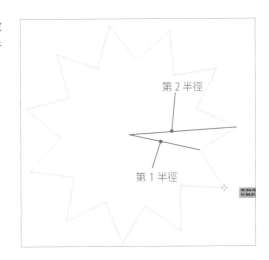

第 2 半徑

第 1 半徑

STEP 3　按住 Shift 鍵可固定物件的角度。調整成需要的圖形後，放開滑鼠左鍵確定圖形。

 MEMO

「多邊形」工具 ⬡ 也能利用 ⬆ 鍵與 ⬇ 鍵調整邊數。「圓角矩形」工具 ▢ 則可利用 ⬆ 鍵與 ⬇ 鍵調整圓角的半徑。

035 以眼前所見的結果繪製各種圖形

VER.
CC / CS6 / CS5 / CS4 / CS3

於即時外框顯示的工作小工具讓使用者可隨意地調整圓角與邊數。

STEP 1
使用「矩形」工具 ▣ 或「圓角矩形」工具 ▢ 繪圖時,四個角落會顯示尖角小工具 ❶,拖曳該尖角小工具就能改變角落的半徑。若是達半徑的最大值,就會顯示紅色的弧線。要分別調整尖角時,可使用「直接選取」工具 ▷ 點選要變更的尖角再拖曳調整。

MEMO

如果沒有顯示尖角小工具,可於「檢視」選單點選「顯示尖角 Widget」。

STEP 2
按 住 Alt (Option) 鍵點再點選尖角,就能切換尖角樣式 ❷。尖角的樣式共有「圓角」、「反轉的圓角」與「凹槽」三種,每點選一次就會切換一次。若以「直接選取」工具 ▷ 點選尖角小工具,就會開啟「轉角」對話框,從中也能編輯尖角的樣式。

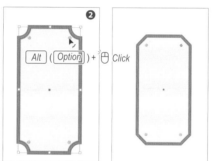

STEP 3
使用「多邊形」工具 ◉ 繪製形狀之後,會顯示調整邊數的小工具,拖曳滑桿可增減形狀的邊數。使用「橢圓形」工具 ◉ 繪製形狀後,會顯示圓形小工具,拖曳這個小工具可將形狀轉換成圓形。在即時外框呈現選取的狀態下,可使用「變形」面板調整形狀的屬性 ❸。點選「控制」面板的「形狀」也能顯示相關的屬性 ❹。

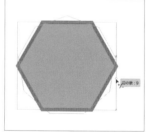

MEMO

要讓多邊形回復等邊,可點選「變形」面板裡的「使邊長相等」。此外,如果想讓圓形恢復成橢圓形,可雙點圓形小工具。

034 一邊確認形狀,一邊繪製星形或多邊形

036 使用曲線工具直覺地繪製路徑

VER.
CC / CS6 / CS5 / CS4 / CS3　CC 2014.1 之後，就能利用曲線工具 直覺地繪製路徑。

STEP 1

從「工具」面板點選「曲線」工具 再於工作區域點選就會植入平滑點❶。再於任意處點選，兩個點就會連成線❷。繼續移動滑鼠游標，路徑的形狀就會顯示橡皮筋預視，此時可在任意一點配置下一個平滑點。持續配置平滑點就能繪製出平滑的曲線。

> **MEMO**
>
> 也可以拖曳移動既有的平滑桿，或是按下 Delete 鍵刪除，也可以點選線段，新增平滑點。

STEP 2

若想繪製直線可在任意一點雙點滑鼠左鍵，或是按住 Alt（Option）鍵再點選任意一點，置入尖角點❸。此外，也可以將既有的平滑點轉換成尖角點。從尖角點延伸的線段會是直線❹。

> **MEMO**
>
> 若在繪製過程中按住 Shift 鍵，可讓線條沿著水平、垂直、45 度的方向貼齊。

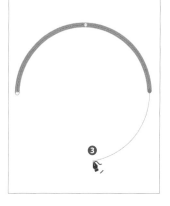
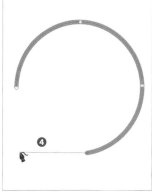

STEP 3

將滑鼠游標移到第一個點（滑鼠游標的右下角會顯示圓形）❺，再點選該點，路徑就會轉換成封閉狀態。如果想在開放路徑的狀態下結束繪製，可按下 Ctrl（⌘）+ 滑鼠左鍵或是 Esc 鍵。

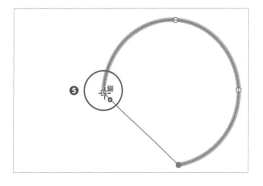

037 隨手繪製線條

VER.
CC / CS6 / CS5 / CS4 / CS3

「鉛筆」工具  可讓你就像在紙上以鉛筆繪製線段般,在工作區域裡繪製線條。

STEP 1 從「工具」面板點選「鉛筆」工具 ✐,再於工作區域拖曳,就會沿著滑鼠游標的軌跡繪製路徑❶。在 CC 之後的版本裡,只要按住 Alt(Option)鍵拖曳,就能繪製直線❷,此時若是再按住 Shift 鍵,就能讓直線的角度以 45 度為單位變更。

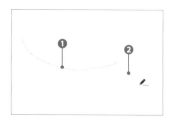

MEMO

雙點「工具」面板裡的「鉛筆」工具 ✐,可開啟「鉛筆工具選項」對話框。在 CC 之後的版本裡可調整「精確度」。若是設定為「精確」,可讓「鉛筆」工具 ✐ 畫出接近舊版「鉛筆」工具 ✐ 的軌跡,如果設定為「平滑」,則可繪製非常平滑的曲線。

STEP 2 從路徑的端點開始拖曳,就能繼續繪製路徑。若以「鉛筆」工具 ✐ 描繪既有的路徑,就能重新繪製該路徑❸。上述這些動作都必須在選取路徑之後進行。

CAUTION

要執行上述動作必須啟用「鉛筆工具選項」的「編輯選定路徑」。

STEP 3 利用「平滑」工具 ✐ 描繪現有的路徑,路徑會變得平滑(必須先選取要編輯的路徑)。與使用「鉛筆」工具 ✐ 描繪的不同之處在於能一邊保有路徑的形狀,又能讓路徑變得平滑,這種功能很適合用來修飾線段。

MEMO

使用「鉛筆」工具 ✐ 時,按住 Alt(Option)鍵可切換成「平滑」工具 ✐,按住 Ctrl(⌘)鍵可切換成「選取」工具 ▶。

CAUTION

在 CC 之後的版本裡,可在「鉛筆工具選項」對話框決定是否啟用「切換至平滑工具的 Alt(Option)鍵」功能。

NO.

038　隨手繪製圖形

VER.
CC / CS6 / CS5 / CS4 / CS3

從 CC 2015.2 之後出現的「Shaper」工具 除了能隨手繪製圖形，也可以合併或刪除圖形。這是專為觸控裝置設計的新功能。

第 **2** 章　繪製物件

STEP 1　在「工具」面板點選「Shaper」工具 之後，在工作區域裡粗略地拖曳，繪製的軌跡就會自動轉換成對應的幾何圖形。除了長方形、三角形、圓形與橢圓形，也可繪製多邊形與直線。這些圖形與即時外框一樣都可以編輯。

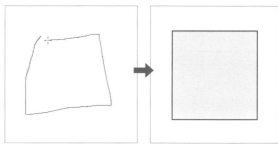

STEP 2　當「Shaper」工具 繪製的形狀彼此重疊，或是與其他的圖形工具繪製的形狀重疊時，可利用「Shaper」工具 進行合併、差集、減去上層的操作。在形狀的區域裡以手繪圖案（類似擦拭的拖曳操作）的方式進行上述操作，結果會隨著在哪個領域裡執行操作而改變。

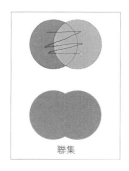

聯集

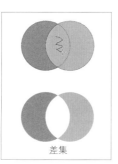

差集

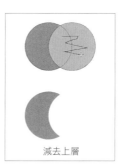

減去上層

> ❖ **CAUTION**
>
> 選取多個形狀時，操作的方式會有所不同。

STEP 3　以「Shaper」工具 進行聯集、差集與減去上層的操作之後，這些圖形就會成為 Shaper Group 這種集團。點選 Shaper Group 之後，會顯示箭頭小工具 ❶，點選形狀會切換成選取面的模式 ❷，此時可變更該面積的填色。點選箭頭小工具則可切換成編輯模式 ❸。此時可分別移動或扭曲形狀，藉此變更外觀。若要離開編輯模式，可點選箭頭小工具或是空白處。

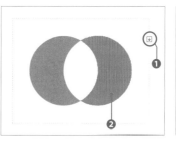

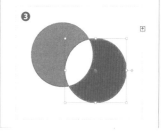

> ❖ **MEMO**
>
> 雙點圖形或是筆畫，也可切換成編輯模式。

> ❖ **MEMO**
>
> 要讓形狀脫離 Shaper Group，可在切換成編輯模式時，將該形狀拖到外框之外。

039 群組化物件

VER.
CC / CS6 / CS5 / CS4 / CS3

所謂的群組化就是將多個物件統整為一個群組。同為一個群組的物件會被當成單一的物件操作。

STEP 1　要將多個物件組合成單一群組，必須先選取所有物件，也就是以「選取」工具 ▶ 選取多個物件 ❶。下圖是按住 Shift 鍵再依序點選物件的結果。

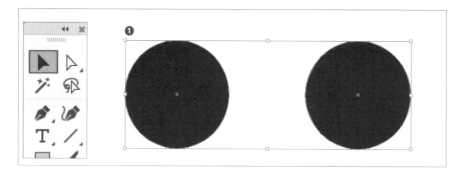

STEP 2　從「物件」選單點選「組成群組」❷，此時這兩個物件將組成群組。利用「選取」工具 ▶ 點選其中一個物件，將會同時選取兩個物件。不管是拖曳移動還是利用「旋轉」工具 ⟳、「鏡射」工具 ◁ 這類工具變形物件，這些物件都會被當成同一個群組處理。

S　群組化→ Ctrl（⌘）＋ G

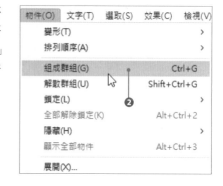

STEP 3　群組也可以是巢狀構造，換言之就是在群組裡放入其他物件或是群組，形成更大的群組。

編輯群組裡的物件

STEP 1　要選取群組裡的某個物件,可利用「工具」面板裡的「群組選取」工具 ❸ 點選物件❹。「群組選取」工具 每點選一次,就會回溯一階的群組,所以可選取多個物件。如果持續點選,最後可選取物件內的所有物件。要解除群組可從「物件」選單點選「解散群組」。

S　解散群組→ Ctrl (⌘)+ Shift + G

STEP 2　利用「選取」工具 ▶ 雙點群組化的物件❺,視窗上方就會轉換成灰色,同時也會顯示「群組」❻。這代表切換成群組的編輯模式。若繼續雙點要編輯的物件,就會切換成在最上層顯示的選取狀態❼,其他的物件也會變淡而無法選取,此時只有這個物件可利用各種工具編輯。

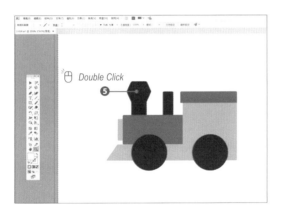

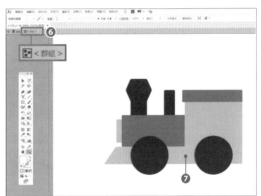

STEP 3　如果想回到上一層的群組,可點選灰色部分最左邊的「返回上一層級」❽,也可以直接點選「群組」或路徑。要結束編輯模式可雙點工作區域或是沒有路徑的部分。

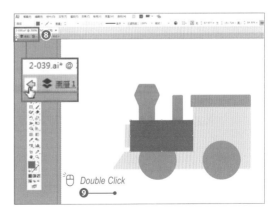

> **MEMO**
>
> 點選「控制」面板的「分離選取的物件」按鈕也可以切換成編輯模式。此外,若在編輯模式下點選該按鈕可結束編輯模式。

根據物件的位置與顏色使用不同的選取方式,可更有效率地選取多個物件。

STEP 1
使用「選取」工具 ▶ 點選物件後,再點選另一個物件,就會解除前一個物件的選取。若要選取多個物件,可利用「選取」工具 ▶ 拖曳選取需要的物件❶。此外,按住 Shift 鍵再點選物件也可追加選取的物件。

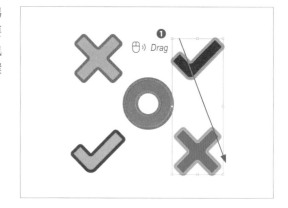

STEP 2
拖曳選取多個物件時,有可能會選到多餘的物件。此時可按住 Shift 鍵點選要解除選取的物件❷。

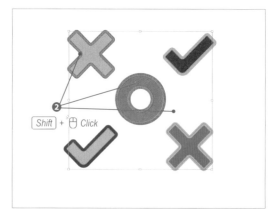

STEP 3
也可以選取擁有相同顏色或筆畫寬度的物件。隨意選取某個物件後❸,點選「控制」面板裡的「選取類似物件」的三角形按鈕,可開啟相關的選單❹。點選其中一項選擇,就會選取具有共通設定的物件❺。「選取」選單的「相同」也可進行同樣的操作。

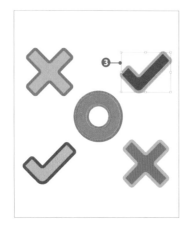

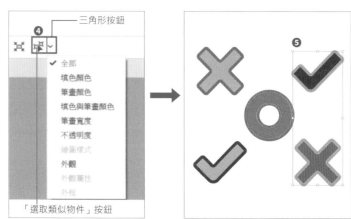

NO. 041 在同軸上複製物件

VER
CC / CS6 / CS5 / CS4 / CS3

複製物件的方法有很多，但是利用滑鼠拖曳複製是最直覺、最簡便的方法。

STEP 1 利用「選取」工具 ▶ 選取物件或群組❶，再按住 Alt（Option）鍵拖曳，就會顯示複製中的參考線❷。放開滑鼠左鍵後，就會在放開的位置複製物件。

S 物件的複製→
「選取」工具 ▶ + Alt（Option）+ 拖曳

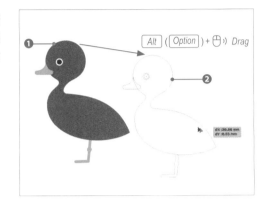

STEP 2 若是要在同軸上複製，可加按 Shift 鍵。按住 Alt（Option）+ Shift 鍵後，將物件拖曳到目標位置再放開滑鼠左鍵即可完成複製。右圖就是以這項操作完成水平複製的結果。

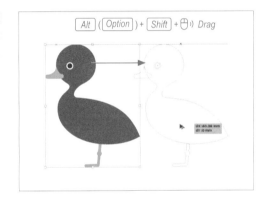

STEP 3 如果想進一步在同軸上等距複製，可在複製一次之後，從「物件」選單點選【變形 → 再次變形】❸。持續執行「再次變形」功能，可等距複製物件。

S 再次變形→ Ctrl（⌘）+ D

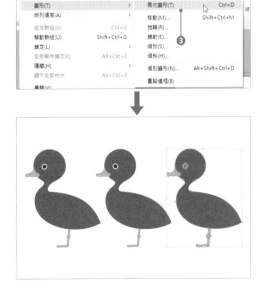

 042 以數值指定物件的移動距離或複製的位置

042 以數值指定物件的移動距離或複製的位置

可在以原始物件為基準的前提下，以數值指定物件的移動距離或複製的位置。

STEP 1
要以數值指定物件的移動距離或複製位置，可先利用「選取」工具 ▶ 選取原始物件或群組，然後按下 Enter (Return) 鍵開啟「移動」對話框。雙點「工具」面板的「選取」工具 ▶ 圖示或是從「物件」選單點選【變形 → 移動】，也可開啟相同的對話框。

S 移動→ Ctrl (⌘) + Shift + M

STEP 2
在輸入方塊輸入任意值。在「水平」與「垂直」或是「距離」與「角度」輸入數值後，另一個輸入方塊的數值將自動計算❶。點選「確定」可移動物件，點選「拷貝」❷可複製物件。

> 🔶 **MEMO**
> 勾選對話框裡的「預視」可預覽移動後的結果，卻無法顯示位於原始位置的物件。

STEP 3
以原始物件的大小指定複製位置，就能如圖在緊鄰的位置複製物件。原始物件的大小可從「控制」面板或「變形」面板的「W（寬）」、「H（高）」的值確認。

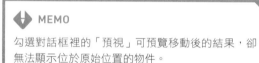

NO.
043 貼上物件

VER.
CC / CS6 / CS5 / CS4 / CS3　　複製與剪下的物件可貼在不同的工作區域或是多個工作區域。

STEP 1
利用「選取」工具 ▶ 點選物件或群組之後 ❶，從「編輯」選單點選「拷貝」❷。接著從「編輯」選單點選「貼上」，就可在工作區域貼上複製的物件。

S 剪下→ [Ctrl]([⌘])+ [X]
　　拷貝→ [Ctrl]([⌘])+ [C]
　　貼上→ [Ctrl]([⌘])+ [V]

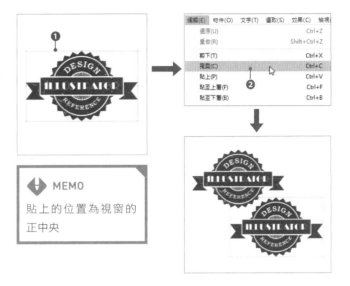

MEMO
貼上的位置為視窗的正中央

STEP 2
CS4 之後可同時使用多個工作區域。在執行「拷貝」或「剪下」的命令之後，切換工作區域，再從「編輯」選單點選「就地貼上」，就能在不同的工作區域的同一個位置貼上物件。

S 原地貼上→ [Ctrl]([⌘])+ [Shift] + [V]

STEP 3
若想在多個工作區域貼上物件，可從「編輯」選單點選「在所有工作區域上貼上」，即可在所有的工作區域的同一位置貼上物件。

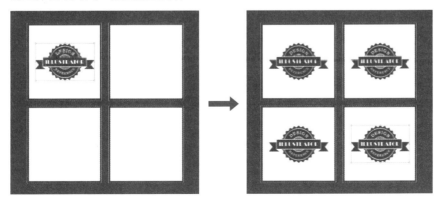

S 在所有工作區域上貼上→ [Ctrl]([⌘])+ [Alt]([Option])+ [Shift] + [V]

011　新增工作區域

044 變更物件的重疊順序

VER.
CC / CS6 / CS5 / CS4 / CS3　　物件會依繪製的順序依序重疊，新繪製的物件會在最上層。

STEP 1
一般來說，在 Illustrator 繪製或複製物件時，越後面繪製的物件會疊在越上層❶。CS5 之後，啟用「工具」面板的「繪製下層」❷，就能讓物件往下層堆疊❸。

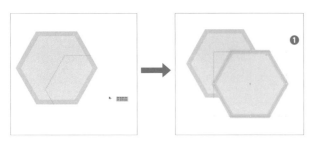

STEP 2
利用「選取」工具 ▶ 點選要變更重疊順序的物件或群組❹，再從「物件」選單點選「排列順序」（CS3 可點選【排列順序 → 置前（置後）】❺，選取的物件就會往上一層（下一層）移動❻。

S　移至最前 → Shift + Ctrl (⌘) +]
　　　置前 → Ctrl (⌘) +]
　　　置後 → Ctrl (⌘) + [
　　　移至最後 → Shift + Ctrl (⌘) + [

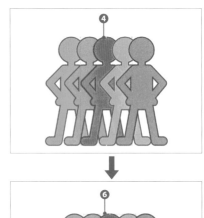

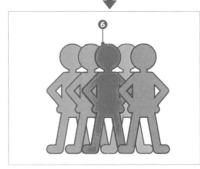

STEP 3
選取多個物件❼之後再變更重疊順序，可在維持選取物件的彼此順序之下，與其他未選取的物件調整重疊順序。

 MEMO

若要跳過所有的順序，直接排列到最上層或最下層，可點選「移至最前」與「移至最後」。

NO.

045 指定貼上的階層

VER.
CC / CS6 / CS5 / CS4 / CS3

拷貝或剪下的物件可在指定階層之後，於同樣的位置貼上。

STEP 1
以「選取」工具 ▶ 點選物件或群組❶，再從「編輯」選單點選「剪下」❷。

S 剪下→ Ctrl(⌘)+ X

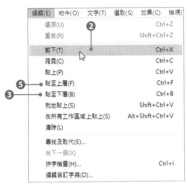

STEP 2
從「編輯」選單點選「貼至下層」❸可在原本的位置將物件貼在最下層❹。若是從「編輯」選單點選「貼至上層」❺則可貼到最上層。

S 貼至上層→ Ctrl(⌘)+ F
貼至下層→ Ctrl(⌘)+ B

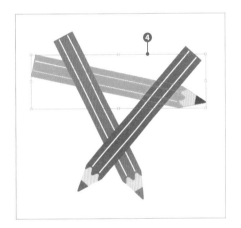

STEP 3
選取物件，再從「編輯」選單點選「拷貝」，然後在物件呈現選取的狀態下執行「貼至上層」，就會在選取的物件上一層貼上物件。乍看之下看不出有什麼變化，但只要移動貼上的物件，就會發現有兩個物件❻。

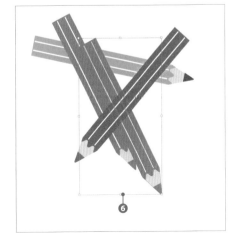

MEMO
執行「剪下」命令再選取任何一個物件，然後執行「貼至上（下）層」，就會貼在選取的物件上（下）層。

046 熟悉圖層面板的用法

熟悉圖層，可更有效率地管理圖稿。

STEP 1　新增文件後，「圖層」面板會自動新增「圖層 1」。點選「圖層」面板的「製作新圖層」可新增圖層 ❶。新增圖層後，該圖層會以反白標示，代表正在選取中 ❷。要選擇不同的圖層只需要點選。此外，拖曳圖層名稱可以調整圖層的順序。

> **MEMO**
> 可將圖層想成透明底片會更容易了解。

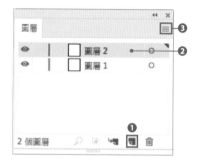

STEP 2　從「圖層」面板選單 ❸點選「（圖層名稱）的選項」，可開啟圖層選項 ❹。這個選項視窗可設定圖層的名稱以及代表顏色或是要不要列印。

> **MEMO**
> 圖層選項也可雙點縮圖或圖層名稱的右側開啟。從 CS6 之後，雙點圖層名稱可變更圖層名稱。

STEP 3　「圖層」面板的兩側都有欄位，左側的是顯示欄位 ❺與編輯欄位 ❻，右側的是目標欄位 ❼與選取欄位。顯示欄位會顯示代表圖層顯示狀態的圖示，可讓使用者知道該圖層目前是否為可視狀態、範本圖層還是外框圖層。每點選一次顯示欄位，眼睛的圖示就會切換成顯示 / 隱藏狀態。每點選一次編輯欄位，鎖頭圖就會顯示 / 隱藏，切換圖層的鎖定狀態。

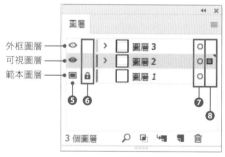

外框圖層
可視圖層
範本圖層

> **MEMO**
> 若圖層為隱藏或鎖定的狀態，該圖層裡的物件就無法編輯。

STEP 4 目標欄位可說明圖層目標是否為編輯目標以及圖層是否具有外觀屬性。同心圓代表已指定目標的狀態,一般的圓形則是尚未指定目標的狀態。可利用點選的方式切換指定的目標。實心圓代表圖層具有外觀屬性。在具有外觀屬性的圖層新增物件,該物件也將套用外觀屬性。下圖是在具有「塗抹效果」的圖層繪製新的圓形,而該圓形自動套用該效果的結果。

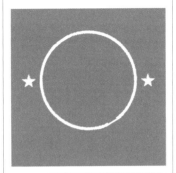

STEP 5 選取欄位會在選取物件之後顯示色塊 ❾。將色塊拖曳到其他圖層 ❿,物件可在圖層之間移動。範例是將「文字」圖層裡的文字「DR」移到「塗抹效果」圖層的結果。可以發現,移動之後的文字也套用了圖層的外觀效果。

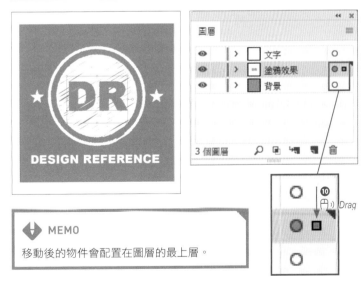

> **◆ MEMO**
> 移動後的物件會配置在圖層的最上層。

047 繪製具有立體感的物件

使用「漸變」工具 ▣ 可讓兩個物件彼此漸變，繪製出疑似 3D 的物件。

STEP 1　先繪製原始物件❶，再利用「選取」工具 ▶ 在按住 [Alt]（[Option]）鍵的情況下拖曳複製物件。將複製的物件調整成同色系的亮色❷。

STEP 2　雙點「漸變」工具 ▣，開啟「漸變選項」對話框。將「間距」設定為「平滑顏色」❸ 再點選「確定」。

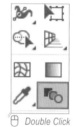

Double Click

Click

STEP 3　以「漸變」工具 ▣ 依序點選這兩個物件，讓兩個物件之間產生顏色的平滑漸變。

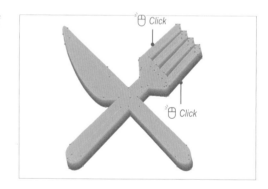

Click

Click

STEP 4　利用「直接選取」工具 ▷ 單選上層物件再複製，然後將物件貼在上層，接著再變更為亮色系❹。

MEMO

從「物件」選單點選【漸變 → 釋放】即可解除漸變效果。

 048 讓不同的物件漸變

NO. 048 讓不同的物件漸變

VER.
CC / CS6 / CS5 / CS4 / CS3

「漸變」工具 可在物件與物件之間建立新形狀,以及讓形狀均等分佈。

第2章 繪製物件

STEP 1

要套用漸變效果時,必須在不同的位置預備兩個形狀或顏色不同的物件,然後將這兩個物件轉換成群組。

> **MEMO**
>
> 複雜的物件或群組物件也可以套用漸變效果,但可能無法得到預期的效果。

STEP 2

雙點「工具」面板裡的「漸變」工具  ,開啟「漸變選項」對話框。將「間距」設定為「指定階數」❶,輸入數值後❷再點選「確定」。

Double Click

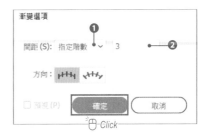
Click

STEP 3

利用「漸變」工具 依序點選這兩個物件,兩個物件之間會以物件彌補落差。如果想將漸變的結果轉換成常見的路徑,可在漸變物件呈現選取的狀態下,從「物件」選單點選【漸變 → 展開】。

> **MEMO**
>
> 如果想得到理想的結果,建議讓這兩個要套用漸變效果的物件的錨點數與位置、重疊順序一致。

Click
Click

STEP 4

在展開之前都可輕易地調整漸變物件的漸變結果。在漸變物件呈現選取的狀態下雙點「漸變」工具 ,開啟「漸變選項」對話框,調整各種設定與數值再勾選「預視」確認結果後,點選「確定」。

Click

049 對齊與均分物件

要讓多個物件對齊或是整齊地分佈可使用「對齊」面板

物件的對齊

 「對齊」面板可讓選取的多個物件沿著水平或垂直的方向對齊。先利用選取工具 ▶ 選取要對齊的物件 ❶。

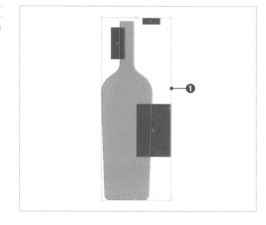

> ◆ **MEMO**
>
> 若選取了群組物件，該群組物件會被當成單一物件處理，所以群組內的物件不會另外對齊。

 「對齊」面板的「對齊物件」欄位裡有 6 個按鈕，水平與垂直的對齊按鈕各有三種。範例點選的是「水平居中」❷。

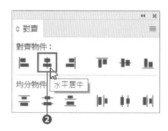

> ◆ **MEMO**
>
> 「控制」面板也可進行相同的操作。
>
>

物件的均分

 「物件的均分」是指將選取的多個物件均勻分佈的意思。要讓物件均勻分佈時，可先選擇作為基準點的物件。第一步，先選取每個要均勻分佈的物件 ❸。

STEP 2 接著點選「對齊」面板的「均分物件」裡的「水平依中線均分」❹。剛剛選取的物件將依照物件的中心點，沿著水平方向均勻分佈。

指定關鍵物件

指定關鍵物件可根據該物件對齊或均分物件。關鍵物件的位置不會改變，只有其他的物件會移動。設定的方法很簡單，只要在選取所有物件後，利用「選取」工具▶點選要設定成關鍵物件的物件即可。

對齊前的狀態

沒有設定關鍵物件，直接點選「垂直齊下」

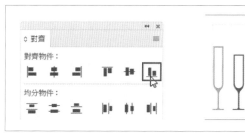

將中央的瓶子設定為關鍵物件再點選「垂直齊下」的結果

均分間距

「均分間距」❺是讓物件彼此保持固定間距的功能。選取多個物件再點選「垂直均分間距」或「水平均分間距」即可。也可設定關鍵物件再以數值輸入間距❻。「對齊」面板若沒顯示「均分間距」欄位，可從面板選單❼選擇「顯示選項」展開面板。

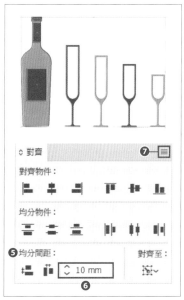

MEMO

啟用「對齊工作區域」功能，就能以工作區域為基準，對齊或均分物件。要啟用這項功能可點選「對齊」面板右下角的「對齊」鈕，再從中點選「對齊工作區域」。

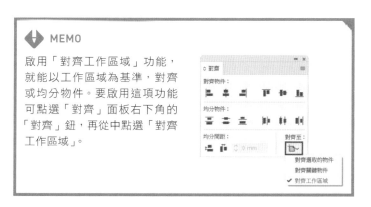

NO. 050 裁切物件

VER.
CC / CS6 / CS5 / CS4 / CS3

要利用上層的物件裁切下層的物件可使用「路徑管理員」面板或是「形狀建立程式工具」。

 STEP 1 先繪製要被裁切的物件❶，然後將作為裁切模型的物件❷配置在上層，接著同時選取這兩個物件。

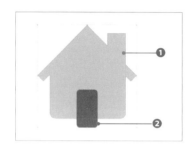

STEP 2 點選「路徑管理員」面板的「減去上層」（CS3 為「自形狀區域相減」）❸，下層的物件就會被上層的物件裁切。

> **MEMO**
>
> 要繪製具有原始路徑的複合形狀可按住 Alt（Option）鍵再點選「減去上層」按鈕。若使用的是 CS3 的版本，點選按鈕之後，會自動建立複合物件，按住 Alt（Option）鍵點選後會自動擴張物件。

 STEP 3 CS5 之後的版本可利用「形狀建立程式工具」直覺地裁切物件。在兩個物件都為選取的狀態下點選「工具」面板裡的「形狀建立程式工具」❹。接著按住 Alt（Option）鍵點選重疊的部分，就能自動刪除該部分，沒重疊的多餘部分也能透過點選刪除。

Alt（Option）+ Click

Click

051 合併物件

NO.

051 合併物件

VER.

CC / CS6 / CS5 / CS4 / CS3　　合併單純的圖形可有效率地繪製複雜的圖形。

 將多個物件配置成某個形狀後，再以「選取」工具 ▶ 選取所有的物件❶。

點選「路徑管理員」面板的「聯集」（CS3 為「增加至形狀區」）❷，剛剛選取的物件就會合併為單一形狀❸。

⊕ MEMO

要繪製具有原始路徑的複合形狀可按住 [Alt]（[Option]）鍵再點選「聯集」按鈕。若使用的是 CS3 的版本，點選按鈕之後會自動形成複合物件，按住 [Alt]（[Option]）鍵點選後會自動擴張物件。

 CS5 之後的版本可利用「形狀建立程式工具」 ⊕ 直覺地合併物件。選取所有要合併的物件之後，從「工具」面板點選「形狀建立程式工具」 ⊕ ❹。接著拖曳工具，就會沿著滑鼠游標的軌跡顯示自由曲線（CS5、CS6 會是直線）❺。所有接觸這條線的物件都會成為選取對象，也會顯示網底。結束拖曳，所有選取的物件就會合併。

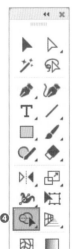

⊕ MEMO

按住 [Shift] 鍵的時候，選取範圍會是長方形。

052 新增重覆使用的物件來簡化作業

VER.
CC / CS6 / CS5 / CS4 / CS3　　將重覆使用的物件、圖稿新增至「符號」面板可簡化作業。

STEP 1 先繪製要新增的物件，再拖曳至「符號」面板❶，就會開啟「符號選項」對話框。CC 2015 之後的版本可選擇「符號種類」。範例選擇的是與舊版符號相容的「靜態符號」。輸入名稱之後，按下「確定」鈕。

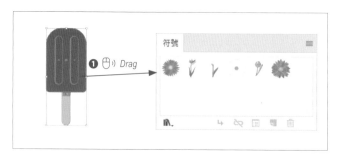

> **MEMO**
> 選取物件之後，點選「符號」面板的「新增符號」也能新增符號。

STEP 2 將「符號」面板裡的符號縮圖拖曳到工作區域裡，就會當成符號範例配置。若想一次散佈多個符號範例，可使用「工具」面板裡的「符號噴灑器工具」 ❸。點選與拖曳的操作都能配置被稱為符號集的實體集合，而這些符號集都可利用各種「符號」工具編輯。

> **MEMO**
> 點選符號的縮圖再點選「置入符號範例」鈕，一樣可配置符號範例。

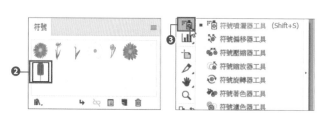

STEP 3 雙點「符號」面板的縮圖❹可切換成編輯模式❺。在編輯模式下可新增或刪除新的物件，也可編輯路徑顏色。要脫離編輯模式可點選工作區域的空白處。編輯結束後，面板裡的縮圖以及配置在工作區域裡的符號範例都會一起套用更新的部分。

> **MEMO**
> 符號範例就是符號的分身。

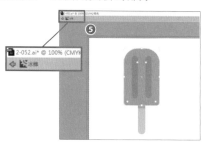

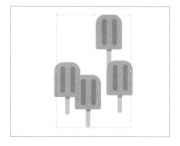

　　　053 讓符號範例有不同的版本

053 讓符號範例有不同的版本

VER.
CC / CS6 / CS5 / CS4 / CS3

CC 2015.2 之後可新增動態符號。新增為動態符號可分別編輯每個符號範例。

第2章

繪製物件

STEP 1　先繪製要新增為符號的物件❶，接著再將物件拖曳至「符號」面板。接著在「符號選項」對話框裡的「符號類型」點選「動態符號」。輸入名稱之後，按下「確定」。將物件新增為動態符號時，「符號」面板的縮圖裡會顯示「+」符號❷。

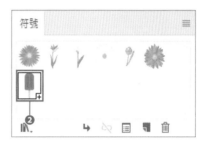

STEP 2　接著要在工作區域配置多個剛剛新增至「符號」面板的動態符號範例。以「選取」工具 ▶ 選取符號範例後，可利用外框變形符號範例❸。使用「直接選取」工具 ▷ 選取符號範例的一部分時，符號範例會切換成選取狀態。此時在「顏色」面板變更顏色，就只有該符號範例會變色。

> ⚠ **CAUTION**
>
> 符號範例與一般的物件不同，無法編輯路徑，只能變更外觀屬性。

> ⚠ **MEMO**
>
> 要讓符號範例恢復預設值可點選符號範例再點選「控制」面板的「重設」。

STEP 3　雙點「符號」面板的縮圖，切換成編輯模式❹。變更路徑後❺，雙點工作區域的空白部分，結束編輯模式。所有的符號範例都會套用剛剛的變更，但是都能維持原本的外觀設定，所以能繪製出不同版本的符號範例。

054 繪製矩形與同心圓的格線

使用「矩形格線」工具 、「放射網格」工具 就能以指定數值的方式，正確繪製格線。

STEP 1

要繪製矩形格線可從「工具」面板點選「矩形格線」工具 **❶**，再於工作區域的任何一處按下滑鼠左鍵。「矩形格式工具選項」對話框開啟後，可於對話框裡設定「水平分隔線」與「垂直分隔線」的數值 **❷** 再按下「確定」。

> **◆ MEMO**
>
> 勾選「填滿格點」可在開放的直線路徑套用填色。

STEP 2

要繪製同心圓格線可於「工具」面板點選「放射網格」工具 **❸**，再於工作區域的任何一處按下滑鼠左鍵。開啟「放射網格工具選項」對話框之後，可在對話框裡面設定「同心圓分隔線」與「放射狀分隔線」的數值 **❹** 再點選「確定」。

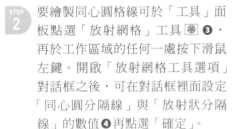

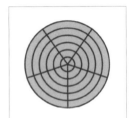

STEP 3

若以「矩形格線」工具 或「放射網格」工具 在工作區域內拖曳，可直覺地繪製需要的格線。在放開滑鼠左鍵之前，可利用 ↑ ↓ 鍵調整水平 / 同心圓分隔線，利用 ← → 鍵可調整垂直 / 放射狀分隔線的數量，利用 F 、 V 鍵可調整水平方向 / 放射狀分隔線的偏斜效果，使用 X 、 C 可調整垂直方向 / 同心圓分隔線的偏斜效果。

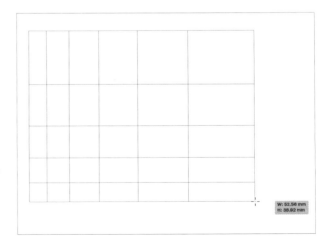

023 善用格點

第 **3** 章　編輯物件

NO.
055 善用「鋼筆」工具

VER.
CC / CS6 / CS5 / CS4 / CS3

要想靈活地運用「鋼筆」工具 ✒ 繪圖，就必須學會靈活地編輯錨點。

STEP 1　要以「鋼筆」工具 ✒ 繪製直線時，第一步先點選任意的位置配置錨點❶。接著在點選另一處❷，兩個錨點就會連成一線。

> ↕ **MEMO**
> 若要中斷「鋼筆」工具 ✒ 的繪製可點選 Esc 鍵或是按住 Ctrl（⌘）鍵再點選工作區域。

STEP 2　要利用「鋼筆」工具 ✒ 繪製曲線時，可在配置錨點之後，往任何一個方向拖曳，此時會顯示兩個方向線❸。移動控制點（方向線的末端）可調整方向線的角度與長度。放開滑鼠左鍵後，可配置錨點。若在下個位置配置錨點，錨點就會自動連接成曲線❹。

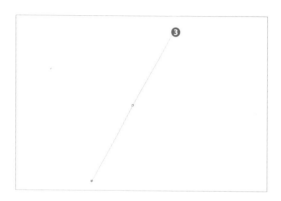
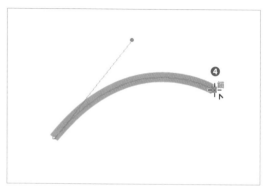

STEP 3　要改變從錨點延伸的方向線的長度或角度，可利用「鋼筆」工具 ✒ 再次拖曳先前配置的錨點❺。調整方向線的角度之後，之前繪製的曲線就會產生變化。

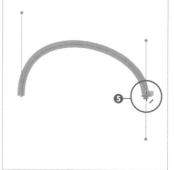
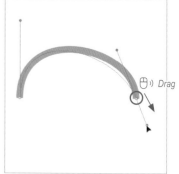

STEP 4　將滑鼠游標移到先前配置的錨點可刪除進行方向的方向線（變更為尖角點）。接著再配置錨點就會繪製成直線❻。

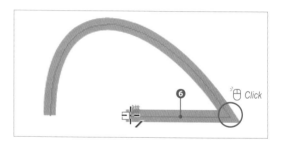

NO.

056 切換平滑點與尖角點

VER.
CC / CS6 / CS5 / CS4 / CS3　　使用「錨點」工具 ⊼ 可切換平滑點與尖角點

平滑點與尖角點

平滑點 ❶ 是從錨點伸出的兩條方向線之中，會有一條呈直線延伸的控制點。移動其中一條方向線，另一條方向線也會跟著動。尖角點 ❷ 是從錨點伸出的兩條方向線分別往不同角度延伸的控制點，而這兩條方向線是彼此獨立的。此外，有的錨點沒有方向線，有的也只有一條方向線，而這些錨點都屬於尖角點。

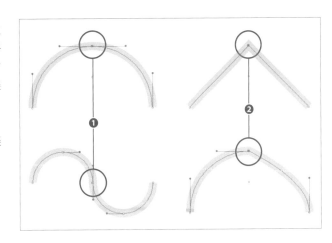

STEP 1
要切換錨點可使用「錨點」工具 ⊼。點選平滑點 ❸，就會切換成沒有方向線的尖角點。若是拖曳方向線，就能解除方向線彼此的連動，讓方向線往不同的方向移動。隨意拖曳尖角點 ❹ 可讓尖角點轉換成有方向線的平滑點。上述的操作都必須先選取物件才能進行。

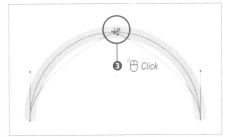

> **MEMO**
>
> 使用「鋼筆」工具 ✐ 的時候按住 `Alt`（`Option`）鍵，可切換成「錨點」工具 ⊼。

> **CAUTION**
>
> CC 版本之後，「切換錨點」工具 ⊼ 更名為「錨點」工具 ⊼。

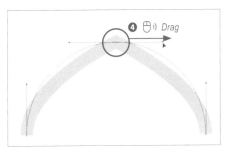

STEP 2
選擇錨點時，可點選「控制」面板的「轉換」欄裡的按鈕，切換成需要的控制點。

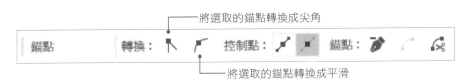

將選取的錨點轉換成尖角

將選取的錨點轉換成平滑

058 連接錨點

057 編輯路徑，變更物件的形狀

VER.
CC / CS6 / CS5 / CS4 / CS3　　「直接選取」工具 ▷ 可編輯錨點，改變路徑的形狀。

STEP 1
利用「直接選取」工具 ▷ 點選要編輯的物件之後，會顯示錨點❶以及點錨的方向線❷，還會顯示改變方向線角度與長度的控制點❸。

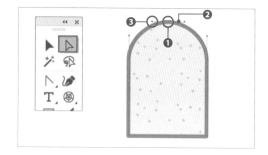

STEP 2
點選要編輯的錨點之後可移動錨點，也可拖曳控制點，改變路徑的形狀。將控制點拖向遠方，讓方向線被拉長後❹，圓弧的形狀會偏向方向線。若是繞著錨點拖曳控制點❺，方向線的角度會跟著改變。

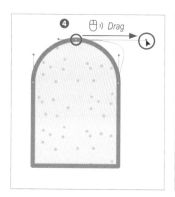

> **MEMO**
>
> 按住 [Shift] 鍵拖曳控制點可沿著水平、垂直、傾斜 45 度的方向移動控制點。

> **CAUTION**
>
> 假設錨點是尖角點，有可能不會有方向線與控制點。

STEP 3
CC 版本之後，可直接拖曳路徑，讓路徑變形。
請先點選「錨點」工具 ⌐ ，接著將滑鼠游標移到路徑上，此時滑鼠游標的形狀會改變。按下滑鼠左鍵開始拖曳，就能以拉引的方向讓路徑變形。只要是曲線的路徑，都可利用「直接選取」工具 ▷ 完成相同的操作。

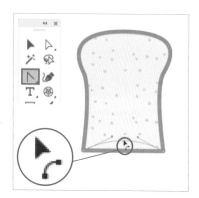

> **MEMO**
>
> 使用「鋼筆」工具 時，按住 [Alt]（[Option]）鍵可切換成「錨點」工具 ⌐ 。

　　058 連接錨點

NO.
058 連接錨點

VER.
CC / CS6 / CS5 / CS4 / CS3

要讓開放路徑的物件轉換成封閉路徑，或是讓不同的物件
（開放路徑）連接，可讓兩點的錨點連接。

STEP 1
要將開放路徑的物件變更為封閉路徑，可先利用「選取」工具 ▶ 選取開放路徑的物件 ❶，接著
從「物件」選單點選【路徑 → 合併】。此時路徑的端點會連成直線 ❷。

Ｓ 合併→ Ctrl（⌘）+ J

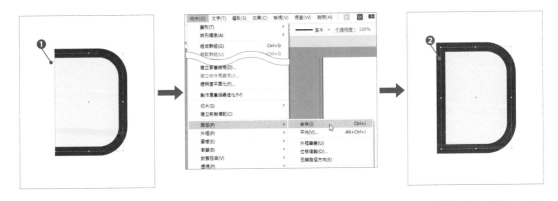

STEP 2
以「直接選取」工具 ▷ 選取位於不同位置或
重疊的錨點，也可「合併」錨點。

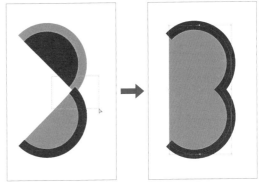

> ◆ MEMO
>
> 選取錨點之後，點選「控制」面板的「錨點」
> 欄位的「連接選取的端點」一樣可合併錨點。

STEP 3
從 CC 版本之後新增的「合併」工具 ✐ 可直覺地合併路徑。以「選取」工具 ▶ 選取物件之後，
以類似擦拭的動作拖曳路徑交錯之處 ❸，就會裁切掉多餘的部分 ❹。此外，在路徑之間的空隙
拖曳 ❺，可繪製出連接兩條路徑的線條 ❻。

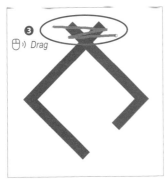

059 編輯圖形的形狀

VER.
CC / CS6 / CS5 / CS4 / CS3

變更錨點的位置或是增減數量都可讓物件變形。

STEP 1　以「直接選取」工具 ▷ 選取或直接點選物件的錨點 ❶ 之後，拖曳錨點可讓圖形變形。 ❷

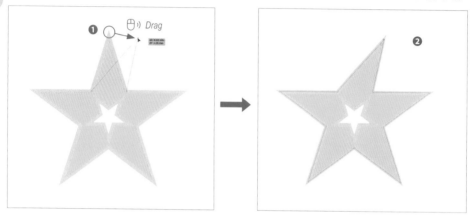

STEP 2　以「刪除錨點」工具 ✐ 點選錨點可刪除錨點 ❸，此時位於兩側的錨點會自動連成路徑 ❹。

STEP 3　若要讓鏤空物件的鏤空處消失，可利用「群組選取」工具 ▷ 選取鏤空部分的路徑 ❺，再按下 Delete 鍵刪除。

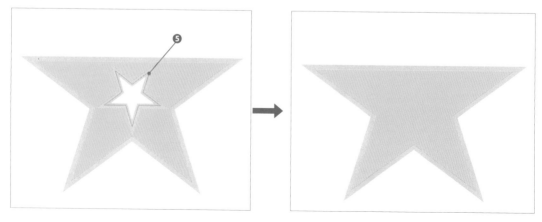

NO.
060 對齊錨點

VER.
CC / CS6 / CS5 / CS4 / CS3 　　使用「對齊」面板或「平均」命令可對齊多個錨點。

STEP 1
要對齊物件的錨點時，可利用「直接選取」工具 ▷ 或「套索」工具 ⓡ 選取兩個以上的錨點 ❶。也可以選取不同物件的錨點。

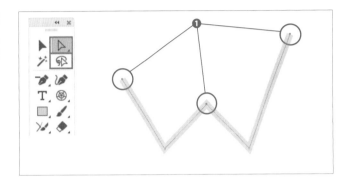

STEP 2
點選「對齊」面板裡的「對齊」或「均分」的按鈕，可讓錨點對齊 ❷ 之外，也可以仿照物件的對齊選擇作為關鍵錨點的錨點。按住 [Shift] 鍵逐次選取錨點時，最後一個選取的錨點就會是關鍵錨點。

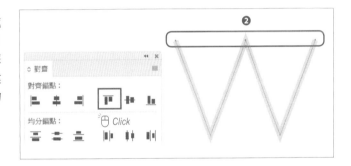

> ◆ MEMO
>
> 若是以圈選的方式選取錨點，卻又想設定關鍵錨點的話，可先按住 [Shift] 鍵點選該錨點，解除該錨點的選取，然後再點選一次即可。

STEP 3
從「物件」選單點選【路徑 → 平均】也能對齊錨點。從「平均」對話框的「水平」、「垂直」、「二者」之中點選平均的方法再按下「確定」即可對齊錨點。這個方法與利用「對齊」面板對齊錨點的不同之處在於無法設定對齊錨點的基準，只會以各錨點的平均位置（中間值）對齊錨點。

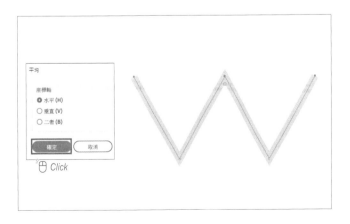

NO.
061 縮放時，維持長寬比

VER.
CC / CS6 / CS5 / CS4 / CS3

要在使用「縮放」工具 變更物件大小時保持長寬比例，可於對話框裡以數值指定，或是按住 [Shift] 鍵拖曳縮放。

STEP 1
利用「選取」工具 ▶ 選取要縮放的物件或是群組物件之 ❶，再從「工具」面板選擇「縮放」工具 ▣ ❷。

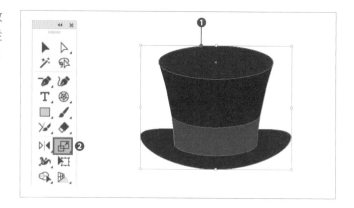

STEP 2
此時按下 [Enter]（[Return]）鍵或是**雙點**「工具」面板裡的「**縮放**」工具 ▣，可打開「縮放」對話框。在「一致」方塊輸入數值 ❸ 再點選「確定」，物件就會依指定的數值縮放。

🖱 Click

STEP 3
要利用拖曳的方式縮放物件，又希望維持長寬比的時候，可按住 [Shift] 鍵往傾斜方向拖曳（大約是 45 度）。

⬦ CAUTION

縮放的基準點通常是物件的中心點。若想移動基準點，可在選擇「縮放」工具 ▣ 之後，將滑鼠游標移到中心點，再將中心點拖曳至別處，或是直接點選基準點的位置。

[Shift] + 🖱 Drag ▶ W: 140.85 %
H: 140.60 %

062 利用「變形」面板縮放物件

NO.
062 利用「變形」面板縮放物件

VER.

CC / CS6 / CS5 / CS4 / CS3

「變形」面板可利用絕對值指定物件縮放的比例。此外，還可利用加減乘除四則運算縮放物件。

第3章

編輯物件

 利用「選取」工具 ▶ 選取要縮放的物件或群組物件後，「變形」面板會顯示該物件的寬（W）與高（H）的數值❷面板左側的符號❸是基準點，可在此點選縮放時的基準點。

> **MEMO**
>
> X 與 Y 值是物件的座標。

STEP 2 變更寬（W）與高（H）的數值再按下 Enter（Return）鍵可確定變形。若要在變形時維持長寬比，可點選「強制寬高等比例」❹。此時不管是變更寬度還是高度，只要按下 Enter（Return）鍵，另一邊的數值就會自動計算。

> **MEMO**
>
> 即使停用「強制寬高等比例」，只要在指定寬度或高度之後，按住 Ctrl（⌘）鍵再按下 Enter（Return）鍵，就能在維持長寬比下變形物件。

STEP 3 若要成倍數的縮放物件，或是要以加法、減法的方式設定縮放的數值，可在數值之後輸入對應的符號再輸入數值。若要使用乘法輸入數值可使用「*」，要以除法輸入則使用「/」，加法為「+」，減法則為「-」，然後再在這些符號後面輸入數值。舉例來說，若輸入「50mm*2」變形，會產生與指定 100mm 相同的結果。

061 縮放時，維持長寬比

NO.1

NO. 063 在不移動物件的前提下
變更多個物件的大小

VER.
CC / CS6 / CS5 / CS4 / CS3　　使用「個別變形」可讓多個選取的物件在原地一起縮放。

STEP 1　利用「選取」工具 ▶ 選取多個要變形的物件之❶，從「物件」選單點選【變形→個別變形】❷，開啟「個別變形」對話框。

S　個別變形→ Ctrl (⌘)+ Alt (Option)
　　+ Shift + D

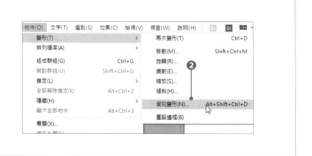

STEP 2　在「縮放」欄位直接輸入數值❸或是拖曳滑桿❹即可縮放物件。當水平與垂直的數值相同，即可在維持長寬比例的情況下縮放物件。此外，這種縮放是以每個物件的中心點為基準點，若需要變更基準點的位置，可於對話框點選基準點❺。

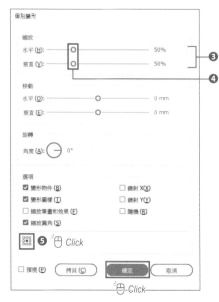

STEP 3　設定完成後按下「確定」即可。

MEMO
群組物件會被當成單一物件縮放。

NO. 064 讓多個物件隨機變形

VER.
CC / CS6 / CS5 / CS4 / CS3　　使用「個別變數」可讓多個物件的大小與位置隨機變更。

STEP 1 利用「選取」工具 選取要變形的多個物件 ❶，再從「物件」選單點選【變形 → 個別變形】，開啟「個別變形」對話框 ❷。

S 個別變形→ Ctrl (⌘)+ Alt (Option) + Shift + D

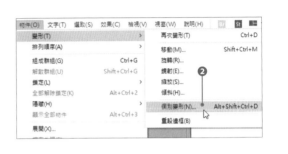

STEP 2 勾選「隨機」選項 ❸ 再進行各種設定。勾選「預視」❹ 可一邊即時確認變形的結果，一邊調整數值。物件會在設定的數值之內隨機變形。

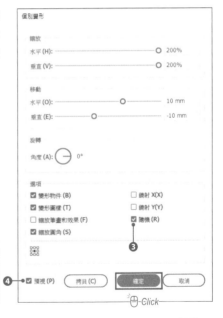

MEMO

勾選「鏡射 X（X）」或「鏡射 Y（Y）」，可讓物件沿著垂直軸或水平軸翻轉變形，但是就算勾選了隨機，還是會在所有的物件套用鏡射效果。

STEP 3 輸入數值之後，若覺得預視的結果不滿意，可取消「隨機」或「預視」的勾選，然後再次勾選。持續重覆這個過程，直到得到喜歡的結果之後再按下「確定」。

 063 在不移動物件的前提下變更多個物件的大小

065 使用邊框變形物件

VER.
CC / CS6 / CS5 / CS4 / CS3

使用選取物件時顯示的邊框，可透過拖曳的方式讓物件完成各種變形。

STEP 1
利用「選取」工具 ▶ 選取要變形的物件時，物件周圍會顯示邊框❶。邊框有四個角落的控制點以及每邊的中央也都有控制點，所以共有八個控制點。

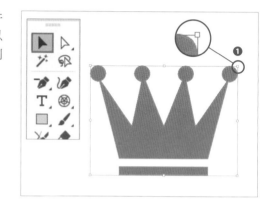

> **MEMO**
>
> 若無法顯示邊框，可從「檢視」選單點選「顯示邊框」。

STEP 2
將滑鼠游標移到控制點時，滑鼠游標的形狀會改變❷，此時拖曳控制點可縮放物件。變形的基準點位於拖曳方向的反側（若拖曳的是邊的控制點，就是以反側的邊的控制點為基準，若拖曳的是角落的控制點則以對角線的控制點為基準點）。

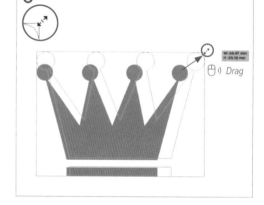

> **MEMO**
>
> 按住 Shift 鍵拖曳可在縮放時保持長寬比。按住 Alt（Option）拖曳則可將基準點設定為中心點。

STEP 3
當滑鼠游標接近角落的控制點外側（未與控制點重疊），滑鼠游標的形狀也會改變❸。此時拖曳滑鼠游標可讓物件旋轉❹。

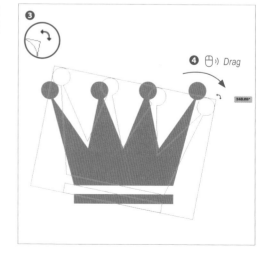

> **MEMO**
>
> 物件旋轉後，邊框也會跟著傾斜，此時若希望邊框回正，可從「物件」選單點選【變形→重設邊框】。

066 任意變形物件

NO.

066 任意變形物件

第 3 章 編輯物件

VER.
CC / CS6 / CS5 / CS4 / CS3

「任意變形」工具 可一邊確認形狀，一邊自由地任意變形物件。

STEP 1

利用「選取」工具 選取物件，再點選「工具」面板裡的「任意變形」工具 。Illustrator CC 的版本會顯示「任意變形」工具 小工具❶。「任意變形」工具 除了可利用邊框變形，也可以完成傾斜扭曲、透視扭曲與自由扭曲這類變形。將滑鼠游標移到側邊的控制點，再往邊緣或水平方向拖曳即可完成傾斜扭曲。此外，若是文字物件，一開始必須先將文字轉換成外框。

MEMO

若是使用 CS6 之前的版本，必須在開始拖曳之後按住 Ctrl（⌘）鍵才能完成傾斜扭曲。

MEMO

在「任意變形」工具 小工具啟用「強制」鈕之後，進行傾斜扭曲時，邊長在垂直方向的移動距離會受到限制，這跟按住 Shift 鍵傾斜扭曲物件的效果是相同的。CS6 之前的版本就是使用這個方法傾斜扭曲物件。

STEP 2

啟用「任意變形」工具 小工具的「透視扭曲」❷，再拖曳角落控制點即可讓物件產生透視扭曲」的效果。

MEMO

要在 CS6 以前的版本使用「透視扭曲」可先拖曳角落控制點，然後按住 Shift + Alt（Option）+ Ctrl（⌘）再繼續拖曳。

STEP 3

點選「任意變形」工具 小工具的「隨意扭曲」❸，再拖曳角落的控制點，就能讓物件隨意扭曲。

MEMO

要在 CS6 之前的版本使用「隨意扭曲」效果，必須在開啟拖曳角落控制點之後，按住 Ctrl（⌘）鍵繼續拖曳。

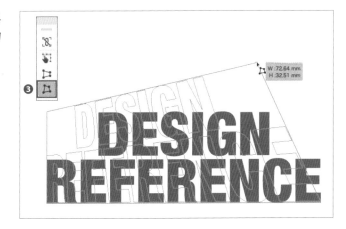

065 使用邊框變形物件
169 外框化文字

067 只變形物件中的圖樣

若只希望物件的圖樣變形,可利用各種變形工具的對話框操作。

STEP 1
利用「選取」工具 ▶ 選取套用了圖樣的物件❶,再從「工具」面板雙點「縮放」工具 ⬚ ❷,開啟「縮放」對話框。

● Double Click

STEP 2
在對話框下方的「選項」欄位❸取消「變形物件」(或是「物件」),再勾選「變形圖樣」。在「縮放」輸入數值❹後按下「確定」。

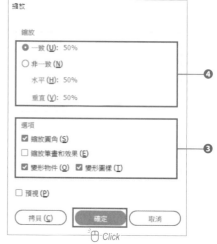

⬥ **MEMO**

圖樣的變形可於「偏好設定」的「一般」設定。

🖱 Click

STEP 3
物件會保持原狀,只有圖樣的大小產生變化❺。除了「縮放」工具 ⬚ 之外,「旋轉」工具 ↻ 、「鏡射」工具 ▷◁ 、「傾斜」工具 ▱ 都可利用同樣的操作在圖樣上套用變形效果。

098 新增與使用自訂的圖樣

068 指定旋轉角度再複製

編輯物件

VER.
CC / CS6 / CS5 / CS4 / CS3

「旋轉」工具 ⟳ 可讓物件旋轉或是指定複製的角度，也可以變更旋轉的基準點位置。

STEP 1　利用「選取」工具 ▶ 選擇要複製的物件❶，再從「工具」面板雙點「旋轉」工具 ⟳ ❷，開啟「旋轉」對話框。

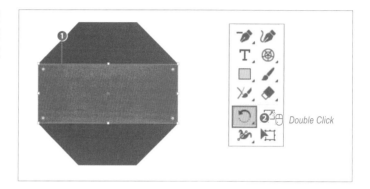

Double Click

STEP 2　在「旋轉」對話框輸入角度❸再按下「拷貝」就能依照輸入的角度以及以基準點為軸心複製物件❹。若不想使用對話框而是想以拖曳的方式複製物件，可在開始拖曳物件之後按住 Alt（Option）鍵，此時一旦放開滑鼠左鍵就會在該處複製物件。若是再按住 Shift 鍵，可讓物件的角度以 45 度為單位變化。

Click

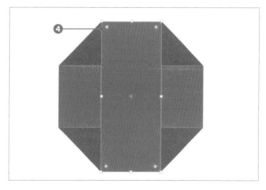

STEP 3　若要變更基準點的位置可將「旋轉」工具 ⟳ 的滑鼠游標移動到基準點的目標位置，然後按住 Alt（Option）鍵再按下滑鼠左鍵❺。開啟「旋轉」對話框之後，輸入角度再按下「拷貝」。複製完成後，從「物件」選單點選【變形 → 再次變形】，複製一圈的物件，就能做出如時鐘數字般的物件。

S 再次變形→ Ctrl（⌘）+ D

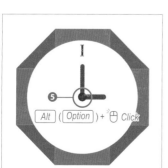

Alt（Option）+ Click

069 繪製左右對稱的圖形

VER.
CC / CS6 / CS5 / CS4 / CS3　　讓鏡射複製的物件的錨點合併，就能繪製出左右對稱的物件。

STEP 1
先繪製原始物件，再利用「選取」工具 ▶ 選取❶，接著再從「工具」面板點選「鏡射」工具 ◻◁ 。

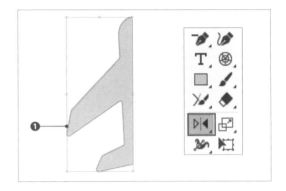

STEP 2
將「鏡射」工具 ◻◁ 的滑鼠游標移到作為翻轉物件軸心的錨點❷，再按住 Alt（Option）鍵點選該錨點，就會開啟「鏡射」對話框，此時勾選「垂直」，再點選「拷貝」。

> 🔄 **MEMO**
>
> 為了讓滑鼠游標自動黏上錨點，可勾選「檢視」選單的「靠齊控制點」。

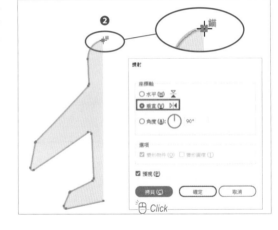

STEP 3
完成左右對稱的複製後❸，再讓兩個物件合併就完成了。這次使用的是開放路徑的物件，所以必須利用「合併」命令讓上下兩個錨點合併❹。

> 🔄 **MEMO**
>
> 「合併」命令或「路徑管理員」面板、「形狀建立程式工具」都可讓錨點連結。

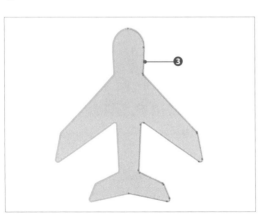

051　合併物件
058　連接錨點

NO.
070 讓物件傾斜扭曲

VER.
CC / CS6 / CS5 / CS4 / CS3　　「傾斜」工具 📝 可讓物件傾斜。傾斜效果常用來營造透視感。

STEP 1　利用「選取」工具 ▶ 選取要變形的物件❶，再雙點「工具」面板裡的「傾斜」工具 📝 開啟對話框❷。

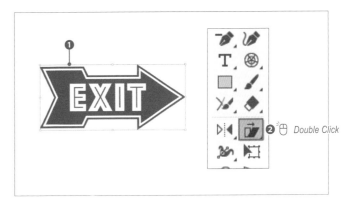

❷ 🖱 *Double Click*

> 🔷 **MEMO**
>
> 利用「傾斜」工具拖曳選取的物件，也能讓物件變形。此時若按住 Shift 鍵，能以 45 度為單位傾斜物件。

STEP 2　「傾斜角度」可設定物件的傾斜程度❸。「座標軸」欄位的三個選項可設定傾斜方向❹。輸入角度可讓物件朝任意的方向傾斜❺。

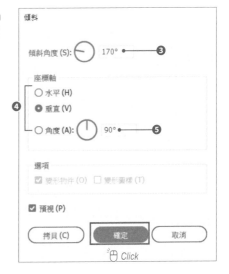

STEP 3　完成數值與方向的設定後，按下「確定」套用。

> 🔷 **CAUTION**
>
> 水平方向的傾斜可透過「變形」面板完成。
>
>

071 任意裁切路徑

VER.
CC / CS6 / CS5 / CS4 / CS3 「剪刀」工具 ✂ 可在區段或錨點上剪斷路徑。

STEP 1
從「工具」面板點選「剪刀」工具 ✂，再點選要裁斷的路徑區段 ❶，點選的位置會出現新的錨點。

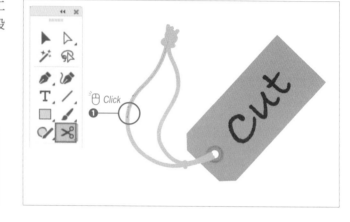

> ◆ MEMO
>
> 點選路徑之前，不需要先選取物件。

STEP 2
被裁斷的路徑會出現兩個錨點重疊在一起的現象。利用「直接選取」工具 ▷ 移動錨點，就能發現路徑真的被裁斷了 ❷。

STEP 3
除了點選路徑區段之外，以「剪刀」工具 ✂ 點選錨點也能裁斷路徑。

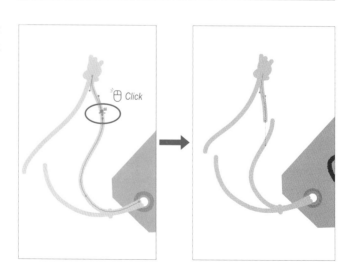

NO.

072 裁切圖形

VER.
CC / CS6 / CS5 / CS4 / CS3

可裁切圖形的「美工刀」工具 可直覺地裁切圖形。

STEP 1
從「工具」面板點選「美工刀」工具，再於要切割的物件上隨手拖曳❶，物件就會隨著拖曳的軌跡裁切。可利用「直接選取」工具 移動裁切的物件，看看裁切的結果。

CAUTION

起點與終點不同的開放路徑無法裁切。

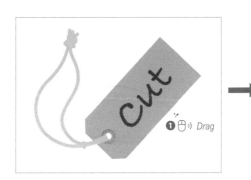

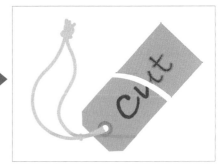

STEP 2
要裁切物件之前不需要先選取物件。若是先選取物件再裁切❷，就只有選取的物件會被裁切。

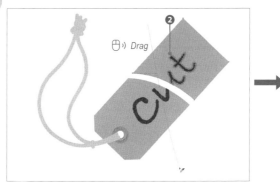

STEP 3
按住 Alt（ Option ）鍵再以「美工刀」 拖曳，就能以直線的方式裁切。若是再搭配 Shift 鍵，就能以 45 度為單位裁切物件。

CAUTION

必須在開始拖曳之前就按住 Alt（ Option ）鍵，否則無法直線裁切。

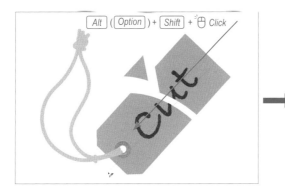

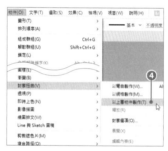

073 讓物件依繪製圖形扭曲

「封套扭曲」功能可讓物件沿著路徑扭曲，很適合讓物件扭曲成複雜的形狀。

STEP 1 先繪製要變形的物件❶。即使同時要讓多個物件變形，也不一定要先將這些物件群組化。接著在最上層繪製一個作為變形模型的物件❷。作為模型的物件不一定得重疊在要變形的物件上層。請同時選取兩個物件❸。

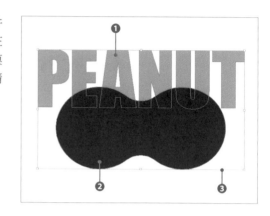

STEP 2 從「物件」選單點選【封套扭曲 → 以上層物件製作】❹，下層的物件就會依照模型物件的形狀扭曲。扭曲之後的形狀會以模型物件的位置與大小為基準。

S 以上層物件製作→
[Ctrl]（[⌘]）+ [Alt]（[Option]）+ [C]

STEP 3 從「工具」面板點選「網格」工具 ▦，再點選封套的任何一處，就會顯示網格❺。每點選一次就會增加一條網格線，而這些網格點也能以錨點的方式編輯。拖曳網格點的把手還能改變方向與長度，讓封套的形狀跟著改變。

🔷 **MEMO**

要刪除網格線或網格點可在選取「網格」工具 ▦ 之後，按住 [Alt]（[Option]）鍵，讓滑鼠游標切換成「-」的形狀，然後點選網格線或網格點。

074 套用各種變形與扭曲效果

NO. 074 套用各種變形與扭曲效果

VER.
CC / CS6 / CS5 / CS4 / CS3

「封套扭曲」功能可在製作網格之後，利用「以網格製作」功能增加變化，還能使用「以彎曲製作」功能使用預設的效果。

STEP 1 利用「選取」工具 選取要變形的物件❶，再從「物件」選單點選【封套扭曲 → 以網格製作】❷。

S 以網格製作→
Ctrl（ ⌘ ）+ Alt（ Option ）+ M

STEP 2 「封套網格」對話框開啟後，輸入「橫欄」與「直欄」的數值❸再點選「確定」。此時剛剛選取的物件會套用網格，也能以「網格」工具 編輯網格的點、線與把手❹。

> **MEMO**
>
> 也能利用「直接選取」工具 或「套索」工具 點選網格點。此外，網格點、線、把手也能利用「直接選取」工具 編輯。

STEP 3 若要利用各種預設的效果讓物件變形，可先選取物件，再從「物件」選單點選【封套扭曲 → 以彎曲製作】。「彎曲選項」對話框開啟後，可設定「樣式」與數值，完成各種預設的變形。勾選「預視」選項❺可即時確認變形的結果。

> **MEMO**
>
> 要讓封套形狀轉換成路徑可從「物件」選單點選【封套扭曲 → 展開】。

S 以彎曲製作→ Ctrl（ ⌘ ）+ Alt（ Option ）+ Shift + W

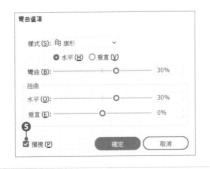

075 在物件的局部
套用隨機變形效果

「液態」工具群有許多變形工具，可依照滑鼠的軌跡讓物件變形。

STEP 1

從「工具」面板的「液態」工具群點選任何一個工具。「彎曲」工具 🔲 可讓物件如黏土般伸展 ❶。「扭轉」工具 🔲 可讓物件旋轉變形 ❷。「縮攏」工具 🔲 可讓物件收縮 ❸。「膨脹」工具 🔲 可讓物件膨脹 ❹。「扇形化」工具 🔲 可在物件的外框新增圓弧狀的扇形 ❺。「結晶化」工具 🔲 可在物件的外框追加末端為尖刺的圓弧形狀 ❻。「皺摺」工具 🔲 可在物件的外框增加尖刺 ❼。

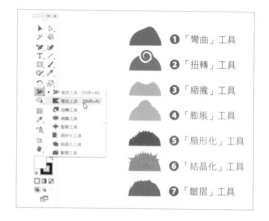

❶「彎曲」工具
❷「扭轉」工具
❸「縮攏」工具
❹「膨脹」工具
❺「扇形化」工具
❻「結晶化」工具
❼「皺摺」工具

STEP 2

將滑鼠游標移到要以「皺摺」工具 🔲 變形的物件，再執行點選或拖曳的操作，讓物件套用變形效果 ❽。

> 💠 **MEMO**
>
> 若事先選取了物件，就只有該物件會變形。

STEP 3

若要調整各項工具的細部設定，可雙點該工具的圖示。開啟選項對話框之後，可從中調整筆刷的大小與效果的程度。

NO. 076 利用「點滴筆刷」工具繪製物件

VER:
CC / CS6 / CS5 / CS4 / CS3

「點滴筆刷」工具 🖌 可將隨手繪製的軌跡轉換成填色的路徑。若使用相同的顏色就能隨時繪製接下來的路徑。

STEP 1　先設定「筆畫」的顏色再從「工具」面板點選「點滴筆刷」🖌 物件。隨手拖曳繪製之後❶就會沿著軌跡新增路徑，同時也會套用「筆畫」的顏色。

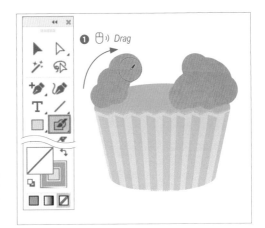

STEP 2　若想繼續在物件繪製路徑，可直接利用相同的顏色在物件上拖曳❷。此時路徑會與既有的物件合併。

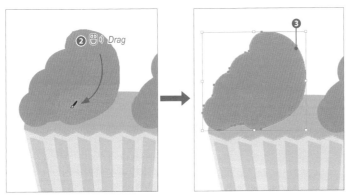

MEMO

請確認要合併的物件沒有筆畫的設定。如果有筆畫的設定就無法合併。合併之後的物件可另外設定筆畫。

STEP 3　雙點「點滴筆刷」工具 🖌，開啟「點滴筆刷工具選項」對話框，即可設定精確度、平滑度、筆刷的大小。勾選「僅與選取範圍合併」❹，路徑就只會與選取的物件合併。以右下圖為例，雖然左右物件的顏色是相同的，但是選取左側的物件再繪製路徑時，就算拖曳的軌跡壓到右側的物件，路徑也不會合併。

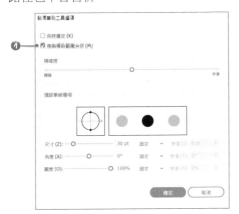

 077 隨手刪除局部的圖形

NO.

077 隨手擦除局部的圖形

VER.
CC / CS6 / CS5 / CS4 / CS3

使用「橡皮擦」工具 可直覺地擦除局部的圖形。

STEP 1

在未選取任何物件的狀態下，從「工具」面板點選「橡皮擦」工具 ◈ 。隨意在物件上面拖曳之後 ❶ ，物件就會依照拖曳的軌跡刪除，路徑也會新增錨點 ❷ 。

> **MEMO**
>
> 要調整「橡皮擦」工具 ◈ 的直徑與角度可雙按「橡皮擦」工具 ◈ 開啟對話框再進行設定。

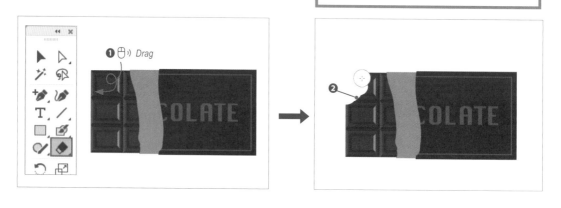

STEP 2

以「選取」工具 ▶ 選取群組物件 ❸ 。此時若使用「橡皮擦」工具 ◈ ，就只有選取的群組物件會被擦除，不會影響其他的物件。

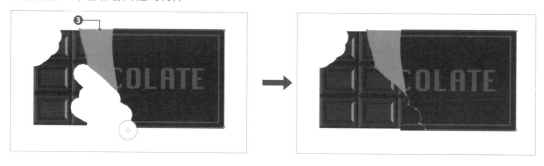

STEP 3

按住 Alt （ Option ）鍵再拖曳會顯示矩形的參考線，也會依照這個參考線的大小擦除物件 ❹ 。若是再按住 Shift 鍵則可讓參考線轉換成正方形。

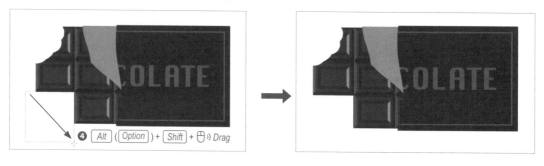

NO. 078 以事先繪製的圖形裁切其他圖形

VER.
CC / CS6 / CS5 / CS4 / CS3

「分割下方物件」可利用模型物件裁切下層的物件。

STEP 1

先繪製要分割的物件或圖稿❶。接著在上層配置模型物件❷。

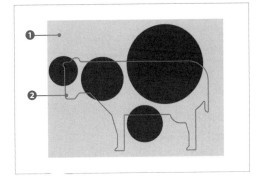

⚠ **CAUTION**

模型物件不一定非得是單一物件。

STEP 2

利用「選取」工具 ▶ 單選模型物件❸，再從「物件」選單點選【路徑 → 分割下方物件】❹。

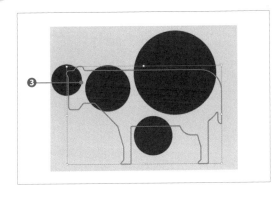

STEP 3

此時會以剛剛選取的物件分割所有的下層物件。分割之後的物件可設定顏色或是裁切，做出各種創意十足的形狀。

⚠ **MEMO**

無法分割鎖定或是隱藏的物件。

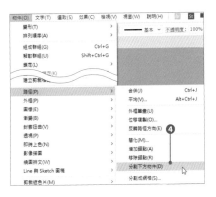

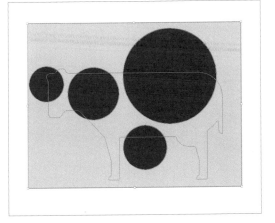

079 設定透視格點

VER.
CC / CS6 / CS5 / CS4 / CS3

使用「透視格點」工具 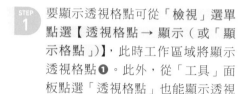 可使用輔助透視法顯示繪圖的格點。

透視格點的使用方法

STEP 1　要顯示透視格點可從「檢視」選單點選【透視格點 → 顯示（或「顯示格點」）】，此時工作區域將顯示透視格點 ❶。此外，從「工具」面板點選「透視格點」也能顯示透視格點。

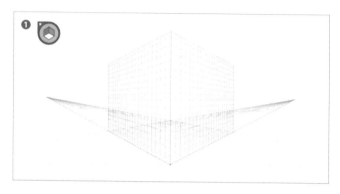

STEP 2　點選「透視格點」工具 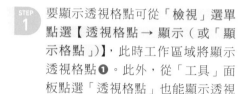 之後，格點會顯示圓形、同心圓與菱形的點 ❷。拖曳這些點可讓格點變形。

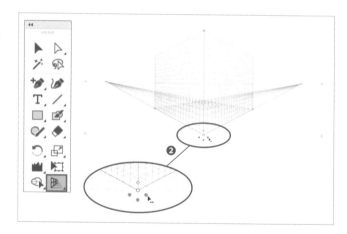

STEP 3　「平面切換 Widget」可用來選取格點平面。點選立方體圖示裡的面，就能啟用對應的格點平面。若是點選立方體圖示的外側，就會與格點解除連動。點選左上角的 × 可隱藏透視格點。

「平面切換 Widget」的格點平面切換快捷鍵→
　1 = 左側格點
　2 = 水平面格點
　3 = 右側格點
　4 = 與格點解除連動

> 🔶 **MEMO**
>
> 若要設定「平面切換 Widget」的顯示狀態或是位置，可雙點「透視格點」工具 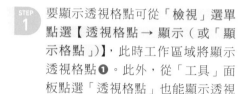，開啟「透視格點」選項。

左側格點　　　水平面格點　　　右側格點　　　與格點解除連動

使用透視格點繪圖

STEP 1
點選左側格點後 ❸，再點選「矩形」工具 ▣。在格點上拖曳，可繪製出符合左側格點透視法的矩形 ❹。點選「平面切換 Widget」的「水平面格點 ❺，再繪製相同的矩形，就能繪製出符合水平面透視的圖形 ❻。

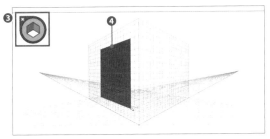
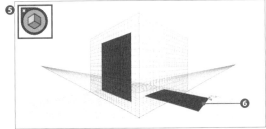

STEP 2
格點有「單點透視」、「兩點透視」、「三點透視」這三種預設集。要切換預設集可於「檢視」選單的「透視格點」選擇。

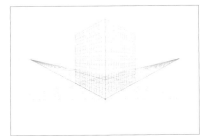

單點透視　　　　　　　　兩點透視　　　　　　　　三點透視

STEP 3
要定義格點的設定可從「檢視」選單點選【透視格點 → 定義格點】❼。完成各種屬性的設定後，點選「確定」即可。若要儲存為預設集，可點選「儲存預設集」❽，替預設集命名之後點選「確定」。新增的預設集可從「檢視」選單的「透視格點」選擇（範例的「兩點透視」之中顯示了「兩點透視格點預設集 1」❾）。

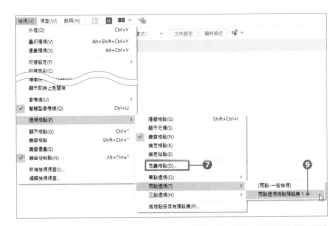

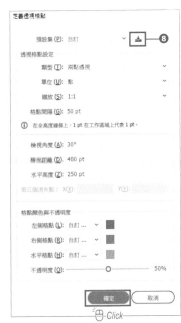

> **MEMO**
> 若要刪除自訂的預設集可從「編輯」選單點選「透視格點預設集」。從中點選預設集之後，視需求點選「編輯」或「刪除」的按鈕。

080 在圖稿套用透視感

第3章

編輯物件

080 在圖稿套用透視感

VER
CC / CS6 / CS5 / CS4 / CS3　　要沿著透視格點配置圖稿，可使用「透視選取」工具 ▣ 。

STEP 1　第一步先顯示透視格點，同時選取格點平面❶，接著從「工具」面板點選「透視選取」工具，再將圖稿拖曳到透視格點，就能讓圖稿與選取的平面建立互動❷。利以「透視選取」工具 ▣ 移動建立了互動的平面，圖稿就會隨著選取的平面格點變形。

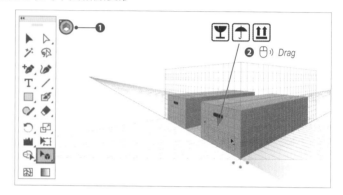

> **⚠ CAUTION**
> 利用「選取」工具 ▣ 移動圖稿時，無法改變圖稿的形狀。

STEP 2　利用「透視選取」工具 ▣ 移動圖稿時，以數字快捷鍵切換格點平面，可讓圖稿與該格點平面建立連動❸。

> **S**　「平面切換 Widget」的格點平面切換快捷鍵 →
> 　1 = 左側格點
> 　2 = 水平面格點
> 　3 = 右側格點
> 　4 = 與格點解除連動

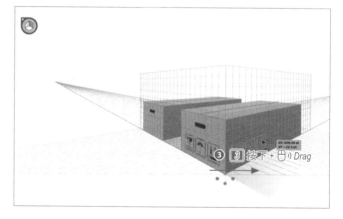

STEP 3　按住 5 再以「透視選取」工具 ▣ 拖曳圖稿，就能讓圖稿移動到目前的格點平面的前景或遠景。若是按住 Alt（Option）鍵再移動圖稿，可將圖稿複製到任何的平面。

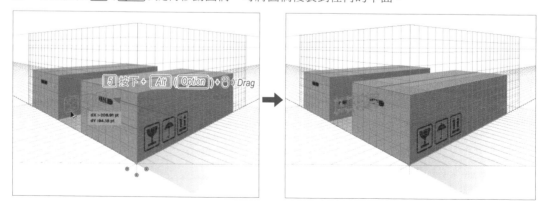

第 **4** 章　填色、筆畫、顏色的設定

NO. 081 變更填色與筆畫的顏色

VER.
CC / CS6 / CS5 / CS4 / CS3

物件有填滿路徑內側的「填色」屬性以及代表路徑形狀的「筆畫」屬性，而這兩個屬性都能分別設定顏色。

STEP 1

選取要變更的物件之後，會在「工具」面板下方❶、「控制」面板左側❷以及「顏色」面板❸顯示顏色的設定。

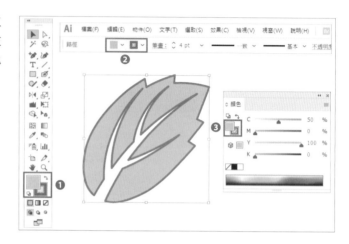

> **MEMO**
> 「顏色」面板若未顯示方塊或滑桿，請於面板選單點選「顯示選項」。

STEP 2

實心的方塊是「填色」❹，方框則是「筆畫」❺。要變更顏色時，可拖曳「顏色」面板的滑桿❻。此外，雙點方塊可開啟「檢色器」設定顏色❼。

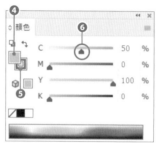

> **MEMO**
> 點選「填色」／「筆畫」方塊可切換要設定的對象。

> **MEMO**
> 檢色器也可根據 RGB、CMYK、HSB、16 進位設定顏色。

> **CAUTION**
> 雙點「控制」面板的方塊也無法開啟檢色器。

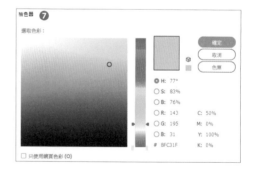

STEP 3

點選「工具」面板的「切換顏色與筆畫」❽可讓物件的填色與筆畫對調。

> **MEMO**
> 筆畫的顏色從「無」的狀態設定為新的顏色或是填色與筆畫對調時，會自動恢復成預設的筆畫寬度（1pt）。

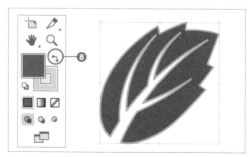

083 在物件套用色票

NO.
082 變更色彩模式

VER.
CC / CS6 / CS5 / CS4 / CS3　根據用途選擇 CMYK 或 RGB 這兩種色彩模式。

CMYK 與 RGB

STEP 1
CMYK 指的是以 C（青色 / Cyan）、M（洋紅 / Magenta）、Y（黃色 / Yellow）的三種顏色混合成各種顏色的方法。CMY 三色其實已可混合出所有顏色，但印刷時為了讓黑色更美而加入黑墨，也就是 K（關鍵色 / Key plate）。用於印刷的資料通常會以 CMYK 模式製作。

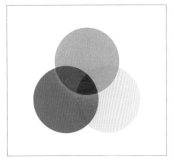

減法混合

STEP 2
RGB 是指利用 R（紅色 / Red）、G（綠色 / Green）、B（藍色 / Blue）這光的三原色混合成各種顏色的方法。電視與電腦的螢幕就是基於這種方式發色。網站設計或是網路圖片通常都是以 RGB 模式製作。

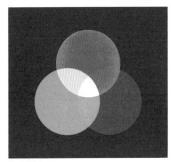

加法混合

色彩模式的選擇與調整

STEP 1
新增文件時，可於「新增文件」對話框選擇「色彩模式」❶，也可以在作業時變更色彩模式。如果要變更文件的色彩模式，可從「檔案」選單點選「文件色彩模式」❷。工作區域的檔案名稱右側會顯示目前的色彩模式❸。

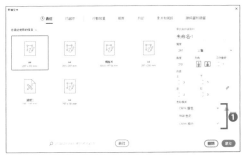

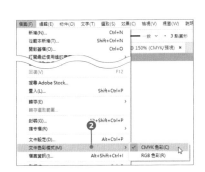

083 在物件套用色票

VER.
CC / CS6 / CS5 / CS4 / CS3

「色票」面板的色票可透過各種方式套用在物件。

STEP 1

選取要變更顏色的物件,再從「色票」面板隨意點選色票❶,該色票就會套用在物件上,物件的顏色也會改變。

> ◆ **MEMO**
>
> 要套用色票時,可先點選「填色」或「筆畫」方塊。

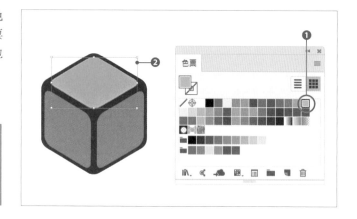

STEP 2

選取物件之後,將「色票」面板的色票(正方形的顏色樣本)拖曳到「顏色」面板或「筆畫」面板也可套用❸,此外也可直接將色票拖曳到工作區域裡的物件❹,此時不一定得先選取物件。

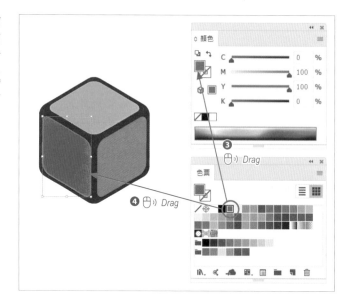

STEP 3

CS4 之後,「外觀」面板也可套用色票。選取物件之後,點選「外觀」面板的「填色」或「筆畫」的右側方塊❺,「色票」面板就會在方塊下方開啟,從中可選取任意的色票套用。

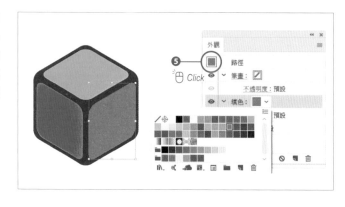

084 在色票面板新增自訂顏色

NO.

084 在色票面板新增自訂顏色

VER.
CC / CS6 / CS5 / CS4 / CS3　　將常用的顏色新增為色票，有利於後續的作業。

STEP 1
點選「色票」面板的「新增色票」按鈕❶或是從「顏色」面板的選單選擇「新增色票」，都會開啟對應的對話框。利用滑桿調整數值或是直接輸入數值❷即可設定顏色。色票可隨意命名❸，若不輸入名稱，將以組成顏色的顏色數值命名。點選「確定」之後，該設定將新增為「色票」面板的色票。

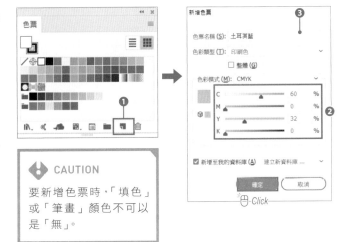

> **⬥ CAUTION**
>
> 要新增色票時，「填色」或「筆畫」顏色不可以是「無」。

STEP 2
也可以直接將「顏色」面板裡的「填色」或「筆畫」的顏色拖曳到「色票」面板新增❹。此時若是按住 [Alt]（[Option]）鍵拖曳到既有的色票上，可覆寫既有的色票。

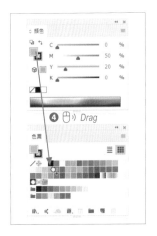

STEP 3
要變更色票的顏色或是名稱可先選取「色票」面板裡的色票，再點選「色票選項」按鈕❺。變更顏色或名稱之後按下「確定」即可更新色票。

> **⬥ MEMO**
>
> 雙點色票也能開啟「色票選項」對話框。

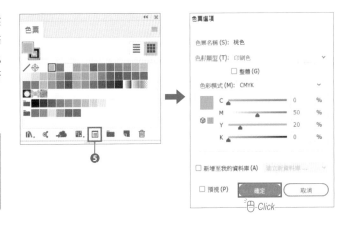

085 使用整體顏色

使用整體顏色可調整顏色的濃淡、或將擁有相同顏色的物件統一變更為其他顏色。

STEP 1
要新增整體顏色可點選「顏色」面板的「新增色票」按鈕❶開啟對話框。拖曳滑桿新增顏色後,再勾選「整體」❷。

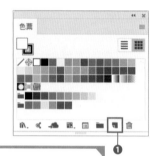

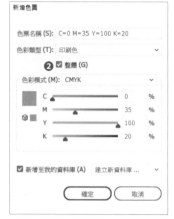

> **MEMO**
>
> 在「色票」面板確認新增的整體顏色後會發現,整體顏色的色票與一般的色票不同,右下角會顯示白色三角形。

STEP 2
選取套用了整體顏色的物件,再開啟「顏色」面板,會發現滑桿只有一個❸。拖曳滑桿可在保有原本的色調之下,只調整顏色的濃度❹。

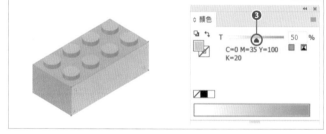

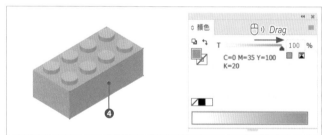

STEP 3
若未選取任何物件就雙點「色票」面板裡的整體顏色,可開啟「色票選項」對話框。勾選「預視」選項❺再拖曳顏色滑桿,可發現所有套用該整體顏色的物件的顏色產生變化。

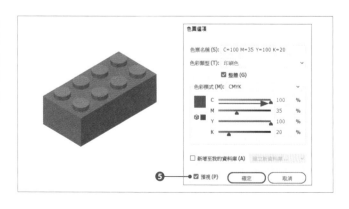

083 在物件套用色票
084 在色票面板新增自訂顏色

NO.
086 繪製虛線（點線）

VER.
CC / CS6 / CS5 / CS4 / CS3　要將實線轉換成虛線可使用「筆畫」面板設定虛線。

STEP 1　以「選取」工具 ▶ 選取要轉換成虛線的物件❶，再點選「筆畫」面板的「虛線」❷後，「虛線」會顯示數值，剛剛選取的物件也會轉換成虛線❸。

> ◆ MEMO
>
> 「虛線」代表的是線條的長度。

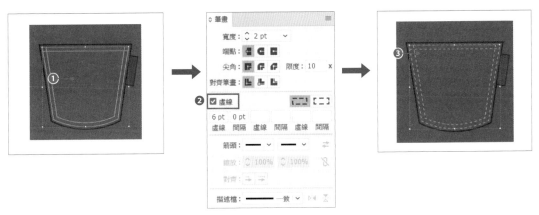

STEP 2　變更虛線的數值可調整虛線的形狀。「間隔」尚未輸入數值時，「虛線」與「間隔」的長度是相同的。在「間隔」輸入數值之後❹，即可指定線條與線條之間的間隔。一個物件可設定三組「虛線」與「間隔」。

STEP 3　CS5 之後，啟用「將虛線對齊到尖角和路徑終點，並調整最適長度」選項❺可讓線端與尖角部分的虛線轉換成相同的形狀❻。若是虛線與間隔必須保持正確數值，則可啟用「保留精確的虛線和間隙長度」❼。點選圖示即可切換不同的模式。

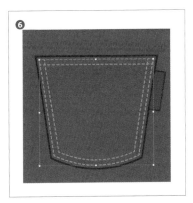

087 設定筆畫的寬度與形狀

「筆畫」面板可設定筆畫的粗細、形狀以及其他設定。

筆畫的設定

 要變更筆畫寬度可先選取要變更的物件,再調整「筆畫」面板的「寬度」❶。假設是開放路徑,則會依物件路徑的筆畫寬度繪製。若是封閉路徑,則可指定「對齊筆畫」選項❷。

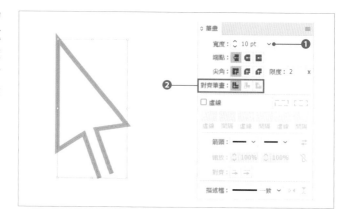

STEP 2 「端點」❸可調整開放路徑的端點形❹,「尖角」可調整尖角點錨的形狀❺。這兩個選項分別有三種模式可以選擇。範例將「端點」設定為「方端點」,將「尖角」設定為「圓角」。「端點」與「尖角」可選擇的形狀如下。

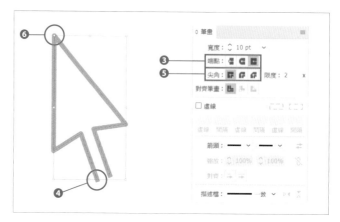

平端點　　　　　　　　　　尖角

圓端點　　　　　　　　　　圓角

方端點　　　　　　　　　　斜角

STEP 3 點選「尖角」可設定角的限度 **❼**。以尖角點而言，選擇尖角的結果與選擇斜角的結果有可能一樣，此時可試著調大角的「限度」，解決這個問題 **❾**。

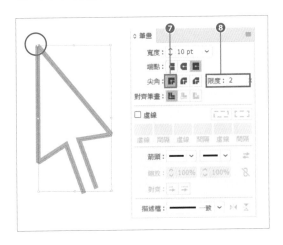

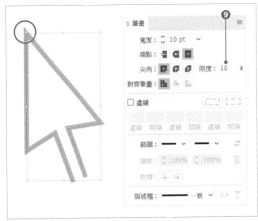

箭頭的設定

STEP 1 CS5 之後，可從「筆畫」面板的「箭頭」下拉式選單選擇箭頭的形狀，起點與終點可選擇不同的箭頭與倍率。

> **◆ MEMO**
>
> CS4 之前的版本必須先選取路徑，再從「效果」選單點選【風格化 → 增加箭頭】。

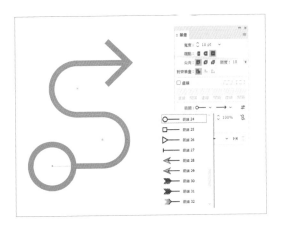

STEP 2 啟用「連結箭頭起始處和結束處縮放」**❶** 之後，不管變更哪一端的倍率，另一端的倍率都會自動調整，讓起點與終點的比率維持一致。若想調換箭頭的位置，可點選「切換箭頭起始處和結束處」**❷**。「對齊」**❸** 可指定箭頭前端與路徑的相對位置。

STEP 3 在 CS5 之後的版本裡，可從「描述檔」下拉式列表選擇筆畫寬度的描述檔，讓路徑多一些粗細的變化。這很適合替筆畫營造更多的張力。

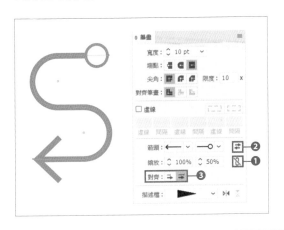

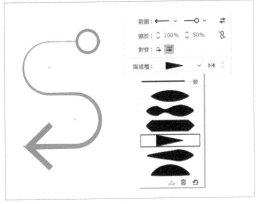

088 變更筆畫的位置

「筆畫」面板可依照路徑的形狀變更筆畫的位置

STEP 1
替開放路徑的物件設定筆畫寬度之後，會以路徑位在中央的方式繪製筆畫❶。以 8pt 的筆畫而言，路徑的內側會有 4pt 的寬度，外側也會有 4pt 的寬度，之所以會有這個結果是因為「筆畫」面板的「對齊筆畫」預設值為「筆畫置中對齊」❷。

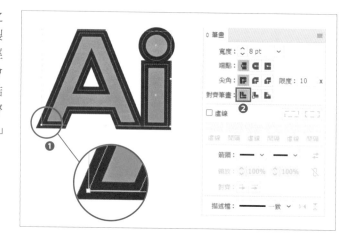

STEP 2
點選「筆畫內側對齊」，就會在路徑的內側繪製筆畫❸。此時物件雖然可維持形狀，但是設定較粗的筆畫之後，物件的填色區塊就會變窄，所以會給人變瘦的感覺。

STEP 3
點選「筆畫外側對齊」，會在路徑外側繪製筆畫❹。由於物件的填色區塊不會有任何改變，所以就算設定較粗的筆畫也不會改變物件的印象。這種設定很適合用來強調 LOGO 或插圖的邊緣。

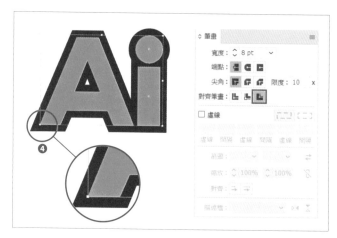

NO.

089 在物件套用多種筆畫

VER.
CC / CS6 / CS5 / CS4 / CS3

「外觀」面板可調整物件的填色與筆畫的重疊順序，也能組合多種筆畫。

STEP 1

選取筆畫置中對齊的物件後，「外觀」面板與「筆畫」面板會顯示筆畫的粗細❶。

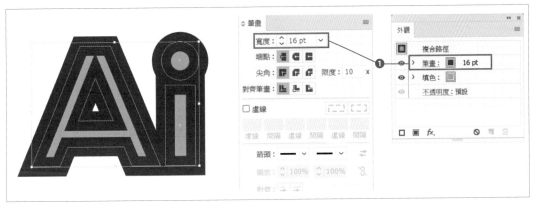

STEP 2

將「外觀」面板裡的「筆畫」拖曳到「填色」的下方，可讓筆畫移到填色的下層。

MEMO

物件若設定了筆畫，會依照預設值在填色的上層位置顯示。

STEP 3

若要新增筆畫可點選「外觀」面板下方的「新增筆畫」按鈕❷（CS3 可從面板選單點選「新增筆畫」）。若是將上層的筆畫調細與變更顏色，就能做出雙重的邊緣。

MEMO

點選「新增筆畫」時，筆畫會於選取的屬性上方新增，若未選取任何屬性，則會於最上層新增。請視情況將屬性拖曳到適當的位置，藉此調整重疊的順序。

090 將筆畫的形狀轉換成外框

090 將筆畫的形狀轉換成外框

要將筆畫的形狀轉換成路徑可使用「外框筆畫」功能。

STEP 1 點選要轉換的物件,再從「物件」選單點選【路徑 → 外框筆畫】❶。

STEP 2 筆畫的粗細、端點形狀、尖角形狀都會直接轉換成路徑。

STEP 3 若是利用「外觀」面板賦予物件兩種以上的筆畫❷再執行「外框筆畫」,只有一個筆畫會外框化,其他的筆畫不會外框化,而是直接轉換成群組❸。若要避免這個問題,可先執行「物件」選單的「擴充外觀」,再執行「外框筆畫」❹。

❷

❸

❹

NO. 091 繪製粗細有致的筆畫

VER.
CC / CS6 / CS5 / CS4 / CS3   CS5 之後可利用「寬度」工具 賦予筆畫不同的粗細。

STEP 1

將「寬度」工具 移到要變更筆畫寬度的物件❶
之後，會顯示菱形的寬度控制點，點選之後可設
定寬度控制點的位置。開始拖曳後，可調整筆畫
的寬度，若不需再調整只需要停止拖曳。寬度控
制點可移動與新增，所以能繼續調整筆畫的寬度。

> **◆ MEMO**
>
> 若只想調整單邊的寬度可按住 [Alt]（[Option]）
> 鍵再拖曳。

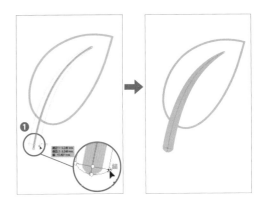

STEP 2

利用「寬度」工具 雙點筆畫可開啟「寬度點編
輯」對話框。從中可利用數值設定筆畫寬度。雙
點現有的寬度控制點也可繼續編輯。

> **◆ MEMO**
>
> 啟用「調整相鄰的寬度點」可讓鄰接的寬度
> 控制點一起變更。按住 [Shift] 鍵再雙點寬度
> 控制度可在開啟「寬度點編輯」對話框的同
> 時，自動啟用這個選項。

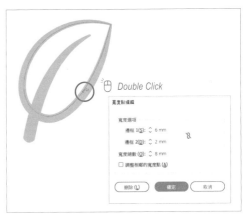

STEP 3

選取變更筆畫寬度的物件，再點選
「筆畫」面板的「描述檔」下拉式
列表的「加入描述檔」按鈕❷，可
將選取物件的筆畫新增為描述檔。

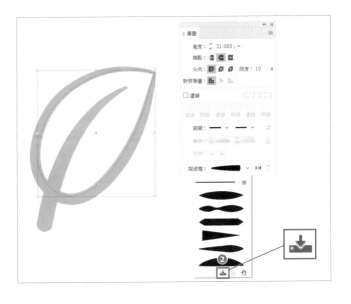

092 新增與套用漸層色

VER.
CC / CS6 / CS5 / CS4 / CS3

使用「漸層」面板可繪製有質感的圖形

STEP 1　選取物件，再從「漸層」面板的選項點選「填色」❶，啟用漸層色，點選「漸層」或是「漸層滑桿」❷套用漸層色。也可直接將「漸層」拖曳到圖稿套用❸。

STEP 2　要設定漸層色的時候，可雙點「漸層」面板的漸層滑桿下方的「漸層色標」❹。開啟「顏色選項」對話框後，可拖曳滑桿調整顏色❺。CS3 則可利用「顏色」面板或「色票」面板調整顏色。剩下的「漸層色標」❻也可利用相同的操作調整顏色。

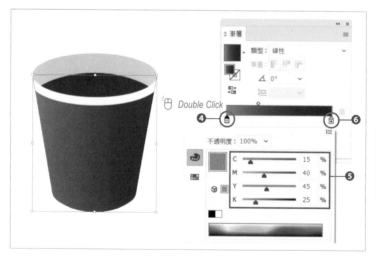

MEMO

左側的按鈕可切換「顏色」與「色票」面板。

STEP 3　拖曳「漸層色標」可設定漸層的起點與終點。此外，拖曳漸層滑桿上方的菱形符號「中間點」❼，可設定漸層的中間位置。變更「位置」的數值也可設定滑桿的位置。

STEP 4　「漸層色標」可新增也可刪除。點選漸層滑桿下方就可新增「漸層色標」❽。要刪除「漸層色標」只需要選取「漸層色標」，然後再點選右側的「刪除色標」❾。此外，將漸層色標往下拖曳也可刪除漸層色標。

STEP 5　漸層分成「線性」與「放射狀」兩種，可從「漸層」面板的「類型」選取❿。要變更漸層的角度時，可於面板的「角度」輸入數值⓫。只有設定為「放射狀」的時候才能啟用「外觀比例」，這個選項可設定圓形的長寬比⓬。點選「反轉漸層」可讓漸層反轉⓭。

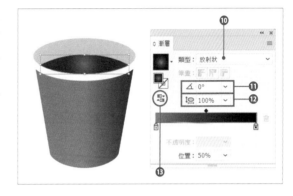

STEP 6　選取物件再點選「漸層」工具 ▣ 之後，物件上面會顯示「漸層註解者」⓮。此時可直覺地編輯漸層。

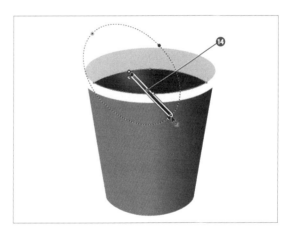

STEP 7　「漸層註解者」也可移動與新增「漸層色標」，也能移動「中間點」。新增與刪除的方法與「漸層」面板的操作一樣。雙點「漸層色標」⓯ 會開啟「顏色選項」，從中可調整顏色。

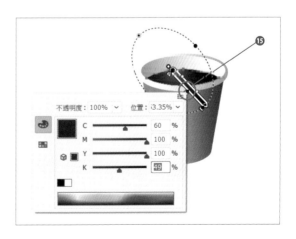

093 替筆畫設定漸層色
094 變更漸層色的透明度

第 4 章　填色、筆畫、顏色的設定

093 替筆畫設定漸層色

VER
CC / CS6 / CS5 / CS4 / CS3
CS6 之後可利用三種方法對物件的「筆畫」設定「漸層色」。

STEP 1

選取物件，再點選「漸層」面板的「筆畫」❶。點選「漸層」或是「漸層滑桿」套用漸層色❷。也可以直接將「漸層」拖曳到圖稿套用❸。

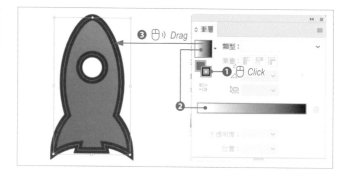

STEP 2

可在筆畫套用與「填色」的漸層一樣的設定，例如可設定漸層色的種類與不透明度，也可新增「漸層色標」。

> **MEMO**
>
> 若是在筆畫為「無」的物件套用筆畫的漸層色，筆畫的寬度會自動設定為「1pt」。

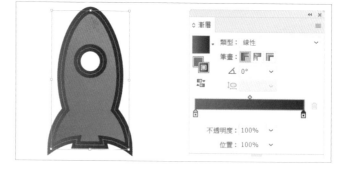

STEP 3

筆畫的漸層色預設套用「在筆畫內套用漸層」❹，但還有「沿筆畫套用漸層」❺與「跨筆畫套用漸層」❻這些選項。

> **MEMO**
>
> 只有「在筆畫內套用漸層」可指定角度。

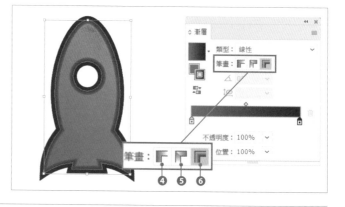

「種類：線性」
「在筆畫內套用漸層」

「種類：線性」
「沿筆畫套用漸層」

「種類：線性」
「跨筆畫內套用漸層」

「種類：放射狀」
「在筆畫內套用漸層」

「種類：放射狀」
「沿筆畫套用漸層」

「種類：放射狀」
「跨筆畫內套用漸層」

NO.

094 變更漸層色的透明度

VER.
CC / CS6 / CS5 / CS4 / CS3
「漸層」面板可分別設定漸層色的不透明度。

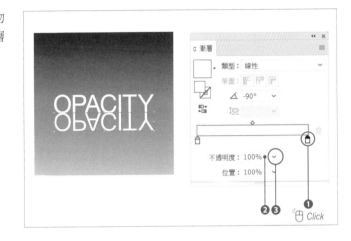

第4章 填色、筆畫、顏色的設定

STEP 1 選取要變更漸層色不透明度的物件，再點選「漸層」面板的「漸層滑桿」的「漸層色標」❶。

STEP 2 直接以數值輸入「不透明度」的設定❺，或是從下拉式列表❸選擇，即可設定不透明度。可一邊確認圖稿的結果，一邊調整不透明度。

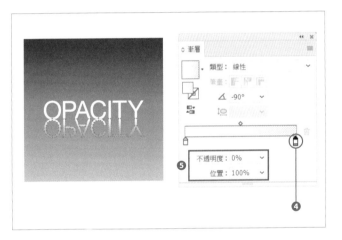

MEMO
100% 的不透明度代表完全不透明，0% 則代表完全透明 (看不見) 的狀態。

STEP 3 可分別對漸層滑桿的「漸層色標」設定不透明度。設定起點與終點顏色相同的漸層色，再將終點❹（位置：100%）的不透明度設定為「0%」❺，接著將起點❻（位置：0%）的不透明度設定為半透明（不透明度：30%）❼，就能如圖創造融入背景的漸層效果。

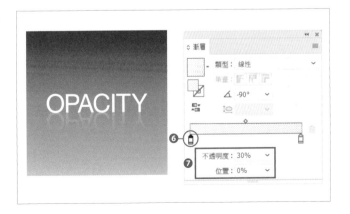

092 新增與套用漸層色

NO.

095 繪製複製的立體漸層色

VER.
CC / CS6 / CS5 / CS4 / CS3

使用「網格」工具 圏 可在物件追加網格線,設定出複雜的漸層色。

STEP 1

要在物件新增網格線可從「工具」面板點選「網格」工具 圏 再點選物件❶,或是從「物件」選單點選「建立漸層網格」。

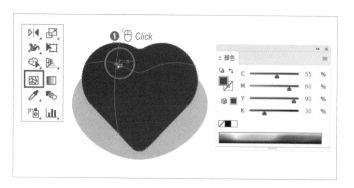

> **MEMO**
>
> 從「物件」選單點選「建立漸層網格」新增網格線的時候,會開啟對話框,從中可設定網格的種類、橫欄與直欄的數量。

STEP 2

「直接選取」工具 ▷ 可分別點選每個網格點。點選網格點之後,可利用「顏色」面板變更顏色❷。變更頂點的顏色後,設定出顏色往鄰接的網格點逐漸變淡的漸層色。

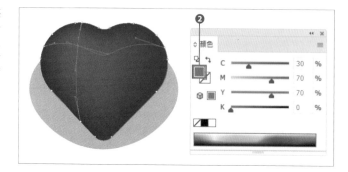

STEP 3

每利用「網格」工具 圏 點選物件內部一次,就會新增網格點或網格線。網格點可設定不同的顏色,所以可設定出複雜的漸層。設定了網格的物件可利用「直接選取」工具 ▷ 或「網格」工具 圏 編輯網格點。除了可變更顏色以及移動之外,還可調整從網格點延伸的把手的方向與長度,設定出更精密的漸層色❸。

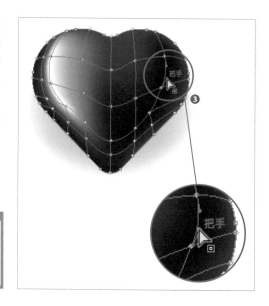

> **MEMO**
>
> 若要刪除網格點或網格線,可按住 Alt (Option)鍵再以「網格」工具 圏 點選。

NO. 096 新增自訂筆刷

Carigraphy

Bristle

VER.
CC / CS6 / CS5 / CS4 / CS3

「筆刷」面板可新增自訂筆刷。

STEP 1

沾水筆筆刷可繪製筆尖被斜切的筆畫❶。毛刷筆刷可利用接近真實毛刷筆刷的筆觸繪圖❷。要自訂這些筆刷，可點選「筆刷」面板的「新增筆刷」❸，再從中點選要新增的筆刷種類，然後按下「確定」。「筆刷選項」對話框可進行各種設定，設定完成後，按下「確定」新增。

❶ 沾水筆筆刷

❷ 毛刷筆刷

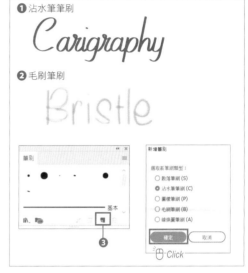

> 🔶 **MEMO**
>
> 要變更筆刷的內容可雙點「筆刷」面板的筆刷，於「筆刷選項」對話框變更設定。變更完成後，按下「確定」套用。

STEP 2

「沾水筆筆刷選項」可直覺地定義筆刷的形狀。橢圓形的設定代表筆刷形狀❹。拖曳旋轉後，可改變筆刷的角度，拖曳黑點可調整筆刷的真圓率。也可以直接輸入數值設定。

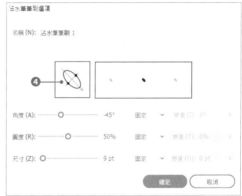

STEP 3

「毛刷筆刷選項」可設定毛刷的形狀、長度與密度，「形狀」下拉式列表還可選擇毛刷的形狀，也可設定各項目的數值。

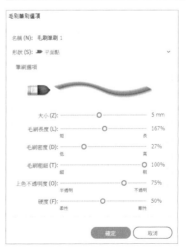

> 🔶 **MEMO**
>
> 選擇以「毛刷筆刷」的「筆刷」工具 ✎ 繪圖時，可利用數字鍵調整不透明度。例如按下 1 代表將不透明度設定為 10%，按下 9 則代表設定為 90%，而 0 則代表 100%。連續按下兩次可指定兩位數的不透明度，例如按下 4 → 5 可將不透明度設定為 45%。

097 利用自行繪製的圖稿新增自訂筆刷

VER.
CC / CS6 / CS5 / CS4 / CS3

「筆刷」面板可利用圖稿新增筆刷。筆刷分成散落筆刷、線條圖筆刷、圖樣筆刷。

STEP 1

可用圖稿新增的筆刷包含「散落筆刷」、「線條圖筆刷」、「圖樣筆刷」。要新增這些筆刷可先選擇圖稿❶，再點選「筆刷」面板的「新增筆刷」❷或是直接將圖稿拖曳到「筆刷」面板❸。選擇要新增的筆刷與按下「確定」後，就會開啟各種筆刷的對話框。

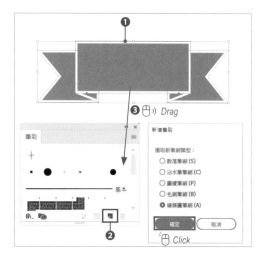

> ◆ MEMO
>
> 從 CC 版本開始可使用照片這類點陣圖新增筆刷，不過能使用的只有嵌入的圖片。要嵌入圖片可從「檔案」選單點選「置入」，選取圖片之後，取消「連結」的選項，再點選「置入」。

STEP 2

「散落筆刷」可根據路徑的形狀散佈多個新增的圖稿。「散落筆刷選項」對話框可設定「尺寸」、「間距」、「散落」、「旋轉」這些細部的選項，點選「確定」即可新增筆刷。

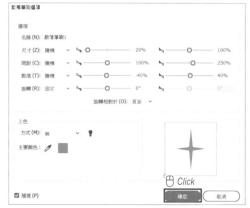

STEP 3

「線條圖筆刷」可讓圖稿沿著路徑扭曲。「線條圖筆刷選項」對話框可設定筆刷的「方向」、「上色」。CS5 之後，啟用「在參考線之間伸縮」❹，可定義線條圖筆刷的線端沒有伸縮性的部分。拖曳預視裡的參考線❺可調整伸縮的部分。只有位於兩條參考線內的部分才會伸縮。點選「確定」即可新增筆刷。

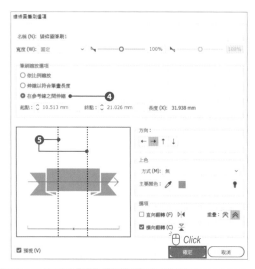

STEP 4

「圖樣筆刷」可依照路徑的形狀，自動置換定義的多種圖樣，可定義的部分包含「外部轉角拼貼」、「外緣拼貼」、「內部轉角拼貼」、「起點拼貼」、「終點拼貼」。「圖樣筆刷選項」對話框可分別設定拼貼的圖樣。在選取圖稿之後點選「新增筆刷」，或是以拖曳的方式新增「圖樣筆刷」時，該圖稿都會被定義為「外緣拼貼」。

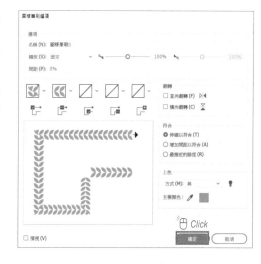

STEP 5

先將圖稿新增為「色票」面板的圖樣色票❻，就能從各拼貼的下拉式列表選擇該圖稿❼。CC 的版本新增了依照「外緣拼貼」的形狀自動產生轉角拼貼的功能，共有「自動居中」、「自動居間」、「自動切片」、「自動重疊」可供選擇❽。替每個拼貼設定圖稿後，點選「確定」新增筆刷。

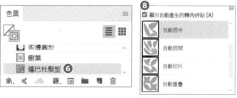

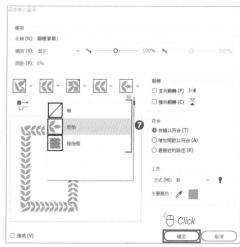

> 🔶 **MEMO**
>
> CS6 之前，新增的圖樣筆刷會以列表的方式顯示。

STEP 6

要使用新增的筆刷可先從「筆刷」面板點選筆刷，再拖曳「筆刷」工具 ✏ 或是在選擇現有的路徑後，點選「筆刷」面板裡的筆刷。自訂筆刷可利用簡單的路徑繪製饒富趣味的圖稿。❾是「散落筆刷」繪製的圖稿，❿是「線條圖筆刷」繪製的圖稿，⓫則是以「圖樣」筆刷繪製的圖稿。

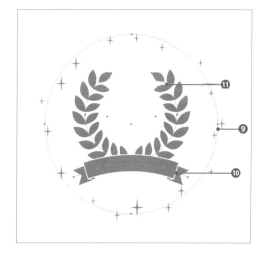

098 新增與使用自訂的圖樣

VER.
CC / CS6 / CS5 / CS4 / CS3　　「色票」面板可將圖稿新增為圖樣。

STEP 1　先繪製要用於圖樣的圖稿。繪製完成後,可將圖稿拖曳至「色票」面板,新增為圖樣❶。CS6 之後的版本可先選取圖稿,再從「物件」選單點選【圖樣 → 製作】新增。此時會切換成編輯模式(參考 STEP 5)。

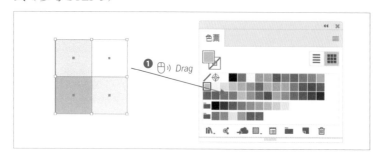

> **MEMO**
> 按住 Alt (Option) 鍵將圖稿拖曳到現有的圖樣色票上,可覆寫該圖樣色票。

STEP 2　要將圖樣套用到物件上,可先選取物件,再點選「色票」面板的圖樣色票❷,或是直接將圖樣拖曳到圖稿上❸。

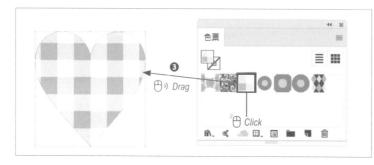

> **MEMO**
> 圖樣可套用到「填色」或是「筆畫」。

STEP 3　若想繪製有透明層的圖樣,或是想繪圖能裁切局部圖稿的圖樣,可先繪製邊框(填色與筆畫都是「無」的正方形或矩形),並將邊框配置在圖稿的最上層,接著同時將圖稿以及邊框新增至「色票」面板。右側的圖就是將相同圖稿、不同邊框新增至色票面板的結果。圖稿超出邊框的部分不會在拼貼時顯示。

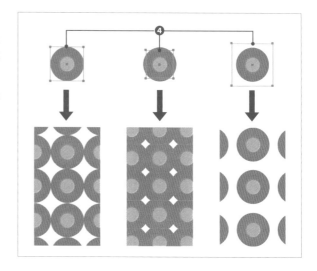

STEP 4

CS6 之後，雙點「色票」面板的色票或是選取色票再點選「編輯圖樣」❺，可開啟「圖樣選項」對話框，切換成編輯模式。

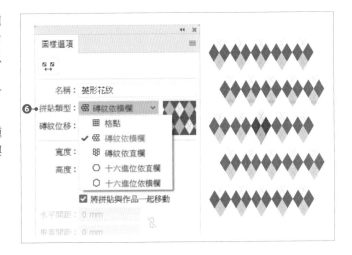

STEP 5

切換成編輯模式之後，可利用各種工具修改圖稿。由於這裡的修改會直接套用在已拼貼的圖樣上，所以可一邊確認拼貼圖樣之間的關係，一邊修改圖樣。「拼貼類型」的下拉式列表❻除了有「格點」之外，還有「磚紋」、「十六進位」這兩種類型，而這兩種類型分別有橫欄與直欄的樣式。

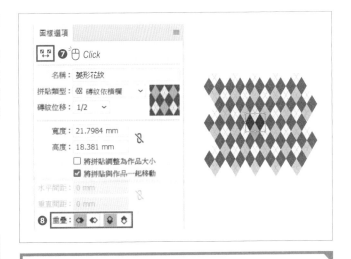

STEP 6

點選「圖樣拼貼工具」❼可利用拖曳的方式調整拼貼圖樣的形狀。突出拼貼圖樣的部分會從另一側開始重疊顯示。重疊的順序可於「重疊」的部分設定❽。要結束編輯模式可點選文件視窗上方的「儲存拷貝」、「完成」、「取消」其中一種。

◆ **MEMO**

以「選取」工具 雙點工作區域的空白處或是畫布也能「完成」圖樣的修改。

◆ **MEMO**

點選「色票」面板的「色票資料庫選單」按鈕，可開啟收藏多種圖樣的資料庫。

099 在其他物件反映顏色屬性

填色、筆畫或是圖樣都可利用「檢色滴管」工具 ✎ 複製到其他物件。

STEP 1

利用「選取」工具 ▶ 選取要變更填色或筆畫顏色的物件❶。

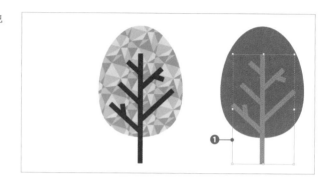

STEP 2

從「工具」面板點選「檢色滴管」工具 ✎，接著點選要抽取顏色屬性的物件，該屬性就會套用在剛剛選取的物件上❸。

> **MEMO**
>
> 雙點「檢色滴管」工具 ✎ 可開啟「滴管選項」對話框，從中可設定取樣、套用的相關選項。

STEP 3

也可先取樣顏色屬性，再點選物件套用。利用「檢色滴管」工具 ✎ 點選要取樣顏色屬性的物件後❹，該屬性會於「工具」面板或「顏色」面板顯示❺。此時按住 Alt（Option）鍵點選要套用的物件，該物件就會套用剛剛取樣的顏色屬性❻。

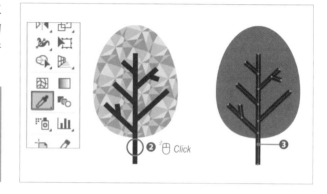

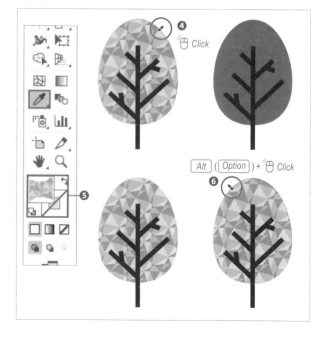

> **MEMO**
>
> 請在未選取物件時取樣。

NO.

100 調整物件的不透明度

VER.
CC / CS6 / CS5 / CS4 / CS3

不透明度可利用「透明度」面板設定 0 ～ 100% 的範圍。數值越低，物件越透明，下層的物件也越能透到上層。

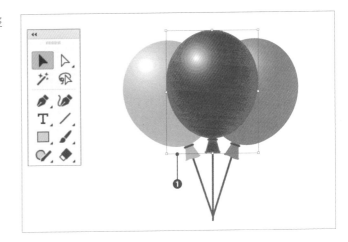

STEP 1　利用「選取」工具 ▶ 選取要調整不透明度的物件❶。

STEP 2　調整「透明度」面板的不透明度。可直接輸入數值❷或是拖曳滑桿調整❸（有些版本會顯示下拉式列表）。不透明度 100% 代表物件完全不透明，0% 代表完全透明，物件也等於消失。

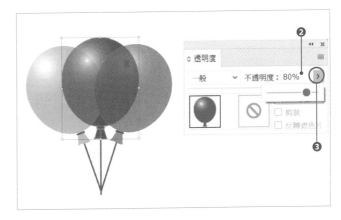

STEP 3　CS4 之後的版本也可利用「外觀」面板調整不透明度。選取物件之後，點選「外觀」面板的「不透明度」❹，可開啟「透明度」面板❺。點選「外觀」面板的「填色」或「筆畫」的三角符號，可分別設定這些屬性的不透明度❻。

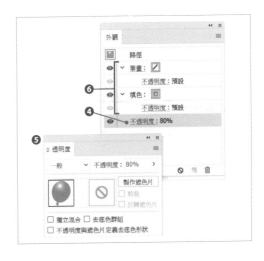

> **◆ MEMO**
>
> 在選取擁有不透明度物件的圖稿之後，點選【物件 → 透明度平面化】，可在保持外觀的設定下，將物件平面化為不透明度 100% 的物件。

　102 將圖稿製作成遮色片，調整物件的不透明度
259 列印套用透明效果的物件

第 4 章　填色、筆畫、顏色的設定

101 設定物件的漸變模式

VER.
CC / CS6 / CS5 / CS4 / CS3

在重疊的物件上套用各種漸變模式，可營造更為豐富的效果。漸變模式可於「透明」面板變更。

STEP 1 所謂「漸變模式」就是決定物件彼此重疊時，彼此的顏色該如何混合的方法，Illustrator 也內建了各種漸變模式。選取物件，再從「透明度」面板的「漸變模式」❶點選就能變更漸變模式。下圖是在從左至右的愛心物件設定了「色彩增值」❷、「網屏」❸、「實光」❹的設定。背景的條紋則是「一般」。

STEP 2 勾選「獨立混合」，下層物件就不會套用漸變模式。選取多個非「一般」漸變模式的物件之後，群組化這些物件。在這個群組化物件被選取的狀態下勾選「透明度」面板的「獨立混合」❺，群組內的物件雖然會套用漸變模式❻，下層的物件卻不會套用❼。

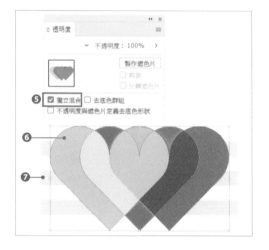

STEP 3 勾選「去底色群組」❽可讓群組內的物件不會因為彼此的漸變模式受影響，只會影響位於下層的物件❾。

 MEMO

每點選一次「去底色群組」，就會切換成「勾選（勾勾）」、「中間（橫線）」、「取消（未勾選）」的狀態。

NO.
102 將圖稿製作成遮色片，
調整物件的不透明度

VER
CC / CS6 / CS5 / CS4 / CS3

要利用從圖稿轉換而來的遮色片替物件設定不透明度，就使用「不透明度遮色片」。

1 先繪製物件❶以及要作為遮色片使用的圖稿❷（也可以是點陣圖）。將遮色片圖稿配置在上層後，選取這兩個物件❸，再點選「透明度」面板的「製作遮色片按鈕❹，最上層的物件或群組就會轉換成遮色片。

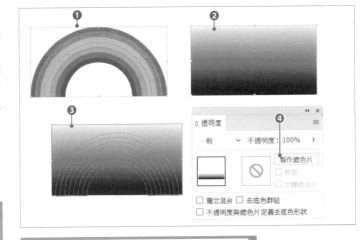

MEMO

遮色片圖稿的顏色濃度（亮度）會改變下層圖片的不透明度。以灰色圖像實驗可清楚看出不透明度的變化。

MEMO

CS5 之前的版本必須從「透明度」面板的選單點選「製作不透明度遮色片」。

2 建立不透明度遮色片之後，「透明度」面板會顯示這些物件的縮圖。左側是下層的圖片❺，右側是不透明度的圖片❻。點選不透明度遮色片的縮圖會切換成不透明度遮色片的編輯模式。此時可移動或是編輯圖稿，也可以新增物件，讓物件成為遮色片的一部分。

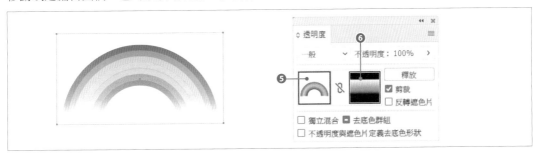

3 點選「透明度」面板左側的縮圖❺，可結束不透明度遮色片的編輯模式。在設定了不透明度的物件的背面配置新的物件，可確認不透明度的套用情況。

103 試用各種配色模式

VER.
CC / CS6 / CS5 / CS4 / CS3

「色彩參考」面板可新增、選取、套用與選取的顏色搭配的配色。

STEP 1
將「填色」的顏色設定為基色❶之後,「色彩參考」面板會顯示與基色協調的「色彩調和規則」❷,也會顯示不同版本的規則❸。從色彩調和選單可選擇各種顏色的組合❹。點選「將顏色群組儲存到色票面板」❺,可將選取中的顏色群組新增至「色票」面板❻。

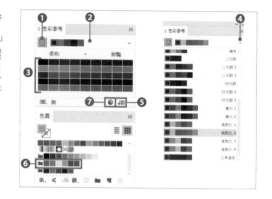

STEP 2
點選「編輯色彩」❼可開啟對話框。點選「編輯」頁籤❽之後,色輪❾可確認顏色的相關性,也可同時拖曳色輪編輯色彩的協調性。拖曳基色的顏色記號❿,其他的顏色會跟著移動。此時也可新增、刪除顏色,也可調整顏色的亮度與飽和度。

> ❖ MEMO
>
> 「色票」面板也會在選取顏色群組時顯示「編輯色彩」按鈕。

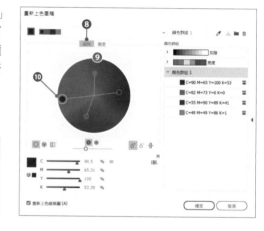

STEP 3
選取物件之後,「編輯色彩」按鈕會轉換成「編輯或套用色彩」⓫,此時可於「重新上色圖稿」對話框變更顏色⓬。在「指定」頁籤⓭裡,可一邊確認顏色群組的顏色如何置換物件原本的顏色,一邊變更要置換的顏色。「編輯」頁籤⓮則可利用色輪編輯物件套用的顏色群組。

> ❖ MEMO
>
> 勾選「重新上色線條圖」可一邊預視一邊配色。

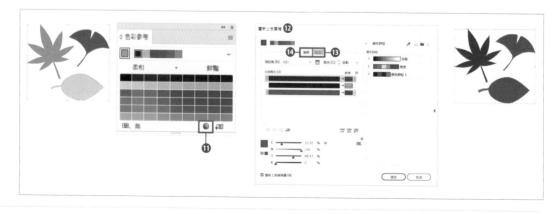

　231 替物件重新上色,改變插圖的色調

第 **5** 章 圖片的配置與編輯

NO.
104 置入圖片

VER.
CC / CS6 / CS5 / CS4 / CS3

CC 之後的版本可在配置圖片時，按下滑鼠左鍵，直接以圖片的大小配置圖片，也可先拖曳出一定大小的矩形，將圖片配置在矩形的範圍裡。

STEP 1　從「檔案」選單選取「置入」❶開啟對話框之後，選取要配置的圖片❷，再點選「置入」❸。

STEP 2　此時滑鼠游標會轉換成「置入圖片」圖示❹，按下滑鼠左鍵將以原圖大小配置。「控制」面板會顯示置入方法、檔案名稱、色彩模式與 PPI（解析）這些資訊❺。

❺ 連結檔案　料理 .psd　CMYK　PPI: 350

> ◆ **MEMO**
> CS6 之前的版本在「置入」對話框選取圖片，再點選「置入」按鈕後，就會直接置入原圖大小的圖片。

STEP 3　拖曳「置入圖片」圖示❻，可於拖曳的矩形內部配置圖片。

NO.
105 置入多張圖片

VER.
CC / CS6 / CS5 / CS4 / CS3　　CC 的版本之後，可一次置入多張圖片，也可調整置入順序。

STEP
1
從「檔案」選單點選「置入」❶，開啟對話框之後，按住 `Shift` 鍵選取所有❷要置入的圖片，再點選「置入」❸。

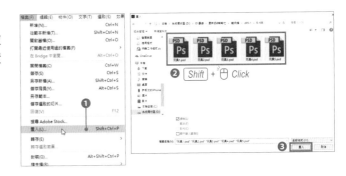

STEP
2
此時滑鼠游標會轉換成「置入圖片」圖示❹。按下方向鍵可變更讀取的資產列表順序，❺的 B 編號與 D 的資產縮圖預覽切換了。

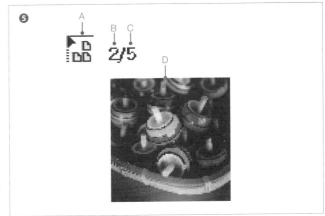

A：「置入圖片」滑鼠游標
B：目前的資產順序
C：匯入的資產數量
D：目前的資產縮圖預覽

STEP
3
拖曳或是點選即可配置圖片，接著會轉換成要配置的資產的數字，以及資產的縮圖預覽。

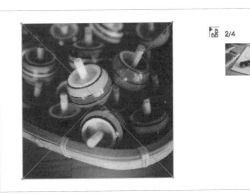

 MEMO

若要刪除資產，可先利用方向鍵移動到該資產，再按下 `Esc` 鍵。

106 置入描圖用的圖片

VER.
CC / CS6 / CS5 / CS4 / CS3

要將圖片當成描圖用的圖片使用，可在選取圖片的對話框勾選「範本」。

STEP 1

從「檔案」選單點選「置入」❶開啟對話框，再選取作為描圖用的圖片❷。點選「選項」按鈕❸展開選項，確認是否勾選了「連結」，再勾選「範本」❹，然後點選「置入」按鈕❺。

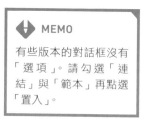

MEMO

有些版本的對話框沒有「選項」。請勾選「連結」與「範本」再點選「置入」。

STEP 2

置入範本圖片後，為了方便描圖，通常會以濃度 50% 與鎖定的狀態配置，而且也不會被列印在紙上。

STEP 3

要變更濃度可雙點「圖層」面板的範本圖層縮圖❻或是從面板選單點選「『圖層名稱』的選項」❼。開啟「圖層選項」對話框之後，調整「模糊影像至」❽的數值再按下「確定」即可。

104 置入圖片

NO.

107 置入包含圖層的圖片

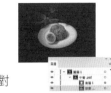

VER.
CC / CS6 / CS5 / CS4 / CS3

要在置入圖片時，維持圖片的圖層構造，可在選取圖片的對話框裡取消「連結」選項。

STEP 1　從「檔案」選單點選「置入」❶，開啟對話框，接著選取有圖層的圖片（範例選擇的是 PSD 格式的檔案）❷，點選「選項」按鈕展開選項後❸，取消「連結」選項，再勾選「顯示讀入選項」❹，然後點選「置入」❺。

MEMO

有些版本的對話框沒有「選項」按鈕。

STEP 2　開啟「Photoshop 讀入選項」對話框之後，勾選「將圖層轉換為物件」❻再點選「確定」。

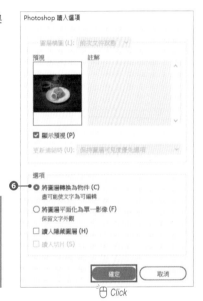

MEMO

在 CS6 之前的版本的「Photoshop 讀入選項」對話框勾選「將圖層轉換為物件」，再點選「確定」之後，就會配置具有圖層的圖片。

STEP 3　在 CC 的版本之後，滑鼠游標會變更為「置入圖片」圖示❼，此時可點選或是拖曳，置入包含圖層的圖片。點選「圖層」面板的「圖層 1」左側的「展開」按鈕❽開啟子圖層，就能確認圖層的構造❾。

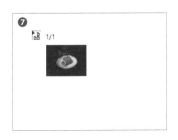

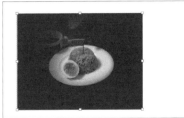

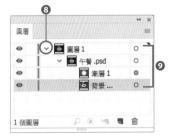

108 以拖放的方式置入圖片

將 Photoshop 的圖片拖放至 Illustrator 的圖稿裡，就能置入圖片。

STEP 1　同時開啟 Illustrator❶ 與 Photoshop❷ 的視窗。

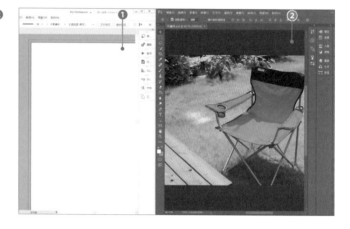

STEP 2　利用「選取」工具 ▶ 將圖片從 Photoshop 視窗拖放至 Illustrator 視窗的圖稿裡❸。

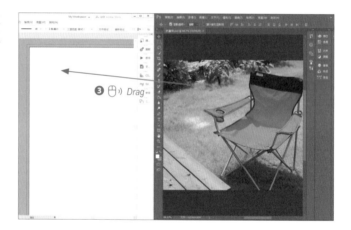

❸ 🖱 *Drag*

STEP 3　此時圖片會以嵌入❹ 的方式置入 Illustrator 的圖稿裡。若在 Photoshop 裡選擇了特定的圖層，就只會置入該圖層。此外，圖層裡若有透明的部分，該部分將轉換成白色。

109 在維持圖層的構造下轉存為 Photoshop 檔案

NO.

VER.
CC / CS6 / CS5 / CS4 / CS3

在「Photoshop 轉存選項」對話框可在保有圖層構造的狀態下，將圖稿轉存為 Photoshop 檔案。

STEP 1

繪製有圖層構造的圖稿❶，再點選「檔案」選單的【轉存 → 轉存為】❷。開啟「轉存」對話框後，指定轉存的位置與檔案名稱❸，再設定「存檔類型：Photoshop (*.psd)」❹，再點選「轉存」。

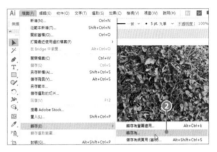

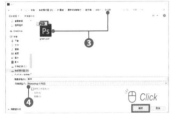

💠 MEMO

Mac 系統點選「轉存」對話框的「名稱」右側的按鈕，可展開或折疊對話框。

STEP 2

開啟「Photoshop 轉存選項」對話框之後，設定「色彩模式」與「解析度」❺。接著勾選「選項」的「寫入圖層」、「保留文字可編輯性」（若圖稿裡沒有文字，就不用勾選這個選項）與「最大可編輯性」❻。「消除鋸齒」選項❼可在圖稿有文字時設定為「最佳化文字（提示）」，若沒有文字則可設定為「最佳化線條圖（超取樣）」，再點選「確定」。

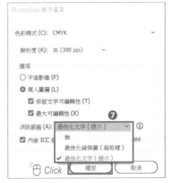

💠 MEMO

勾選「最大可編輯性」選項之後，子圖層將儲存為 Photoshop 的圖層。「消除鋸齒」可讓圖片的輪廓變得更平滑。

STEP 3

轉存的檔案會於儲存於指定位置。開啟 Photoshop 的檔案，再打開「圖層」面板，就會發現圖層構造完整無缺。

NO.

110 檢視置入的圖片狀態

VER.
CC / CS6 / CS5 / CS4 / CS3

「連結」面板會顯示置入圖稿的所有圖片,可輕鬆地確認各圖片的狀態。

STEP 1
要確認圖片的狀態可從「視窗」選單點選「連結」❶,開啟「連結」面板。

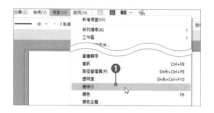

STEP 2
圖片名稱的右側會顯示代表圖片狀態的圖。❷的圖示代表找不到連結圖片,❸的圖示代表配置的連結圖片被修改過,❹的圖示代表圖片是以嵌入的方式配置。❺的圖示代表圖片是以連結的方式置入。

> **MEMO**
>
> 代表找不到圖片的❷的圖示從 CC 2017 之後就換了新的圖示(舊版為 ⊗)。

STEP 3
雙點「連結」面板的圖片或是點選「顯示連結資訊」按鈕❻,可顯示檔案格式、色彩空間、PPI(解析度)這類有關圖片的資訊。

> **MEMO**
>
> 在 CS6 之前的版本裡,雙點「連結」面板的圖片或點選面板選單的「顯示連結資訊」開啟「連結資訊」對話框之後,會顯示檔案的大小或種類這類資訊。

114 編輯連結圖片的原始圖片
115 更新連結圖片

NO. 111 更換已置入的圖片

VER.
CC / CS6 / CS5 / CS4 / CS3

點選「連結」面板的「重新連結」按鈕可將置入的圖片置換成另外的圖片。

STEP 1　在「連結」面板選取圖片❶，再點選「重新連結」按鈕或是從面板選單點選「重新連結」。

STEP 2　開啟對話框之後，選取要重新置入的圖片❸，再點選「選項」展開選項，確認是否勾選了「連結」選項再點選「置入」❺。

> ⬇ MEMO
>
> 以「選取」工具 ▶ 選取圖片，再從「檔案」選單點選「置入」開啟對話框，然後選取要重新置入的圖片，以及點選「選項」按鈕展開選項，再勾選「取代」以及點選「置入」一樣能置換圖片。
>
>

> ⬇ MEMO
>
> 有些版本的對話框沒有「選項」按鈕。

STEP 3　圖片置換成功了❻。

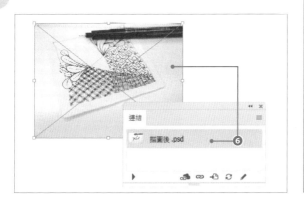

> ⬇ MEMO
>
> 選擇連結圖片後，「控制」面板會顯示檔案名稱。點選後，從選單裡點選「重新連結」一樣能置換圖片。
>
>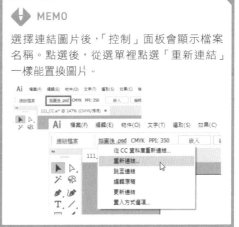

112 將連結圖片變更為嵌入圖片

VER.
CC / CS6 / CS5 / CS4 / CS3

「連結」面板的面板選單有「嵌入影像」這個選項,可將連結圖片置換成嵌入圖片。

STEP 1
選取「連結」面板裡的連結圖片❶。

STEP 2
選擇面板裡的「嵌入影像」之後❷,原本以連結方式置入的圖片就會轉換成嵌入圖片❸。

 MEMO

選取連結圖片,點選「控制」面板的「嵌入」按鈕也能將圖片轉換成嵌入圖片。

 MEMO

置入圖片的方式有兩種。從「檔案」選單點選「置入」,開啟對話框與選取圖片之後,勾選「連結」選項就會以連結的方式置入圖片,若取消「連結」選項,就會以嵌入的方式置入圖片。

選擇以連結的方式置入圖片時,會將用於預視的圖片(72ppi)置入 Illustrator 的圖稿,同時記錄圖片的儲存位置。因此,若是原始圖片有所變更,連結圖片也會套用該變更。

嵌入的方式就是將檔案直接置入 Illustrator 的文件,所以文件的檔案容量也會相對變大。此外,就算原始圖片有所變更,也不會套用在嵌入的檔案裡。若是文件最終會列印,建議將檔案格式設定為 Photoshop、EPS、TIFF、PDF,並以連結的方式配置圖片,後續才方便繼續修改。

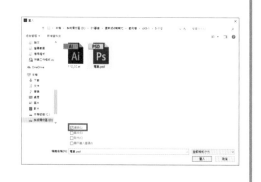

NO.
113 解除嵌入，再儲存為 PSD 或 TIFF 檔案

VER.
CC / CS6 / CS5 / CS4 / CS3

CC 之後的版本為了方便以 Photoshop 修改嵌入的圖片，新增了將圖片儲存為檔案（PSD 或 TIFF），讓圖片轉換成連結圖片的功能。

STEP 1 選取嵌入的圖片，點選「控制」面板的「取消嵌入」按鈕❶，或是從「連結」面板的面板選單點選「取消嵌入」。

STEP 2 「取消嵌入」對話框開啟後，在檔案名稱輸入檔案名稱❷，選擇新檔案的儲存位置❸以及「存檔類型」❹，再點選「存檔」。

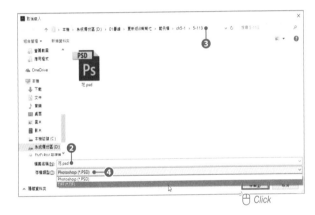

🖰 Click

STEP 3 解除嵌入後，圖片就改以連結的方式置入文件❺。剛剛指定的存檔位置會以剛剛指定的存檔類型（範例選擇的是 TIFF）儲存檔案❻。

NO.

114 編輯連結圖片的原始圖片

VER
CC / CS6 / CS5 / CS4 / CS3

點選「連結」面板的「編輯原稿」按鈕啟動應用程式，就能編輯原始圖片。

STEP 1
在「連結」面板選取連結圖片，再點選「**編輯原稿**」按鈕❶或是從面板選單點選「編輯原稿」，就可啟動原始圖片的應用程式。

STEP 2
啟動應用程式之後，就可以編輯圖片。右圖是啟動 Photoshop 之後的畫面。接著以覆寫的方式儲存檔案。

STEP 3
切換至 Illustrator 的畫面時，會顯示警告訊息。點選「是」之後，原本的連結圖片就會置換成編輯過的圖片❷。

Adobe Illustrator

⚠️ 「連結」面板中的某些檔案遺失或已修改。是否要立即更新它們？

[是]   (否)

🖱 Click

> **MEMO**
>
> 用「選取」工具 ▶ 選取連結圖片，「控制」面板就會顯示檔案名稱，從選單點選「編輯原稿」也可以開啟原始圖片。
>
>

NO.

115 更新連結圖片

VER.
CC / CS6 / CS5 / CS4 / CS3

若是連結圖片的原始圖片有所更新,「連結」面板就會顯示對應的圖示,此時可點選「更新連結」按鈕。

STEP 1 「連結」面板有時會顯示代表連結圖片的原始圖片有所變更的圖示❶,此時可點選該圖片,再點選「更新連結」按鈕❷或是從面板選單點選「更新連結」。

STEP 2 此時連結圖片會更新❸,「連結」面板裡的圖示也會消失❹。

STEP 3 「連結」面板有時會顯示找不到連結圖片的原始圖片的圖示❺,此時可點選「重新連結」按鈕❻或是從面板選單點選「重新連結」。開啟對話框之後,點選需要的圖片,再點選「選項」展開選項,確認是否勾選了「連結」❼,再點選「置入」重新連結圖片。

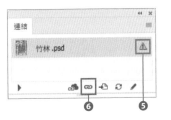

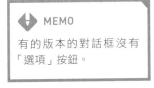

> 🔶 MEMO
>
> 有的版本的對話框沒有「選項」按鈕。

> 🔶 MEMO
>
> 以「選取」工具 ▶ 選取連結圖片之後,「控制」面板會顯示檔案名稱。點選檔案名稱,再從選單點選「更新連結」,也可更新連結圖片。

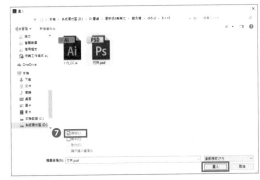

116 避免連結圖片失去連結

VER.
CC / CS6 / CS5 / CS4 / CS3

為了避免連結圖片失去連結，請將連結圖片與 Illustrator 的文件儲存在相同的資料夾裡。

STEP 1 若是開啟失去連結的檔案，就會顯示警告訊息，此時請點選「取代」。

> **CAUTION**
>
> 連結圖片的儲存位置變更或是連結之後變更檔案名稱，都會造成失去連結的結果。

STEP 2 對話框開啟後，選擇原始圖片，再點選「取代」按鈕，重新設定連結。

STEP 3 如果失去連結，畫面就無法顯示該圖，也無法轉存。為了避免失去連結，可如右圖將 Illustrator 文件❶與連結圖片❷儲存在相同的資料夾裡。

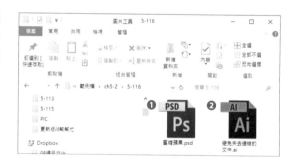

> **MEMO**
>
> 儲存時，可連同連結圖片一併儲存。以 Illustrator 格式儲存時，會開啟「Illustrator 選項」對話框。勾選「選項」裡的「包含連結檔案」，就能嵌入圖稿裡的連結檔案。這種做法很適合在需要將配置了圖片的 Illustrator 檔案貼入 InDesign 的時候使用。

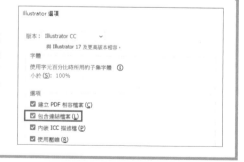

  110 檢視置入的圖片狀態

NO. 117 裁切圖片多餘的部分

VER
CC / CS6 / CS5 / CS4 / CS3

要裁切圖片多餘的部分可在圖片上層製作裁切模型的物件，
再套用「剪裁遮色片」。

STEP 1 在圖片的上層製作裁切模型物件 ❶，再利用「選取」工具 ▶ 選取圖片與物件。從「物件」選單
點選【剪裁遮色片 → 製作】❷ 。

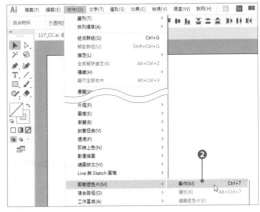

S 剪裁遮色片→ Ctrl (⌘)＋ 7

STEP 2 圖片會依照上層的物件形狀裁切。

> ♦ MEMO
>
> 要變更圖片的顯示部分可利用「直接選取」工
> 具 ▷ 拖曳圖片。「直接選取」工具 ▷ 可在維
> 持剪裁遮色片的形狀之下，變更物件的形狀。

STEP 3 此時只有被裁切的部分隱藏，所以利用「選取」工具 ▶ 選取圖片與物件，再從「物件」選單點
選【剪裁遮色片 → 釋放】❸ ，就能恢復成原始的圖片。

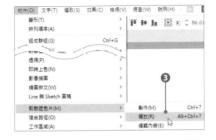

> ♦ MEMO
>
> 設定剪裁遮色片之後，上層物件的填色與筆畫
> 的設定都會消失。就算解除剪裁遮色片，填色
> 與筆畫的設定也無法還原。

S 釋放剪裁遮色片→ Ctrl (⌘)＋ Alt (Option)＋ 7

 118 在文字與物件裡置入照片

使用「繪製內側」模式,可根據物件的形狀自動製作剪裁遮色片。

STEP 1
利用「選取」工具 ▶ 選取字串,再點選「繪製內側」模式❶,文字的周圍就會出現虛線邊角。

STEP 2
從「檔案」選單點選「置入」,對話框開啟後選取圖片再點選「置入」。此時滑鼠游標會轉換成「置入圖片」圖示❸,按下滑鼠左鍵或拖曳滑鼠,將新增剪裁遮色片,並將圖片配置在文字裡。

> ✦ **MEMO**
>
> CS6 之前的版本會在「置入」對話框選取圖片以及點選「置入」按鈕之後,直接建立剪裁遮色片,並將圖片配置在文字裡。

STEP 3

若要變更文字的大小與位置,可點選「控制」面板的「編輯剪裁路徑」❹ 選取文字❺。若要變更圖片的大小與位置,可點選「控制」面板的「編輯內容」按鈕❻選取圖片❼。

> ✦ **MEMO**
>
> 要解除「繪製內側」模式可點選「一般繪製」模式。要釋放剪裁遮色片可選取物件,再從「物件」選單點選【剪裁遮色片 → 釋放】。

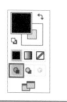

119 在物件套用圖片的顏色

VER
CC / CS6 / CS5 / CS4 / CS3

以「檢色滴管」工具 點選圖片或物件，就能將選取物件的填色屬性設定為點選的顏色。

STEP 1
利用「選取」工具 ► 選取要套用圖片顏色的物件❶，再點選「檢色滴管」工具 ✐。

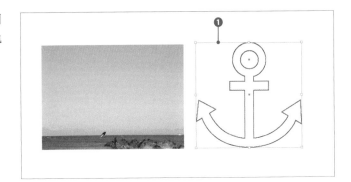

STEP 2
點選圖片後❷，抽取的顏色會套用至物件❸。

STEP 3
「檢色滴管」工具 ✐ 除了顏色之外，還可根據各種設定取樣與套用顏色。雙點「檢色滴管」工具 ✐，開啟「滴管選項」對話框，可進一步設定取樣與套用的屬性。

> ◆ MEMO
>
> 在物件套用圖片的顏色，可營造整體性。

120 將物件轉換成點陣圖

VER.
CC / CS6 / CS5 / CS4 / CS3 「點陣化」功能可將物件轉換成點陣圖。

從「物件」選單執行「點陣化」功能

 以「選取」工具 ▶ 選取要轉換成點陣圖的物件❶，再從「物件」選單點選「點陣化」❷。

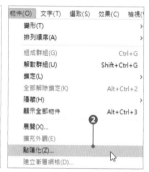

 開啟「點陣化」對話框之後，可設定「解析度」、「背景」這類的設定。在「解析度」❸的設定部分，若要於螢幕顯示（網路使用），可選擇「螢幕（72ppi）」，若要以噴墨印表機輸出可選擇「中（150ppi）」，若要用於印刷品可選擇「高（300ppi）」，也可以選擇「其他」，直接輸入數值。

「消除鋸齒」❹指的是讓點陣圖的鋸齒邊不那麼明顯，而以中間色修正邊緣像素，讓邊緣看起來更平滑的處理。❺是選擇「無」的情況，❻則是選擇「最佳化線條圖（超取樣）」的結果。

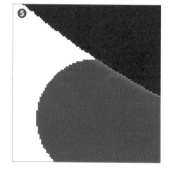
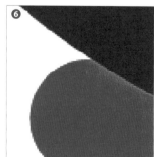

> ◆ MEMO
>
> 彩色印刷品的解析度以 350ppi 為標準。ppi 是點陣圖細膩度的單位（pixels per inch 的縮寫），代表 1 英吋有多少像素。

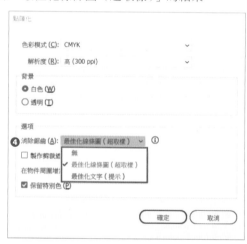

STEP 3 點選「點陣化」對話框的「確定」之後，物件就會被點陣化為點陣圖，也無法再還原為原本的物件。

從「效果」選單套用「點陣化」效果

STEP 1 從「效果」選單點選「點陣化」❶，也可以將物件轉換成點陣圖。「效果」選單的「點陣化」是在保留物件的路徑之下，同時將物件轉換成看起來像點陣圖，所以還可以選擇原始的向量圖（路徑），繼續進行其他的編輯❷。

為了方便辨識，特地從「檢視」選單點選「外框」，以外框的方式顯示物件。

STEP 2 要讓點陣化的圖片還原為原始的物件，可從「視窗」選單點選「外觀」，開啟「外觀」面板，再點選「點陣化」項目，然後點選垃圾筒圖示❸。若要變更點陣化的設定，可點選「外觀」面板的「點陣化」項目，重新開啟「點陣化」對話框❹，再變更設定。

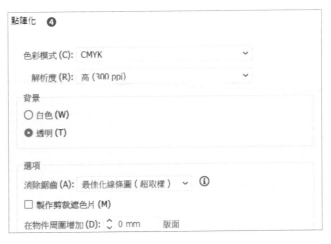

121 調整置入圖片的解析度

置入的圖片可於 Photoshop 的「影像解析度」對話框調整需要的解析度。

STEP 1
在 Illustrator 確認配置的圖片大小（寬度與高度）之後，於 Photoshop 開啟圖片，再於「影像」選單點選「影像尺寸」❶，開啟「影像尺寸」對話框。

> ◆ MEMO
>
> Photoshop CC 之後，「影像尺寸」對話框就新增了預視視窗。

STEP 2
取消「重新取樣」選項❷，再選擇置入 Illustrator 時的圖片尺寸單位，然後在「寬度」或「高度」❸ 的其中一邊輸入數值（另一邊會自動輸入數值）。

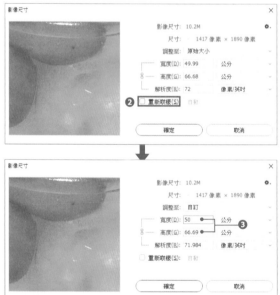

STEP 3
勾選「重新取樣」❹，在「解析度」❺ 輸入適當的數值。變更完成後，像素會自動調整，「影像尺寸」也會自動調整❻。若是要使用的圖片的解析度不夠，可試著考慮調整大小，或是重新拍攝或掃描圖片。

> ◆ MEMO
>
> 彩色印刷所需的解析度為 300 ～ 350ppi，螢幕顯示所需的為 72ppi，排版暫用的圖片需要 72 ～ 200ppi。

　 122 適合輸出印刷的圖片解析度

NO. 122 適合輸出印刷的圖片解析度

VER.
CC / CS6 / CS5 / CS4 / CS3

Photoshop CC 之後，「影像尺寸」對話框的「保留細節（放大）」功能可擴大解析度的圖片，又能列印出精緻的結果。

STEP 1 在 Illustrator 確認配置的圖片的大小（寬與高）之後，在 Photoshop 開啟圖片，再從「影像」選單選取「影像尺寸」，開啟「影像尺寸」對話框。

STEP 2 拖曳「影像尺寸」對話框的角落，調整對話框的大小❶可調整預視視窗的大小。若是於預視視窗內部拖曳可調整顯示的部分❷，若是將滑鼠游標移到預視視窗下方，還可以縮放預視區塊❸。

STEP 3 勾選「重新取樣」再選取「保留細節（放大）」後，選取單位，再於「寬度」或「高度」❺其中一邊輸入數值（另一邊會自動輸入）。一邊確認預視結果，一邊拖曳「減少雜訊」的滑桿❻，減少放大圖片時的雜訊。完成這個設定後，將低解析度的圖片配置在 Illustrator 再列印，也能列印出沒有雜訊的銳利圖片。

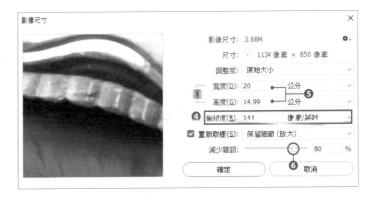

123 在 Illustrator 使用在 Photoshop 製作的路徑

VER.
CC / CS6 / CS5 / CS4 / CS3

「路徑到 Illustrator」的功能可讓 Photoshop 製作的路徑也能在 Illustrator 的路徑使用。

STEP 1
在 Photoshop 製作路徑後，從「檔案」選單點選【轉存 → 路徑到 Illustrator】❶。

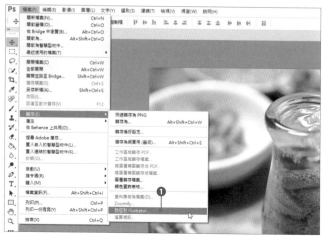

STEP 2
開啟「轉存路徑到檔案」對話框之後，選擇「作業路徑」❷再點選「確定」。接著會開啟「將路徑儲存至」對話框，選擇儲存位置❸之後，點選「存檔」。

STEP 3
儲存位置會顯示 Illustrator 的圖示❹。雙點之後，會開啟「轉換為工作區域」對話框，勾選需要的選項再點選「確定」即可。在 Illustrator 開啟之後，會顯示 Photoshop 的文件大小❺。從「檢視」選單點選「外框」就能確認剛剛存的路徑❻。

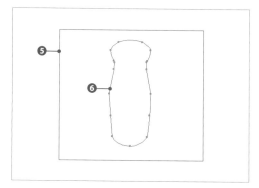

NO. 124 活用 Creative Cloud 桌面

VER.
CC / CS6 / CS5 / CS4 / CS3

安裝 Creative Cloud 桌面應用程式，就能快速安裝與升級軟體，也能流暢地管理資產。

安裝 Creative Cloud 桌面應用程式

Creative Cloud 桌面應用程式可從 Adobe Systems 公司的網站安裝。安裝完成後，Mac 系統會儲存在應用程式資料夾的工具程式資料夾❷。啟動應用程式，工具列會顯示圖示，點選圖示即可顯示選單❸。

> ✦ MEMO
>
> Creative Cloud 應用程式可設定成電腦啟動或登錄時就自動啟動。

安裝與升級 Illustrator 這類軟體

以 Creative Cloud 桌面應用程式升級 Illustrator 之後，會顯示相關的資訊。點選「升級」即可升級軟體❹。此外，也可以安裝舊版軟體❺。

管理與存取資產、Typekit、Adobe Stock

可透過 Creative Cloud 桌面應用程式管理與分享儲存在 Creative Cloud 的檔案與資產❻。此外，也可以管理 Adobe Typekit 字型或 Adobe Stock 的搜尋與下載❼。

127 使用 Adobe Stock 的圖片

125 於資料庫面板新增圖片

要使用 Creative Cloud 資料庫，可先將設計使用的素材，例如圖片新增至「資料庫」面板。

STEP 1
要在 Creative Cloud 資料庫（以下簡稱 CC 資料庫）新增圖片可先從「視窗」選單點選「資料庫」，開啟「資料庫」面板。

MEMO

從 CC 2014.1 之後搭載的 CC 資料庫可透過雲端管理圖片、色彩、文字樣式、圖示、物件這些設計素材 (資產)，也是 Adobe Creative Cloud 提供的服務。只要一直使用同一個 Adobe ID，就能在不同的 OS 或其他的 AdobeCC 產品與使用者分享資產。

STEP 2
從資料庫選單點選「建立新資料庫」或是點選「我的資料庫」、「Stock 範本（CC 2017 搭載）新增素材。範例點選的是「建立新資料庫」。點選❶的按鈕，點選「建立新資料庫」，輸入資料庫名稱❷再點選「建立」按鈕❸（這次輸入的是「workA」）。

MEMO

從「資料庫」面板的面板選單點選「建立新資料庫」也能輸入資料庫名稱。

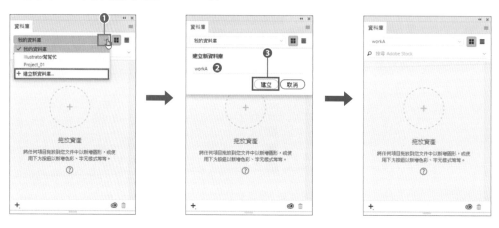

STEP 3
利用「選取」工具 ▶ 選取要新增至「資料庫」面板的素材（這次選的是圖片）❹，點選「新增內容」圖示❺，只勾選「圖形」❻，然後點選「新增」按鈕❼。

MEMO

CC 2017 之後可點選「新增圖形」新增圖片。

STEP 4 可看到已新增圖形了。

 MEMO

可直接將圖片拖曳到「資料庫」面板新增。

 MEMO

要刪除「資料庫」面板的圖片可在選取圖片後點選垃圾筒圖示 ❽。若要刪除新增的資料庫可從面板選單點選「刪除『資料庫名稱』」 ❾。

 MEMO

「資料庫」面板可分享給其他 Adobe CC 的使用者。
從「資料庫」面板的面板選單點選「共同作業」 ❿，瀏覽器會開啟「邀請共同作業人員」對話框 ⓫。
輸入對方的電子信箱以及必要的訊息後，按下「邀請」即可向對方發送邀請信。一旦對方接受邀請，就能共享資料庫。

NO.
126 編輯資料庫面板裡的圖片

VER.
CC / CS6 / CS5 / CS4 / CS3

拖放「資料庫」面板的圖片即可以連結的方式配置圖片，若是編輯「資料庫」面板的圖片，連結圖片也會套用該編輯內容。

STEP 1 將「資料庫」面板的圖片拖曳到面板之外❶，就會以連結的方式配置圖片❷。從「視窗」選單點選「連結」，開啟「連結」面板之後，會看到雲朵形狀的雲端圖❸（要將圖片新增至「資料」面板請參考「125 於資料庫面板新增圖片」）。

STEP 2 雙點「資料庫」面板的圖片❹，將開啟編輯畫面❺。範例新增了插圖之後儲存與關閉編輯模式。

Halloween01 影像_88972f06-4462-4478-9f94-711075575905.ai @ 834% (CMYK/預視) ✕

> **MEMO**
>
> 在「連結」面板點選圖片，再點選「編輯原稿」按鈕，一樣能開啟編輯畫面。
>
>

STEP 3 回到原本畫面後，會發現原本連結圖片已置換成修改後的圖片。「資料庫」面板的圖片也更新了。

> **MEMO**
>
> CC 2014.1 的「資料庫」面板的圖片（資產）雖然可以透過拖放的方式配置，「資料庫」面板裡卻不會更新編輯後的內容。

> **MEMO**
>
> 不想套用編輯內容時，可在將圖片拖放至「資料庫」面板之外時按住 Alt（ Option ）鍵。此時「連結」面板就不會顯示雲端圖示。

▼ 圖形

Halloween01 影像

114 編輯連結圖片的原始圖片
125 於資料庫面板新增圖片

NO.

127 使用 Adobe Stock 的圖片

VER.
CC / CS6 / CS5 / CS4 / CS3

從「資料庫」面板存取 Adobe Stock，可搜尋要使用的圖片。

第 5 章

圖片的配置與編輯

STEP 1 從「資料庫」面板的搜尋欄位的下拉式列表選擇「Adobe Stock」❶ 之後，在搜尋欄位輸入搜尋關鍵字❷。這次輸入的是萬聖節。勾選「照片」可顯示照片的搜尋結果（CC 2017 之前的版本可點選❸，再勾選「照片」）。預視圖片會有「Adobe Stock」的浮水印與檔案編號。

> **MEMO**
>
> Adobe Stock 從 2015 年 6 月開始的皇家資料庫的照片、插圖、圖片、視訊、範本都可從網路購買，之後就能透過 Creative Cloud 資料庫使用。若覺得有浮水印的預視圖片不錯，購買圖片的使用權後，應用程式內的圖片會自動置換成正版的圖片（無浮水印）。收費方式請參考 https://stock.adobe.com/jp/plans。

STEP 2 在「資料庫」面板選擇要新增圖片的資料庫❹（這次選擇「我的資料庫」），再將滑鼠游標移到圖片，就會顯示圖片資訊以及兩個導覽列圖示。點選右側的「儲存預覽至 < 資料庫名稱 >」❺，就能將圖片新增至資料庫❻。

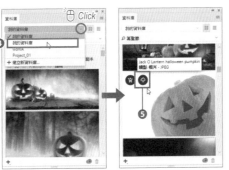

STEP 3 將圖片拖放至「資料庫」面板之外，就能當成草稿圖（範例圖片）使用。

> **MEMO**
>
> 若要購買置入的圖片，可在「連結」面板雙點縮圖或圖片名稱，或是從面板選單點選「授權並儲存至 < 資料庫名稱 >」❼，此時會開啟「Adobe Stock」對話框❽。點選「確定」後，會於瀏覽器顯示收費標準。

NO. 128 直接搜尋 Adobe Stock 的素材

VER.
CC / CS6 / CS5 / CS4 / CS3

可從應用程式列的搜尋方塊直接搜尋 Adobe Stock 的素材。

STEP 1

要直接搜尋 Adobe Stock 的素材，可使用應用程式列的搜尋方塊（從 CC 2017 之後搭載）。輸入搜尋項目再按下 Enter （ Return ）鍵即可（這次輸入的是聖誕節）。

STEP 2

瀏覽器將開啟 Adobe Stock 的網站，顯示相關的搜尋結果。

STEP 3

點選「filiters」按鈕❶，可進一步以「價格」、「子分類」、「人物」、「方向」、「色彩」❷縮減搜尋範圍，按下「Refresh」按鈕❸可顯示相關的素材。

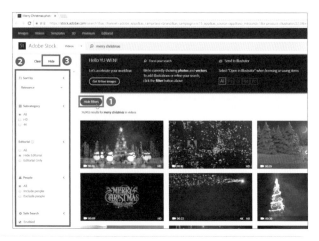

129 利用調整色彩
調整插圖的配色

VER
CC / CS6 / CS5 / CS4 / CS3

「調整色彩」濾鏡是可調整物件的填色與筆畫顏色的濾鏡。可同時針對多個物件調整。

STEP 1　選取物件，再從「編輯」選單點選【編輯色彩 → 調整色彩平衡】❶。

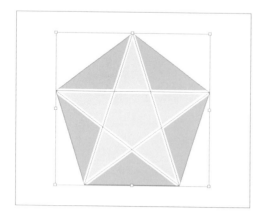

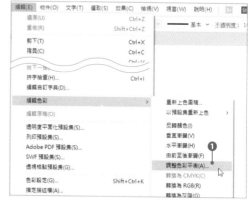

STEP 2　開啟「調整色彩」對話框之後，可利用滑桿調整顏色。勾選「預視」選項❷可一邊確認結果一邊調整。「調整選項」可選擇「填色」或「筆畫」，但通常會同時勾選兩者。

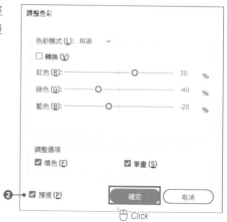

STEP 3　按下「確定」即可調整物件的顏色。

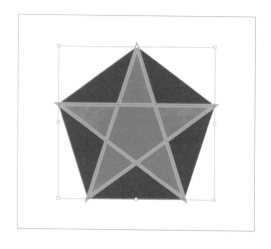

　231 替物件重新上色，改變插圖的色調

130 替照片打馬賽克

VER.
CC / CS6 / CS5 / CS4 / CS3

「建立物件馬賽克」功能可將圖片加工成像拼貼磁磚的馬賽克狀。馬賽克的分割數量也可自行設定。

 STEP 1 選取工作區域裡的圖片，再從「物件」選單點選「建立物件馬賽克」❶。CS3 可從「濾鏡」點選【建立 → 物件馬賽克】。

 CAUTION

若圖片是以連結的方式置入，必須從「連結」面板點選「嵌入影像」，嵌入圖片。這部分請參考「112　將連結圖片變更為嵌入圖片」的步驟。

 STEP 2 開啟「建立物件馬賽克」對話框之後，輸入馬賽克尺寸❷、拼貼間距❸、拼貼數目❹的數值。此外，「選項」的「使用比例」可固定寬或高的值❺，也可選擇馬賽克的色彩模式（結果）。

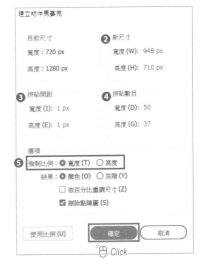

建立物件馬賽克

目前尺寸	❷ 新尺寸
寬度：720 px	寬度 (W)：948 px
高度：1280 px	高度 (H)：710 px

❸ 拼貼間距　❹ 拼貼數目
寬度 (I)：1 px　寬度 (D)：50
高度 (E)：1 px　高度 (G)：37

選項
❺ 強制比例：◉ 寬度 (T)　○ 高度
結果：◉ 顏色 (O)　○ 灰階 (Y)
☐ 依百分比重調尺寸 (Z)
☑ 刪除點陣圖 (S)

使用比例 (U)　　確定　　取消
🖱 Click

 MEMO

勾選「刪除點陣圖」會將原本的照片刪除。

 STEP 3 完成設定後，點選「確定」套用濾鏡。

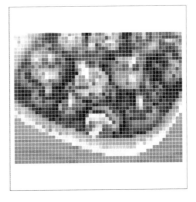

MEMO

點選「確定」或「取消」旁邊的「使用比例」會自動將馬賽克設定為正方形。

112 將連結圖片變更為嵌入圖片

NO.
131 自訂字型的粗細，
藉此製作標誌

VER.
CC / CS6 / CS5 / CS4 / CS3　　　使用「位移複製」可控制字型的粗細。

STEP 1 利用「文字」工具 T 輸入標誌的文字之後，利用「選取」工具 ▶ 選取，再從「效果」選單點選【路徑 → 位移複製】❶。

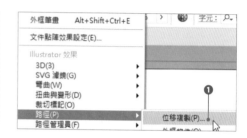

STEP 2 開啟「位移複製」對話框之後，輸入「位移」的數值❷，再選擇轉角的形狀❸。

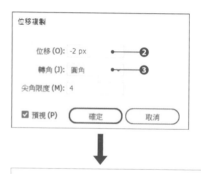

> **MEMO**
> 位移的數值可視字型大小調整。正值會使字型變粗，負值則會使字型變細，營造纖細的印象。

STEP 3 CC 的版本之後，可使用「觸控文字」工具 ⊞ 旋轉文字。CS3 ～ CS6 的版本可使用「設定基線微調」、「字元旋轉」調整文字的位置與角度。最後加上顏色與物件，標誌就完成了。

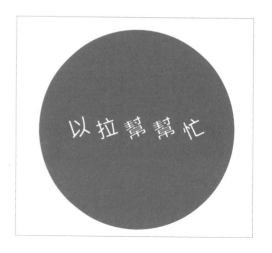

159 利用觸控文字工具讓文字變形
162 利用「字元」面板編輯文字樣式

NO.

132 讓物件的外框變成鋸齒狀

VER.
CC / CS6 / CS5 / CS4 / CS3

使用【扭曲與變形 → 鋸齒化】可讓物件路徑的外框扭曲成鋸齒狀或波浪狀。

STEP 1 先繪製要變形的物件,再以「選取」工具 ▶ 選取,然後從「效果」選單點選【扭曲與變形 → 鋸齒化】❶。

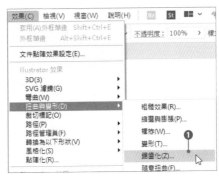

STEP 2 開啟「鋸齒化」對話框之後,在「尺寸」❷與「各區間的鋸齒數」❸輸入數值或是直接以滑桿調整。在「點」❹的欄位選擇「平滑」再點選「確定」。勾選「預視」❺可一邊確認濾鏡的效果一邊完成設定作業。

STEP 3 在「鋸齒化」對話框的「點」選擇「尖角」❻,就能營造尖銳的鋸齒。光是調整「點」的設定,就能營造與剛剛完全不同的感覺。

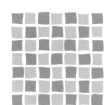

133 讓物件隨意扭曲

CC / CS6 / CS5 / CS4 / CS3

使用【扭曲與變形 → 隨意筆畫】可讓物件的路徑點移動,為物件營造類比的質感。

STEP 1 先繪製要扭曲的物件再以「選取」工具 ▶ 選取,然後從「效果」選單點選【扭曲與變形 → 隨意筆畫】❶。

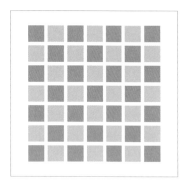

STEP 2 開啟「隨意筆畫」對話框之後,在「水平」❷或「垂直」❸輸入數值或是直接以滑桿調整。勾選「預視」❹可一邊確認效果的強度,一邊調整數值。取消「隨意筆畫」對話框的「錨點」❺,錨點的位置就不會隨著路徑移動。此外,取消「向內控制點」或「向外控制點」的選項,可讓這些控制點不移動。

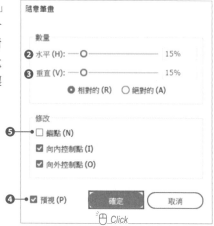

STEP 3 完成設定後,按下「確定」。

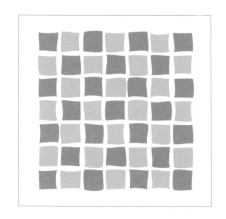

> 🔶 **MEMO**
>
> 每次執行「隨意筆畫」都能得到不同的效果,所以可不斷地取消與套用「隨意筆畫」的效果,直到出現理想的結果為止。

NO.

134 變形路徑，營造透視感

VER.
CC / CS6 / CS5 / CS4 / CS3

移動物件選取範圍的四個尖角點，可扭曲物件或是營造透視感。

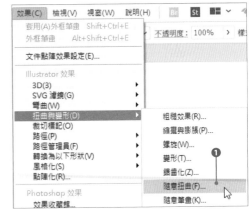

STEP 1 先繪製要扭曲的物件再以「選取」工具 ▶ 選取。從「效果」選單點選【扭曲與變形 → 隨意扭曲】❶。

STEP 2 開啟「隨意扭曲」對話框之後，拖曳四個尖角點。

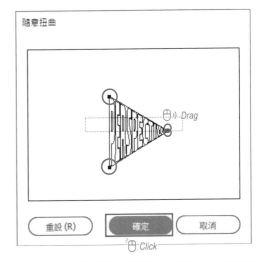

STEP 3 調整為理想的形狀後按下「確定」。

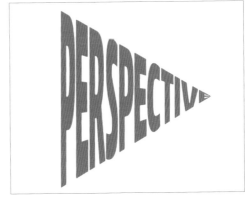

 MEMO

若想讓扭曲的物件恢復原本的形狀，可點選「隨意扭曲」對話框裡的「重設」。

135 讓圖形增加圓角

VER.
CC / CS6 / CS5 / CS4 / CS3

「效果」選單的【風格化 → 圓角】可讓物件的轉角變圓。即使扭曲物件,圓角的半徑依舊不變。

STEP 1 以「選取」工具 ▶ 選取要變形的物件。

STEP 2 從「效果」選單點選【風格化 → 圓角】❶,開啟「圓角」對話框之後,請輸入「半徑」的數值 ❷。勾選「預視」可確認結果。

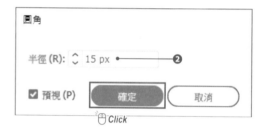

STEP 3 完成設定後點選「確定」。物件的轉角會轉換成圓角。

NO.

136 將效果新增為繪圖樣式

VER.
CC / CS6 / CS5 / CS4 / CS3

繪圖樣式就是填色、筆畫與各種效果的組合。將常使用的效
果新增為繪圖樣式可有效提升作業效率。

第6章 濾鏡效果

STEP 1
這次要將填色與效果新增為繪圖樣式。利用「選取」工具 ▶ 選取要套用效果的物件,再從「效果」選單點選【扭曲與變形 → 鋸齒化】❶。開啟「鋸齒化」對話框之後,輸入❷的設定再按下「確定」,將效果套用在物件上。另一個物件則套用【效果 → 扭曲與變形 → 縮攏與膨脹】❸。

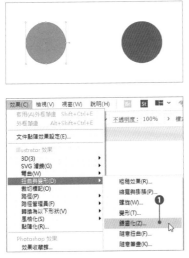

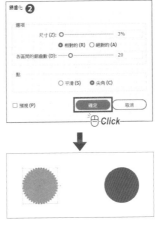

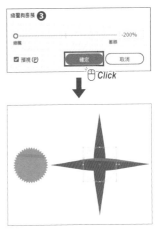

STEP 2
從「視窗」選單點選「繪圖樣式」,開啟「繪圖樣式」面板。將套用了效果的物件拖曳到這個面板裡,就能將填色與效果分別新增為繪圖樣式❹。

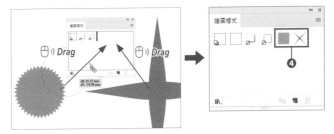

STEP 3
其他的物件繪製完成後,點選「繪圖樣式」面板裡的縮圖樣式,就能連顏色一併套用❺。此外,若是按住 Alt (Option) 鍵再點選,可同時套用多重樣式❻。

> 🔶 **MEMO**
>
> 即使套用相同的繪圖樣式,不同的套用順序會得到完全不同的效果,請大家務必嘗試看看。

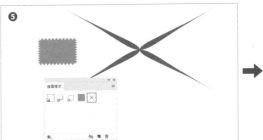

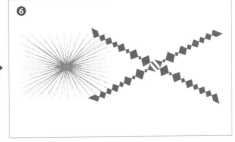

137 利用「外觀」面板變更效果

VER.
CC / CS6 / CS5 / CS4 / CS3

「外觀」面板可變更已設定的效果，藉此營造不同的效果。

STEP 1 選取套用了效果（這次套用的是「縮攏與膨脹」）的物件❶，再從「視窗」選單點選「外觀」，開啟「外觀」面板。點選面板裡的「縮攏與膨脹」❷，開啟「縮攏與膨脹」對話框。

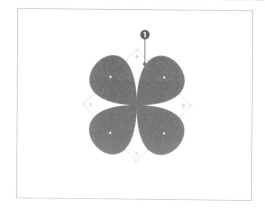

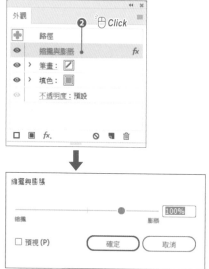

STEP 2 試著變更「縮攏與膨脹」對話框裡的「縮攏」與「膨脹」的值❸。

STEP 3 完成設定後點選「確定」。調整外觀的效果後，會出現完全不同的結果❹。

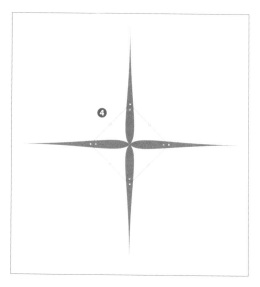

138 利用「旗形」效果 讓物件轉換成旗子的形狀

VER
CC / CS6 / CS5 / CS4 / CS3　「旗形」效果可讓物件看起來像是圓弧或波浪狀。

STEP 1　利用「選取」工具 ▶ 選取要套用效果的物件，再從「效果」選單點選【彎曲 → 旗形】❶，開啟「彎曲選項」對話框。

> **MEMO**
>
> 範例已先將物件群組化。若是不群組化，就直接對多個物件套用效果，將會出現不同的結果。

STEP 2　選擇「水平」軸❷之後，再指定彎曲程度❸。範例指定的是 30%。勾選「預視」選項❹可一邊設定，一邊確認結果。

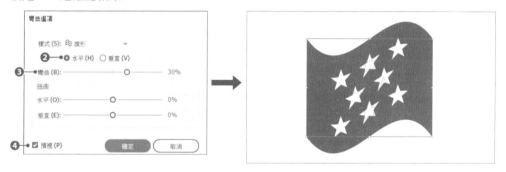

STEP 3　「扭曲」欄位可決定物件扭曲的方向與程度。這次將「水平」設定為 20%，再將垂直設定為 10%❺。點選「確定」之後套用效果。

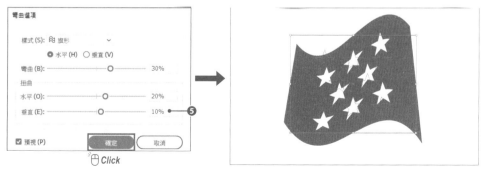

🖱 Click

039　群組化物件
074　套用各種變形與扭曲效果

139 套用變形至多個複製物件

VER.
CC / CS6 / CS5 / CS4 / CS3

使用「變形」效果可一次套用各種變形,例如縮放、移動或是旋轉這些效果。

STEP 1 利用「選取」工具 ▶ 選取要套用樣式的物件,再從「效果」選單點選【扭曲與變形 → 變形】❶。

STEP 2 開啟「變形效果」對話框之後,可一次套用各種變形效果。範例將「移動」欄位的「水平」❷與「垂直」❸都設定為100px,「旋轉」的「角度❹則設定為30,「複本」❺則設定為11。勾選「預視」❻可一邊設定,一邊確認結果。點選「確定」套用效果。

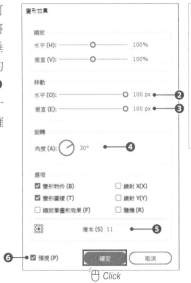

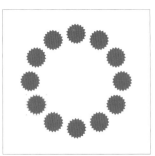

STEP 3 進一步調整數值也變更路徑的顏色❼。「變形效果」可從「外觀」面板變更設定。

MEMO

以「變形效果」複製的物件會因為原始的物件還留著,所以變更原始的物件,變更的部分也會套用到複製的物件上。

140 在物件套用羽化效果

VER.
CC / CS6 / CS5 / CS4 / CS3　　　「羽化」是讓物件的輪廓變得模糊的效果,套用在外框內側。

STEP 1 利用「選取」工具 選取要套用樣式的物件。

STEP 2 從「效果」選單點選【風格化→ 羽化】❶,開啟「羽化」對話框之後,輸入「半徑」的數值
❷。勾選「預視」可一邊設定,一邊確認結果。

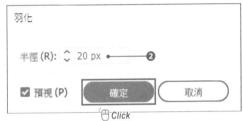

STEP 3 點選「確定」套用效果後,物件就會如圖所示,邊緣變得模糊。

141 利用模糊效果製作動感圖片

141 利用模糊效果製作動感圖片

VER.
CC / CS6 / CS5 / CS4 / CS3

「放射狀模糊」可讓物件旋轉,營造往遠景縮放的模糊效果,看起來圖片就像是會動一樣。

STEP 1
利用「選取」工具 ▶ 選取要套用模糊效果的圖片,再從「效果」選單點選【模糊→放射狀模糊】❶。

STEP 2
開啟「放射狀模糊」對話框之後,設定代表模糊程度的「總量」❷,再選擇「縮放」❸這個模糊方式。此外,拖曳「模糊中心點」(CS3 是以點選的方式設定),可調整效果的中心點。

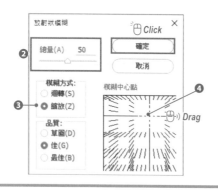

STEP 3
點選「確定」套用後,就能賦予圖片動感,營造具有速度感的影像。

◆ MEMO

「高斯模糊」可讓整張圖模糊,「智慧型模糊」可保留輪廓只讓內部模糊。

高斯模糊

智慧型模糊

NO.
142 在照片或物件套用繪圖效果

VER.
CC / CS6 / CS5 / CS4 / CS3

「效果收藏館」可一邊觀察樣本，一邊套用各種效果。縮放樣本還可進一步觀察更細膩的結果。

STEP 1 利用「選取」工具 ▶ 選取要執行效果收藏館的照片，再從「效果」選單點選「效果收藏館」❶。

效果(C)　檢視(V)　視窗(W)　說明(
　套用上一個效果　Shift+Ctrl+E
　上一個效果　Alt+Shift+Ctrl+E

　文件點陣效果設定(E)...

　路徑管理員(F)　▶
　轉換為以下形狀(V)　▶
　風格化(S)　▶
　點陣化(R)...

　Photoshop 效果　❶
　效果收藏館...
　像素　▶
　扭曲　▶
　模糊　▶

STEP 2 開啟「濾鏡收藏館」之後，左下角的「-」、「+」的按鈕❷或是右側的百分比下拉式列表❸都可調整顯示倍率。這部分的調整可讓使用者進一步觀察樣本的效果。

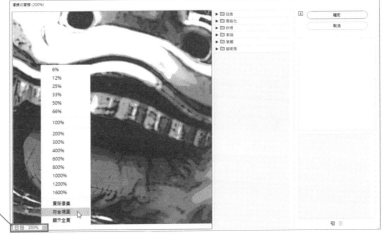

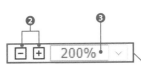

6%
12%
25%
33%
50%
66%
100%
200%
300%
400%
600%
800%
1000%
1200%
1600%
實際像素
符合視窗
顯示全頁

❷　❸
□ + 200%

STEP 3 從對話框中央的選單可點選「藝術風」、「素描」、「紋理」、「筆觸」、「風格化」、「扭曲」這些效果❹。對話框右側可進一步設定各效果❺。

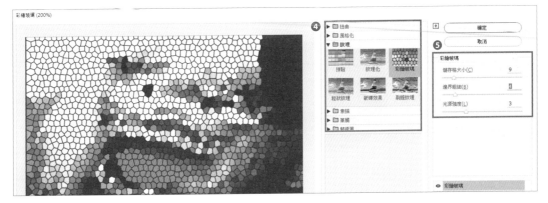

143 在照片或物件套用紋理

「紋理」功能可賦予點陣圖或物件各種紋理圖案。

STEP 1 利用「選取」工具 ▶ 選取要套用素描效果的物件，再從「效果」選單點選【紋理 → 紋理化】❶。

STEP 2 開啟「紋理化」對話框之後，從「紋理」點選「紋理化」❷，再設定「縮放」❸、「浮雕」❹、「光源」❺。

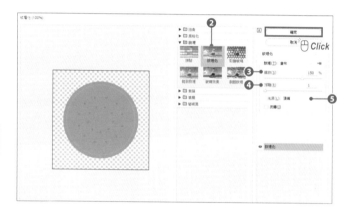

MEMO

浮雕的數值越大，凹凸的對比越強。

STEP 3 點選「確定」後套用效果。可發現物件多了紋理。

MEMO

Photoshop 效果會點陣化物件，所以物件的邊緣會出現明顯的鋸齒。如果很在意這點，可從「效果」選單點選「文件點陣效果設定」，開啟對話框之後，勾選「選項」的「消除鋸齒」，讓邊緣變得平滑。

NO. 144 賦予圖片素描般的粗曠效果

VER.
CC / CS6 / CS5 / CS4 / CS3

「素描」功能可在點陣圖或物件套用類似畫筆或毛筆的筆觸。

STEP 1

利用「選取」工具 ▶ 選取要套用素描效果的照片，再從「效果」選單點選【素描→畫筆效果】❶。

原始影像

畫筆效果

STEP 2

除了「畫筆效果」之外，還有許多效果可供選擇。請一邊看著預視畫面，一邊嘗試各種效果。試到理想的效果後，按下「確定」套用。

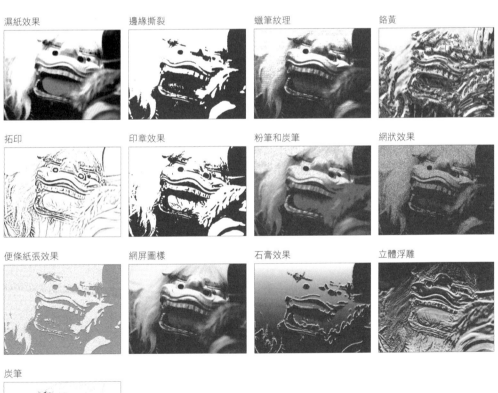

濕紙效果　　　邊緣撕裂　　　蠟筆紋理　　　鉻黃

拓印　　　印章效果　　　粉筆和炭筆　　　網狀效果

便條紙張效果　　　網屏圖樣　　　石膏效果　　　立體浮雕

炭筆

145 在照片套用藝術風效果

「藝術風」效果可讓點陣圖或向量圖變得像真實的繪圖。

 利用「選取」工具 ▶ 選取要套用「藝術風」效果的照片，再從「效果」選單點選【藝術風 → 海報邊緣】❶。決定效果之後，點選「確定」套用。

原始影像

海報邊緣

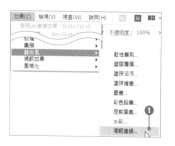

除了「海報邊緣」之外，還有很多效果可以選擇，請大家一邊看著預視畫面，一邊嘗試各種效果。

挖剪圖案

塗抹沾污

海綿效果

乾性筆刷

霓虹光

調色刀

壁畫

塑膠覆膜

彩色鉛筆

水彩

粗粉彩筆

著底色

塗抹繪畫

粒狀影像

NO. 146 營造印刷品或銅版畫的質感

VER.
CC / CS6 / CS5 / CS4 / CS3

「像素」功能可讓點陣圖裡顏色相近的像素聚在一起，藉此強調邊緣。

STEP 1 利用「選取」工具 ▶ 選取要套用「像素」效果的照片，再從「效果」選單點選【像素 → 彩色網屏】❶。

STEP 2 開啟「彩色網屏」對話框之後，在最大強度輸入數值❷。「網角度數」可設定像素點的排列角度。

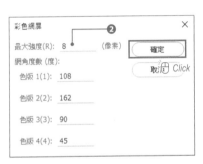

STEP 3 點選「確定」即可套用「彩色網屏」❸。此外還有可營造銅版畫的「網線銅版」❹，可營造如結晶質感般的「結晶化」❺，以及如點畫般的「點狀化」效果❻。

❸ 彩色網屏

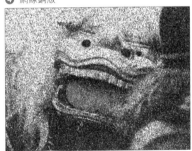
❹ 網線銅版

❺ 結晶化

❻ 點狀化

147 在圖片添加筆觸效果

「筆觸」效果可營造各種筆觸的質感。設定極端的數值可讓影像變得猶如圖片一般。

STEP 1 利用「選取」工具 ▶ 選取要套用「筆觸」效果的物件,再從「效果」選單點選【筆觸 → 噴灑】❶。

STEP 2 在「噴灑」對話框裡設定「筆觸長度」、「潑濺強度」以及其他選項❷。

> **◆ MEMO**
> 從「筆觸」資料夾還可選取其他的筆觸效果。

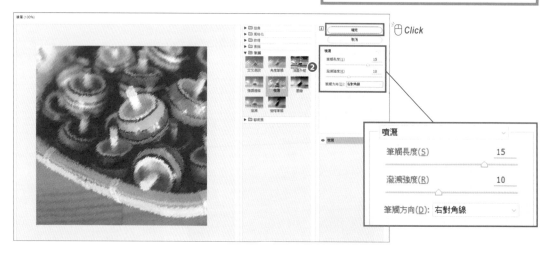

STEP 3 點選「確定」後套用效果,可以發現物件具有筆觸的質感了。

NO.

148 營造類比質感

VER.
CC / CS6 / CS5 / CS4 / CS3

第6章

濾鏡效果

使用「扭曲」效果可營造光暈、玻璃質感這類扭曲的效果。
由於這些效果都會帶點模糊或雜訊,所以能呈現類比的質感。

STEP 1　利用「選取」工具 ▶ 選取要套用「扭曲」效果的物件,再從「效果」選單點選【扭曲→ 擴散光暈】❶。

STEP 2　在「擴散光暈」對話框設定「粒子大小」、「光暈量」、「清除量」這些選項❷。

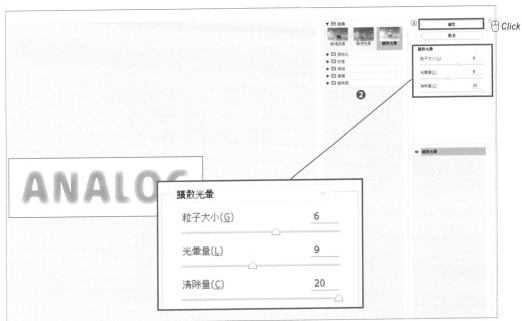

STEP 3　點選「確定」之後套用。可以發現物件帶有類比的質感。

💠 MEMO

「扭曲」還有「玻璃效果」與「海浪效果」可以選擇。

「玻璃效果」　　　　「海浪效果」

149 替插圖增添塗抹效果

VER.
CC / CS6 / CS5 / CS4 / CS3

「塗抹」效果可替插圖或是文字這類物件營造手繪素描的質感。

STEP 1　利用「選取」工具 ▶ 選取要套用效果的物件，再從「效果」選單點選【風格化 → 塗抹】❶。

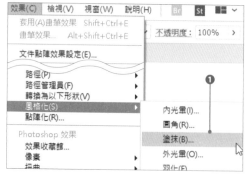

STEP 2　開啟「塗抹選項」對話框之後，從「設定」選取喜歡的樣式❷。如果想進一步設定質感，可自行設定選項的各項目❸。

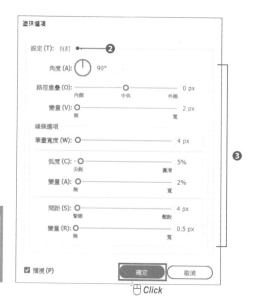

> 💠 **MEMO**
>
> 「塗抹」內建了多種樣式，可從中選取理想的樣式再自行調整數值。

STEP 3　勾選「預視」可一邊確認結果，一邊調整數值，按下「確定」即可套用。

NO.

150 複製效果，繪製成更複雜的物件

VER.
CC / CS6 / CS5 / CS4 / CS3　　利用「外觀」面板複製與編輯效果，可繪製更為複雜的物件。

STEP 1　利用「選取」工具 ▶ 選取要套用效果的物件，再從「視窗」選單點選「外觀」，開啟「外觀」面板。

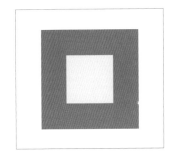

STEP 2　在 CS4 的版本之後，可從「外觀」面板的「新增效果」按鈕 ❶ 直接套用「效果」。這次選擇的是「鋸齒化」效果。CS3 可從「效果」選單套用。

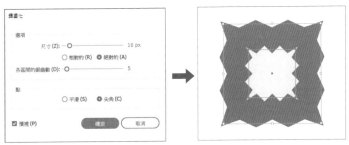

STEP 3　在「外觀」面板點選「鋸齒化」❷，再從面板選單點選「複製項目」❸，複製選取的效果 ❹。點選剛剛複製的「鋸齒化」，開啟「鋸齒化」對話框，然後重新設定數值。

STEP 4　點選「確定」後套用。試用不同的效果與調整數值有可能試出預想不到的有趣圖形。

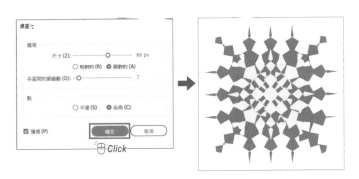

◆ 137 利用「外觀」面板變更效果

151 將效果轉換成可編輯的路徑

VER.
CC / CS6 / CS5 / CS4 / CS3

對套用效果的物件執行「擴充外觀」，可讓效果擴充為路徑，也就能利用錨點存取路徑。

STEP 1 利用「選取」工具 ▶ 選取套用效果的物件，再從「效果」選單點選【扭曲與變形 → 變形】。在「變形效果」對話框裡設定各種效果。

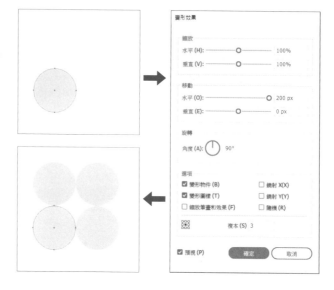

STEP 2 透過「外觀」面板確認套用了「變形效果」❶後，從「物件」選單點選「擴充外觀」❷，效果就會分割成路徑物件，「外觀」面板的「變形」也會跟著消失❸。

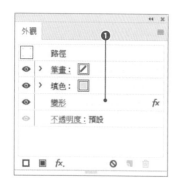
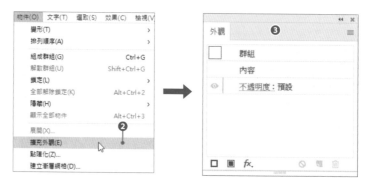

STEP 3 擴充外觀之後的物件可自由存取與編輯錨點。

258 印刷完稿之前先擴充外觀

第 **7** 章 文字的操作

- T 文字工具 (T)
  - 區域文字工具
  - 路徑文字工具
  - 垂直文字工具
  - 垂直區域文字工具
  - 直式路徑文字工具
  - 觸控文字工具 (Shift+T)

VER.
CC / CS6 / CS5 / CS4 / CS3

NO.
152 輸入點狀文字

利用「文字」工具 T 點選畫面，再輸入的文字稱為「點狀文字」。

STEP 1　點選「工具」面板的「文字」工具 T 後按住滑鼠左鍵不放，就會顯示隱藏的工具 ❶。要輸入水平文字可選擇「文字」工具 T。若要輸入垂直文字可選擇「垂直文字」工具 iT。

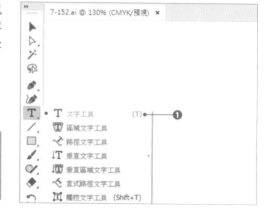

> **MEMO**
>
> CC 2017 會在輸入文字時，先輸入預留位置文字。

STEP 2　選擇「文字」工具 T，點選要輸入文字的位置 ❷ 之後，滑鼠游標會於該位置閃爍，代表此時可輸入文字 ❸。若不再輸入，可按住 Ctrl（⌘）鍵，暫時切換成「選取」工具 ▶（CC 2017 會切換成「直接選取」工具 ▷），再點選空白處 ❹，也可以選擇其他工具。

點選「文字」工具，再點選要輸入文字的位置（CC 2017 會新增預留位置文字）

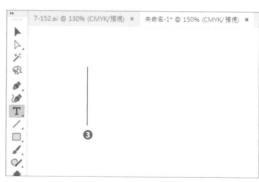

滑鼠游標會在點選的位置閃爍，代表可利用鍵盤輸入文字

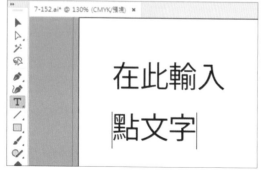

這是輸入文字之後的情況，若需要換行可按下 Enter（Return）鍵

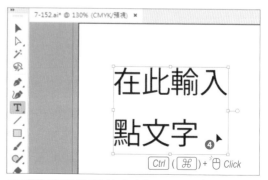

按下 Ctrl（⌘）鍵可暫時切換成「選取」工具 ▶（CC 2017 會切換成「直接選取」工具），滑鼠游標會轉換成箭頭，此時點選空白處即可結束輸入。

NO. 153 建立區域文字

VER.
CC / CS6 / CS5 / CS4 / CS3

輸入區域
文字

利用「文字」工具 T 在畫面裡拖曳出矩形邊框，就能在矩形邊框裡面輸入文字。此時的文字稱為「區域文字」。

STEP 1
要輸入長篇文章之前，可先利用「文字」工具 T 拖曳矩形邊框，再讓文字流入這個外框裡。利用「文字」工具 T 在畫面裡拖曳出左下圖的矩形邊框❶之後，滑鼠游標會在矩形邊框之內閃爍，代表此時可在矩形邊框之內輸入文字❷。

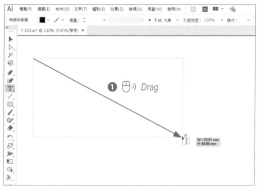

利用「文字」工具拖曳出矩形邊框（CC 2017 會先輸入預留位置文字）

滑鼠游標開始閃爍後，即可在矩形邊框內輸入文字

STEP 2
要調整矩形的尺寸可從「檢視」選單點選「顯示邊框」❸，此時只要選取文字物件，周圍就會顯示方塊與把手❹。利用「選取」工具 ▶ 拖曳四個角落的把手就能調整矩形邊框的尺寸❺。拖曳操作只能調整矩形邊框的形狀，無法讓矩形邊框內部的文字變形。

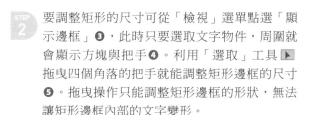

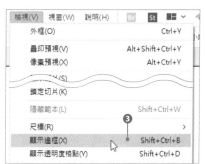

顯示區域文字的邊框

拖曳四個角落的把手可調整矩形邊框的尺寸

154 切換點狀文字與區域文字

在 CC 的版本之後,點狀文字與區域文字的切換就變得更容易了。

點狀文字與區域文字的差異

從「檢視」選單點選「顯示邊框」,再利用「選取」工具 ▶ 點選文字物件後,若該文字物件為點狀文字,右側會顯示白色鏤空的把手❶,若是區域文字,則會顯示實心的把手❷。此外,區域文字會顯示輸入連接點❸與輸出連結點❹。

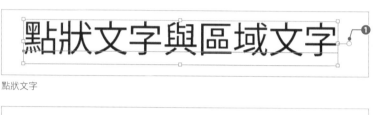

點狀文字

區域文字

點狀文字與區域文字的切換

利用「選取」工具 ▶ 選取點狀文字,再雙點右側的鏤空把手❺,可讓點狀文字切換成區域文字,鏤空的把手也會變成實心把手❻。拖曳邊框右下角的把手可調整文字區域,即可發現點狀文字已轉換成區域文字❼。

雙點鏤空的把手

把手變成實心的

拖曳邊框右下角的把手可調整文字區域

將區域文字轉換成點狀文字

利用「選取」工具 ▶ 選取區域文字，再雙點右側的實心把手❽，即可將區域文字轉換成點狀文字，實心把手也將轉換成鏤空把手❾。拖曳邊框右下角的把手會發現文字會跟著縮放，這代表區域文字已轉換成點狀文字❿。

雙點實心把手

把手變成鏤空的

拖曳邊框右下角的把手可縮放文字

利用命令切換點狀文字與區域文字

利用「選取」工具 ▶ 選取文字，再從「文字」選單點選「轉換為區域文字」或「轉換為點狀文字」⓫，也能切換點狀文字與區域文字。

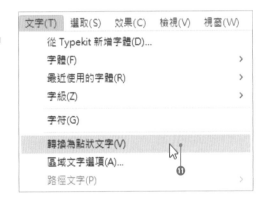

◆ MEMO

區域文字會在無法完整收納在區域邊框的時候自動換行，此時若選取自動換行的文字，再轉換成點狀文字，行末就會自動新增換行字元。右圖是從「文字」選單點選「顯示隱藏字元」，再將區域文字切換成點狀文字的結果。可以發現第一行文字的尾端顯示了換行字元。將換行的點狀字元切換成區域文字時，手動換行的點狀文字仍會保留。若想在行尾自動換行，必須手動刪除換行字元。

將區域文字切換成點狀文字，換行的位置會自動新增換行字元。從「文字」選單點選「顯示隱藏字元」可看到換行字元

---

152 輸入點狀文字
153 建立區域文字

NO.
155 依路徑輸入文字

VER.
CC / CS6 / CS5 / CS4 / CS3

使用「路徑文字」工具 可沿著路徑配置文字。

利用「路徑文字」工具沿著路徑輸入文字

首先利用「鋼筆」工具 繪製路徑❶。若要輸入水平文字可使用「路徑文字」工具 ❷，若要輸入垂直文字可點選「直式路徑文字」工具 ❸。點選之後，滑鼠游標會在該處閃爍❹，此時即可輸入文字❹。

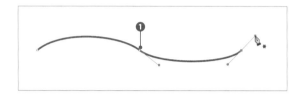

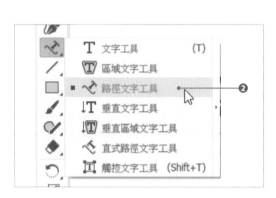

編輯路徑上的文字

接著要編輯路徑上的文字。利用「選取」工具 選取路徑上的文字，字串的開頭、中間點與終點都會顯示基線❺。拖曳基線可變更文字的位置❻。拖曳中間點的基線可將字串移動到路徑的另一側❼。利用「文字」工具 選取文字，可變更字型與文字的大小。範例在「字距微調」設定了正值，拉寬字與字之間的間距❽。

156 套用路徑文字選項

NO.

156 套用路徑文字選項

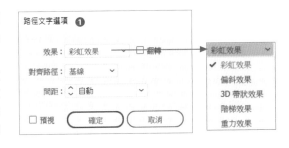

VER.
CC / CS6 / CS5 / CS4 / CS3　　路徑文字選項可變更路徑文字的效果與位置。

變更路徑文字的效果

建立路徑文字再雙點「路徑文字」工具 的圖示，或是從「文字」選單點選【路徑文字 → 路徑文字選項】可開啟「路徑文字」對話框❶。「效果」下拉式列表提供「彩虹效果」、「偏斜效果」、「3D 帶狀效果」、「階梯效果」、「重力效果」這五種效果。由於「重力效果」有可能像範例一樣讓文字隨著路徑的形狀扭曲到無法解讀的程度，所以使用時要特別小心。

3D 帶狀效果

彩虹效果

階梯效果

偏斜效果

重力效果

變更路徑文字的位置

「路徑文字選項」對話框的「對齊路徑」下拉式列表可設定路徑文字的位置。預設值是「基線」，其他還有「字母上緣」、「字母下緣」、「居中」這些選項。

套用「字母上緣」效果

套用「字母下緣」效果

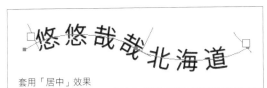
套用「居中」效果

155 依路徑輸入文字

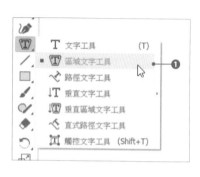

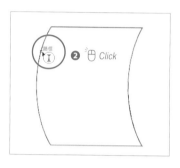

157 在形狀物件內輸入文字

VER
CC / CS6 / CS5 / CS4 / CS3

使用「區域文字」工具 🔟 可讓文字流入物件的形狀內。

將封閉路徑的圖形設定為區域文字

首先利用繪圖工具繪製封閉路徑的圖形。要讓水平文字流入這個物件可選取「區域文字」工具 🔟 **①**，若要流入的是垂直文字可選擇「垂直區域文字」工具 🔟 。點選路徑的任何一個位置②，滑鼠游標會開始閃爍，代表可以輸入文字**③**。

利用相同形狀的區域文字連結溢位文字

如果文字無法完整塞進區域，可利用相同形狀的物件連結。利用「選取」工具 ▶ 點選輸出連結點 **④**，再點選其他位置**⑤**，就能建立相同形狀的區域文字，文字也會彼此連結**⑥**。

將開放路徑的圖形轉換成區域文字

「區域文字」工具 🔟 也能將開放路徑的圖形**⑦**轉換成區域文字**⑧**。

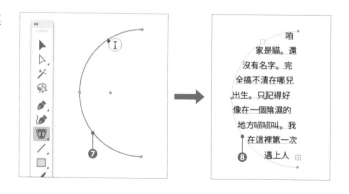

184 連結文字區域

NO.
158 套用區域文字選項

VER.
CC / CS6 / CS5 / CS4 / CS3 　「區域文字選項」可設定文字區域的位移與段落。

STEP 1
選取區域文字❶，再從「文字」選單點選「區域文字選項」❷，開啟「區域文字選項」對話框之後，可繼續設定區域文字的屬性。

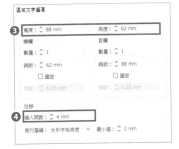

STEP 2
「區域文字選項」對話框的「寬度」、「高度」可輸入區域文字的大小❸。「位移」的「插入間距」可輸入文字與邊界的留白❹。

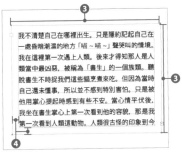

STEP 3
「橫欄」與「直欄」可指定段落數量❺。段落與段落的間距可於「間距」設定。右圖的範例將「直欄」的「數量」設定為「2」，並將「間距」設定為「10mm」，讓文章分成兩段。

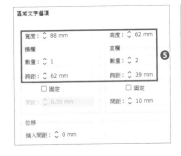

STEP 4
在 CC 2014 版之後，勾選「自動調整大小」選項，可讓區域文字的邊框隨著內容的多寡縮放❻。若顯示了邊框，可雙點「□」按鈕❼，啟動「自動調整大小」功能❽。

❼ 🖱 *Double Click*

153　建立區域文字

159 利用觸控文字工具
讓文字變形

在 CC 版本之後導入的「觸控文字」工具 🔟 可利用拖曳的方式讓文字縮放、旋轉或是移動。

利用「觸控文字」工具選取文字

首先以「文字」工具 🔟 輸入文字 ❶，接著點選「工具」面板的「觸控文字」工具 🔟 ❷。點選剛剛輸入的文字之後，文字周圍會出現變形用的把手 ❸，拖曳該把手就能完成變形。

拖曳變形用的把手讓文字變形

STEP 1 拖曳左上角的變形把手，可沿著垂直方向縮放文字。

STEP 2 拖曳右下角的把手可水平縮放文字

STEP 3 拖曳右上角的把手可以在維持長寬比之下縮放文字。

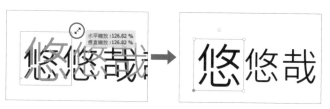

STEP 4 拖曳把手的矩形內部或是左下角的把手可移動文字。

STEP 5 拖曳最上方的把手可旋轉文字。

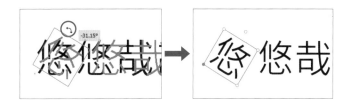

利用「觸控文字」工具編輯文字

STEP 1 右圖是使用「觸控文字」工具 ⊞ 變形文字的範例。變形後的文字仍擁有文字屬性，所以可利用「文字」工具 ⊤ 選取每個文字以及重新輸入。

> **↕ MEMO**
>
> 像範例這種變形每個字的情況，必須逐一選取文字再重新輸入。

STEP 2 使用「觸控文字」工具 ⊤ 變形的文字都可以透過「字元」面板確認屬性。文字的水平、垂直比率、特殊字距、基線微調與旋轉角度都已經改變了。此外，點選「字元」面板上方的「觸控文字工具」按鈕❹也能選取文字。

變形加工後，可單選「道」這個字，再透過「字元」面板確認變形後的數值

利用「選取」工具 ▶ 選取文字再調整字型的結果

接下來要解説如何以「文字」工具 T 或「選取」工具 ▶ 有效率地選取文字。

利用「文字」工具選取字串

要選取字串裡的部分文字時，可利用「文字」工具 T 拖曳選取要選取的文字，此時就會如圖反白標示該文字❶，也可針對該文字設定顏色與文字樣式。

> **◆ MEMO**
>
> 點選「選取」工具 ▶ 之後，雙點文字會切換成「文字」工具 T，也就能立刻選取字串。

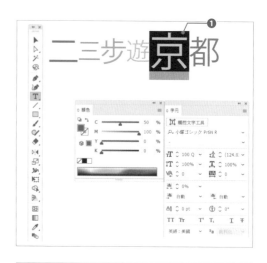

利用「選取」工具選取文字物件

「選取」工具 ▶ 可選取整個文字物件。要想變更文字屬性或是透明度❷以及陰影這類效果❸，都很適合以這種方式選取。

利用滑鼠點選選取字串

要選取段落裡的文字時，可利用「文字」工具 T 雙點、三點字串。若要選取整個字串，可從「選取」選單點選「全部」。

S 全部→ Ctrl (⌘)＋ A

怎麼會呢？前天他還來信說他很好，今天總該回來了，該不會般誤期了吧？「焦班尼，明天放學后，和大家一起來我家玩吧！說完，博士又把視線轉向下游那倒映著銀河的河面。
百感交集的焦班尼默默地離開了博士，他想早點把牛奶送到母親身邊，並把父親要回來的消息告訴母親，於是一溜煙地沿著河畔朝村子奔去。

利用「文字」工具點三下就能選取整個段落

怎麼會呢？前天他還來信說他很好，今天總該回來了，該不會般誤期了吧？「焦班尼，明天放學后，和大家一起來我家玩吧！說完，博士又把視線轉向下游那倒映著銀河的河面。
百感交集的焦班尼默默地離開了博士，他想早點把牛奶送到母親身邊，並把父親要回來的消息告訴母親，於是一溜煙地沿著河畔朝村子奔去。

利用「文字」雙點時，若點選的是英文，可選取一個單字，若是中文可點選一個單詞

怎麼會呢？前天他還來信說他很好，今天總該回來了，該不會般誤期了吧？「焦班尼，明天放學后，和大家一起來我家玩吧！說完，博士又把視線轉向下游那倒映著銀河的河面。
百感交集的焦班尼默默地離開了博士，他想早點把牛奶送到母親身邊，並把父親要回來的消息告訴母親，於是一溜煙地沿著河畔朝村子奔去。

將滑鼠移到「文字」，再從「選取」選單點選「全部」可選取所有文字

NO. 161 利用字型搜尋功能

VER.
CC / CS6 / CS5 / CS4 / CS3　　在字型的輸入方塊輸入字型名稱，可搜尋對應的字型。

CS6 之前的版本的字型搜尋

在字型輸入方塊輸入字型名稱可指定需要的字型。在 CS6 之前的版本裡，只要輸入字型正式名稱的頭幾個字，就會自動顯示對應的字型。若有多個符合條件的字型，也只會顯示第一個，所以找不到需要的字型時，必須多輸入幾個字。

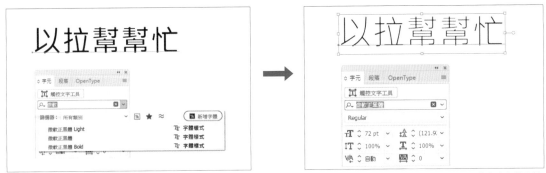

在字型輸入方塊輸入「微軟」

字型輸入方塊顯示了以微軟為字首的字型。若有多個符合的字型，就只會顯示第一個字型，所以必須多輸入幾個字，縮小搜尋範圍

CC 版本之後的字型搜尋

CC 之後的版本強化了字型搜尋功能，只要在字型輸入方塊輸入一部分的字型名稱，就能搜尋到對應的字型。舉例來說，若輸入「微軟」，只要字型包含「微軟」兩字，都會於下拉式列表顯示。以空白鍵間隔多個搜尋文字，就能以多個搜尋條件搜尋字型。點選輸入方塊右側的「×」❶可清除搜尋條件。此外，點選放大鏡圖示❷，可選擇「搜尋完整字體名稱」或「僅搜尋第一個單字」（CS6 之前的方法）❸。

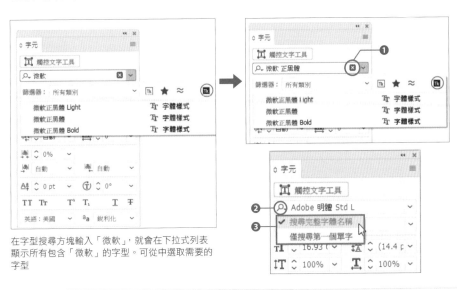

在字型搜尋方塊輸入「微軟」，就會在下拉式列表顯示所有包含「微軟」的字型。可從中選取需要的字型

要追加搜尋條件可在「微軟」後面插入空白字元（空白）再輸入「正黑體」。下拉式選單會顯示同時具有「微軟」與「正黑體」的字型

162 利用「字元」面板 編輯文字樣式

VER.

CC / CS6 / CS5 / CS4 / CS3

「字元」面板可以設定字型、文字大小、行距以及各種樣式與編排方式。

「字元」面板的概要

「字元」面板可在選取文字之後,設定各種有關文字的格式。下圖是 CC 2017 的「字元」面板設定項目一覽表。

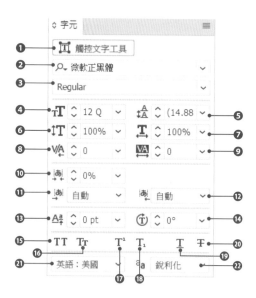

❶ 選擇觸控文字工具
❷ 設定字型
❸ 設定字型樣式
❹ 設定字型大小
❺ 設定行距
❻ 垂直縮放
❼ 水平縮放
❽ 設定兩個字元之間的特殊字距
❾ 設定選定字元的字距微調
❿ 比例間距
⓫ 插入空格(左/上)
⓬ 插入空格(右/下)
⓭ 設定基線微調
⓮ 字元旋轉
⓯ 全部大寫字
⓰ 小型大寫字
⓱ 上標
⓲ 下標
⓳ 底線
⓴ 刪除線
㉑ 語言
㉒ 設定消除鋸齒方式

切換成「觸控文字」工具、字型、字型樣式的設定

❶是 CC 版本之後新增的「觸控文字」工具 切換按鈕。❷是設定字型的選項。❸可選擇字型樣式。CC 的版本之後,字型的家族名稱前面會顯示箭頭,點選箭頭可顯示樣式名稱的列表。

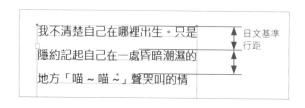

設定字型大小、行距、垂直縮放與水平縮放

❹可設定字型大小。❺可設定行距。❻與❼可設定文字垂直與水平的縮放比例。

設定字元之間的間距

❽ ~ ❷ 可拉開或縮短字元之間的距離。❽ 的「特殊字距」可在滑鼠游標置於文字之間設定。❾ 的「字距微調」可選取字串之後設定。❿ 的「比例間距」可設定等比例的間距。⓫ 與 ⓬ 的「插入空白」可在選取的文字前後插入一定程度的空白。

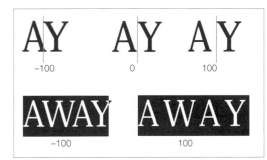

這是「特殊字距」（上方）與「字距微調」的範例。設定負值可縮小字距，正值可拉開字距

這是「比例間距」的設定範例。可設定 0 ~ 100% 的數值。會依照文字寬度設定等比例的間距

這是「插入空白」的設定範例。空白量可指定為「1/8 全形空格」、「1/4 全形空格」、「1/2 全形空格」、「3/4 全形空格」、「1 全形空格」

設定基線微調與字元旋轉

⓭ 可設定「基線微調」。若是水平文字，可讓文字上下微調，若是垂直文字，則可讓文字左右移動。⓮ 的選項可讓字元於 0 ~ 360。的範圍裡旋轉。

左側是「基線微調」的範例，在水平文字的情況下，正值可讓文字向上移動，負值可讓文字向下移動。右側為「字元旋轉」的範例

其他的文字樣式設定

⓯ 是全部大寫字的設定，⓰ 是小型大寫字的設定。⓱ 是上標，⓲ 是下標，⓳ 是底線、⓴ 是刪除線。只需要點選按鈕就能決定是否套用。

全部大寫字	**ALL CAPS**	上標	2^8
小型大寫字	**SMALL CAPS**	下標	H_2
底線	<u>底線</u>		
刪除線	~~刪除線~~		

語言與消除鋸齒方法的設定

㉑ 可對文字設定拼字檢查或連字時的辭典。㉒ 可設定消除鋸齒的方法，文字也會有不同的平滑

這是調整「消除鋸齒方法」的設定，比較畫面差異的範例。

163 利用「段落」面板編輯段落樣式

「段落」面板可設定段落的對齊方式、強制齊行與縮排,還可以設定各種樣式與編排方式。

「段落」面板的概要

「段落」面板可在選取段落之後,設定各種有關段落的格式。下圖是 CC 2017 的「段落」面板項目一覽。

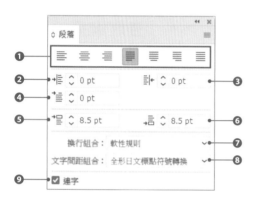

❶ 對齊 / 強制齊行
❷ 左邊縮排
❸ 右邊縮排
❹ 首行左邊縮排
❺ 段前間距
❻ 段後間距
❼ 換行組合
❽ 文字間距組合
❾ 連字

對齊 / 強制齊行的設定

❶ 的「對齊 / 強制齊行」可讓文字往左 / 中央 / 右對齊,或是讓段落的兩端強制齊行。各設定都可利用右圖的按鈕完成。

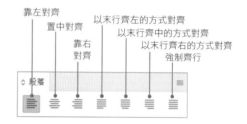

靠左對齊　置中對齊　靠右對齊　以末行齊左的方式對齊　以末行齊中的方式對齊　以末行齊右的方式對齊　強制齊行

縮排的設定

❷ ～ ❹ 可對段落設定縮排。縮排就是文字物件與邊界之間的空白。

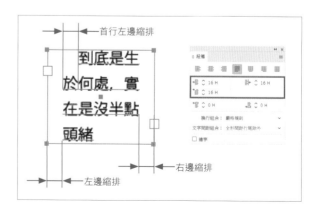

段落前／後空白的設定

❺與❻可設定段落前／後的空白。選取特定的段落,再以❿、⓫設定段落前後的空白。這項功能可用於將文字以段落為單位分組時使用。

換行組合與文字間距組合的設定

❼的「換行組合」可設定換行組合規則。「嚴格規則」、「軟性規則」都是可以選擇的選項,但是「嚴格規則」連日文的拗音與促音還有長音都會納入換行組合之中。❽的「文字間距組合」則可選擇編排日文時的規則。可選擇定義完成的設定,也可選擇「文字間距設定」,自訂需要的規則。

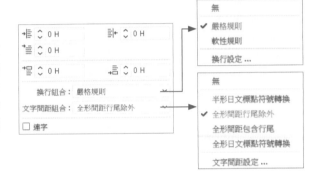

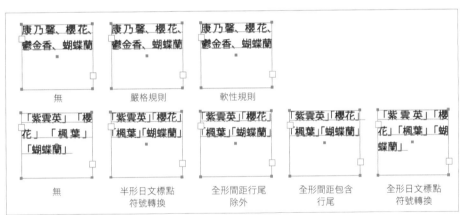

連字的設定

❾可設定是否啟用連字。啟用之後,當英文單字排到行尾,就會分割至下一行。從「段落」面板的選單點選「連字」,開啟「連字」對話框之後,就能設定各種有關連字的選項。

不啟用連字

啟用連字

Ctrl（⌘）+ T
Ctrl（⌘）+ Alt
（Option）+ T

Alt（Option）+ ↓
Alt（Option）+ →

164 利用快捷鍵
有效率地編排文字

面板的開啟、文字大小的調整、行距、特殊字距的微調，都可利用鍵盤快捷鍵完成。

STEP 1

可利用快捷鍵開啟「字元」面板、「段落」面板與顯示定位點

S 開啟字元面板→ Ctrl（⌘）+ T
開啟段落面板→ Ctrl（⌘）+ Alt（Option）+ T
顯示定位點→ Ctrl（⌘）+ Shift + T

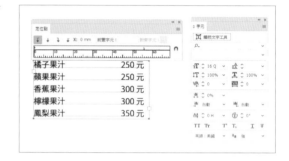

STEP 2

快捷鍵也可縮放文字。

S 放大文字→ Ctrl（⌘）+ Shift + >
縮小文字→ Ctrl（⌘）+ Shift + <

MEMO
每按一次可增減 2pt。

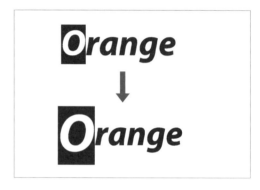

STEP 3

快捷鍵可拉開與縮小行距。

S 拉開行距→ Alt（Option）+ ↓ （垂直文字為 ← ）
縮小行距→ Alt（Option）+ ↑ （垂直文字為 → ）

MEMO
每按一次可增減 2pt。

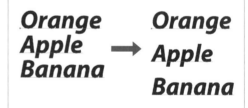

STEP 4

特殊字距與字距微調的設定可利用快捷鍵操作，藉此拉寬或縮小字距。

S 拉開行距→ Alt（Option）+ → （垂直文字為 ↓ ）
縮小行距→ Alt（Option）+ ← （垂直文字為 ↑ ）

MEMO
每按一次可增減 20 單位。

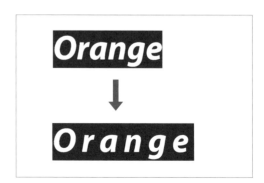

---

 162 利用「字元」面板編輯文字樣式

文字的操作

NO.

165 尋找與取代文字

VER:
CC / CS6 / CS5 / CS4 / CS3

需要修正與取代文字時,可使用「尋找及取代」功能,一口氣修正需要的文字。

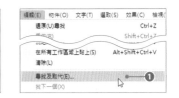

STEP 1
要進行尋找及取代的作業之前,可先將文字放大到適合閱讀的程度。一開始先從「編輯」選單點選「尋找及取代」❶,開啟「尋找與取代」對話框。

STEP 2
在「尋找」欄位輸入要搜尋的文字,以及在「取代為」欄位輸入要置換的文字後,點選「尋找」或「找下一個」按鈕❷,就會顯示強調該文字的畫面。

STEP 3
點選「取代」或「取代及尋找」按鈕❸,可取代文字。重覆 STEP2、3 的作業可一邊確認修正的位置,一邊取代文字。

STEP 4
要尋找與置換所有的文字,可點選「全部取代」❹。

STEP 5
點選「全部取代」之後,會顯示取代了幾筆資料的訊息。

NO.
166 活用字符面板

VER.
CC / CS6 / CS5 / CS4 / CS3

使用字符面板能有效率地輸入 OpenType 字型的異體字、標點符號與特殊符號。

利用「字符」面板輸入異體字

如果想將日文轉為漢字,但無法找到需要的漢字時,可試著利用「字符」面板尋找需要的漢字。一開始要解說常於人名出現的日文異體字(與標準字體擁有相同意義與發音,但是筆畫不同的文字)。

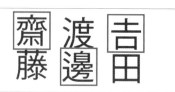

STEP 1 從「文字」選單點選「字符」❶,開啟「字符」面板。

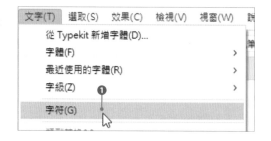

STEP 2 輸入「斎藤」這個人名,再點選「斎」這個字❷。可以發現,「字符」面板已經選取「斎」了。假設文字的右下角有「右三角形」符號,代表這個字另有異體字。點選「斎」就會顯示異體字的候選❸。

STEP 3 點選需要的異體字就完成輸入。圖中是輸入「邊」、「齋」與「吉」的異體字範例。

搜尋各種文字再輸入

「字符」面板的「顯示」下拉式列表顯示各種文字分類的名稱❹。從列表點選要輸入的項目，該文字分類就會於「字符」面板顯示。

下列是切換「顯示」下拉式列表，於「字符」面板顯示特殊字元的範例。

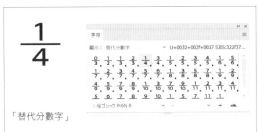

「替代分數字」

「斜體」

「等比寬度字」

「四分之一寬度字」

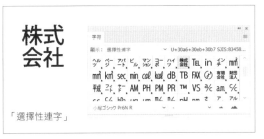

「選擇性連字」

「替代註解格式」

MEMO

CC 2017 開始，只要選取包含異體字的字體，再將滑鼠游標移至該字體上，就會顯示字體的選單。雖然只能顯示五個異體字，但只要點選右側的箭頭，就能開啟「字符」面板，顯示其他的異體字。

選擇「渡辺」的「辺」，再將滑鼠游標移上去，就會顯示五個異體字。點選右側的箭頭「>」可開啟「字符」面板，從中可選取其他的異體字。

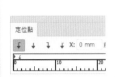

167 利用「定位點」面板繪製表格

「定位點」面板可正確設定文字對齊的位置,很適合用來繪製表格。

STEP 1 先輸入表格所需的文字。這次是利用「文字」工具 T. 點選畫面,輸入「點狀文字」,排成如右圖的版面。此時可在需要對齊的文字之前利用 Tab 鍵插入定位點。

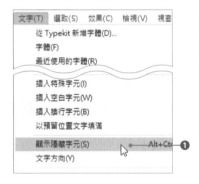

STEP 2 輸入定位點之後,雖然看不到定位點,但從「文字」選單點選「顯示隱藏字元」 ❶,剛剛輸入定位點的位置就會顯示箭頭符號 ❷。確認要對齊的文字前面是否輸入了定位點。

STEP 3 選取所有文字,再從「視窗」選單點選【文字 → 定位點】。文字上方將顯示「定位點」面板。「定位點」面板的功能如下圖。

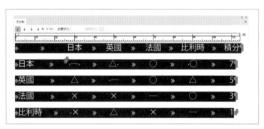

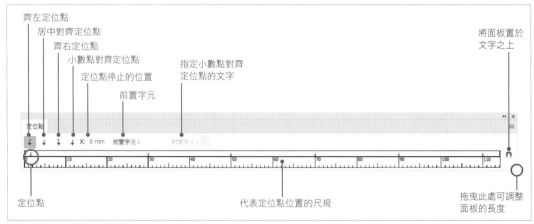

齊左定位點
居中對齊定位點
齊右定位點
小數點對齊定位點
定位點停止的位置
前置字元
指定小數點對齊定位點的文字
將面板置於文字之上

定位點
代表定位點位置的尺規
拖曳此處可調整面板的長度

STEP 4
以「齊左定位點」對齊第 1 欄的國名。先點選尺規端的空白部分，再點選「齊左定位點」按鈕❸，然後拖曳定位點的位置。也可以直接在「位置」方塊輸入數值指定。

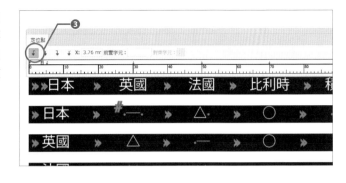

STEP 5
第 2～6 欄以居中對齊定位點對齊。點選尺規上的空白部分，再點選「居中對齊定位點」按鈕❹。接著分別調整定位點的位置。

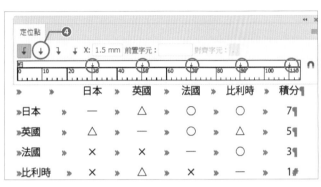

STEP 6
為了方便閱讀，可在背景配置矩形，再以顏色分類❺。為了進一步分割列與欄，可置入框線再將顏色設定為白色❻。到此就完成了。

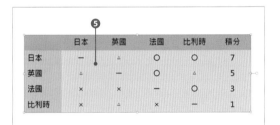

◆ MEMO

目錄與索引常使用的前置字元也可以用「定位點」面板製作。選取定位點，再於「前置字元」輸入方塊輸入點（.）、中黑點（·）、2 點（‥）、3 點（…）這些代表點的字元。這些字元就會於定位點空出的空白處連續顯示。

約翰萬次郎漂流記　»　12¶

站前旅館　»　54¶

荻窪風土記　»　87#

先如上圖輸入目錄、索引的文字。在頁面編號前面插入定位點

開啟「定位點」面板，再以「齊右定位點」對齊頁面編號，再於「前置字元」輸入方塊輸入點

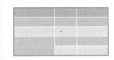

NO.

168 繪製表格

VER.
CC / CS6 / CS5 / CS4 / CS3

繪製長方形並以「分割成網格」對話框設定長與寬的數量，再於網格裡設定「填色」，就能繪製出表格。

STEP 1 利用「矩形」工具 □ 點選畫面開啟對話框 ❶ 之後，在「寬度」與「高度」輸入表格的大小，點選「確定」建立矩形。接著為了加粗表格的外框，請從「編輯」選單點選「拷貝」，複製矩形。

STEP 2 在矩形為選取狀態的時候，點選「物件」選單的【路徑 → 分割成網格】，開啟「分割成網格」對話框 ❸。在「橫欄」與「直欄」的「數量」❹ 輸入數值，再將「橫欄」與「直欄」的「間距」設定為「0」❺。勾選「預視」確認結果後，點選「確定」即可新增表格 ❻。

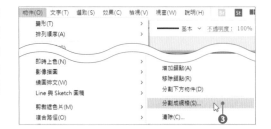

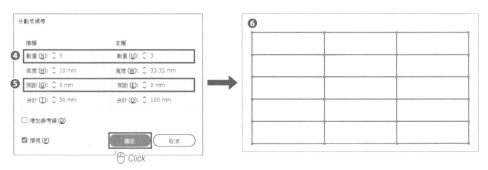

STEP 3 若要合併格眼，可利用「選取」工具 ▶ 選取多個格眼 ❼。要選取多個格眼時，可按住 Shift 鍵選取。從「物件」選單點選【路徑 → 分割成網格】，開啟「分割成網格」對話框。若是要沿著垂直方向合併格眼，可將「橫欄」的「數量」設定為「1」❽，若是要沿著水平方向合併，可將「直欄」的「數量」設定為「1」。按下「確定」即可套用。

STEP 4 若要調整格眼的大小，可利用「直接選取」工具 ▷ 圈選該格眼的錨點 ❾ ❿，然後按住 Shift 鍵水平或垂直拖曳錨點 ⓫。

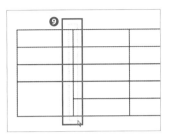
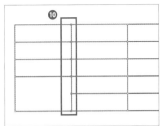

STEP 5 利用「選取」工具 ▶ 選取格眼，設定「填色」與「筆畫」⓬。選取所有的物件，再將 STEP1 複製的矩形以「編輯」選單的「貼至下層」命令貼上。將「筆畫」設定得粗一點，表格的外框就會變粗 ⓭。

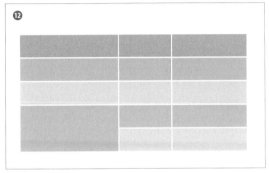

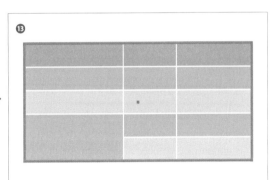

 MEMO

「矩形格線」工具 ⊞ 雖然沒辦法替每個格眼設定「填色」，但是也能繪製表格。利用「矩形格線」工具 ⊞ 點選畫面，開啟「矩形格線工具選項」對話框，再設定表格的大小與分隔線。

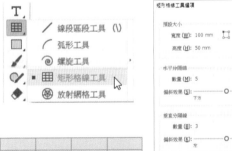

第 7 章　文字的操作

TYPO 169 外框化文字

選取文字，執行「建立外框」，可將文字轉換成圖形物件。

外框化文字

利用「文字」工具 T 輸入文字之後，可透過「建立外框」命令將文字物件轉換成圖形物件。利用「選取」工具 ▶ 選取文字❶，再從「文字」選單點選「建立外框」❷，文字的輪廓會出現路徑與錨點，代表此時文字物件已轉換成圖形物件❸。外框化之後就無法重新輸入文字，請大家務必注意這點。

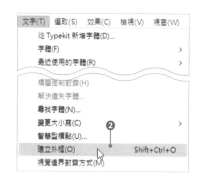

加工外框化之後的文字

文字轉換成圖形物件後，就能將填色設定為漸層色❹。此外，利用「直接選取」工具 ▷ 選取文字輪廓的路徑或錨點，還可以進行移動或扭曲的編輯作業❺。

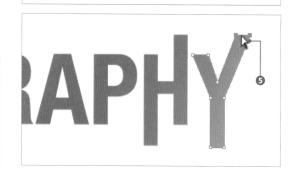

MEMO

文字雖然會在外框化之後失去文字屬性，但還是具有文字的外型。印刷時，若是輸出的公司沒有該字型，不妨先將文字外框化再把檔案傳給該公司，就能輸出與製作時相同的結果。

NO.

170 在外框後的文字中 置入圖片

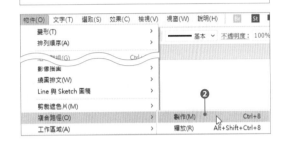

VER.
CC / CS6 / CS5 / CS4 / CS3

要在外框化的文字裡置入圖片，可使用「複合路徑」與「剪裁遮色片」。

STEP 1

選取文字外框化之後的物件❶，再從「物件」選單點選【複合路徑 → 製作】❷。轉換成複合路徑之後，會失去文字的填色與筆畫的屬性。

> 💠 **MEMO**
>
> 若是有多個外框化的文字，就必須先執行「複合路徑」命令，如果只有一個外框化文字，就不需要這個步驟。

STEP 2

將圖片物件配置在外框文字的下層，並且調整照片要顯示的位置。同時選取文字與圖片❸，再從「物件」選單點選【剪裁遮色片 → 製作】❹。

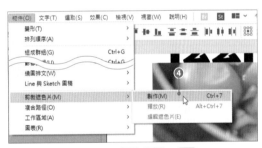

🅢 剪裁遮色片製作→ `Ctrl`（`⌘`）+ `7`

STEP 3

執行「剪裁遮色片」之後，圖片就會被文字的外形裁切。想單選圖片，調整照片的位置時，可從「物件」選單點選【剪裁遮色片 → 編輯內容】❺，或是以「直接選取」工具 ▷ 點選圖片，直接移動圖片。

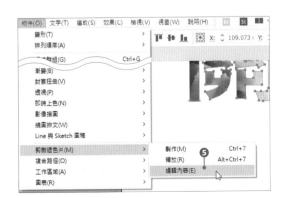

118 在文字與物件裡置入照片
169 外框化文字

217

NO. 171 繪製白邊文字

VER.
CC / CS6 / CS5 / CS4 / CS3

白邊文字能與有顏色的背景區分開來，讓文字變得更容易閱讀。

STEP 1　範例一開始在櫻花上面配置粉紅色的文字，但這樣看不太清楚是什麼字，所以讓我們試著在文字套用白邊，提升文字的易讀性。第一步先選取文字，再從「外觀」面板選擇「新增筆畫」❶。CS4 之後，可直接點選面板下方的「新增筆畫」新增❷。

STEP 2　「外觀」面板的最上方會新增筆畫的設定。接著將這個筆畫的顏色指定為白色❸，再將筆畫寬度設定為 2mm❹。接著在「筆畫」面板將「尖角」設定為「圓角」❺，讓白邊的轉角變成圓角。此時的白邊在最上層，所以看不到文字原本的顏色。

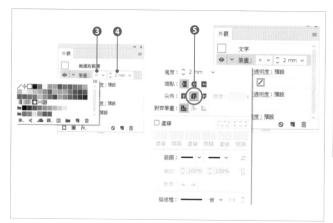

STEP 3　將「外觀」面板最上面的筆畫拖曳到「文字」下方❻，讓白邊移動到文字的填色下層，就能做出如下圖的白邊文字。

  087 設定筆畫的寬度與形狀

NO.

172 在文字加上陰影或光暈效果

VER.
CC / CS6 / CS5 / CS4 / CS3

如果文字與背景是同色系，可以利用陰影或外光暈效果，提升文字的易讀性。

配置與背景顏色相同的文字

照片裡有很多植物的葉子，若是在上面配置綠色的字，文字會變得很難閱讀。此時可選取文字，再從「效果」選單點選「風格化」，然後試著套用「製作陰影」與「外光暈」。

STEP 1 從「效果」選單點選【風格化 → 製作陰影】❶，開啟「製作陰影」對話框之後，將「顏色」設定為淡綠色，再設定「模式」與「不透明度」，調整陰影的濃度，接著利用「X 位移」與「Y 位移」調整陰影的位置。「模糊」則可調整陰影拉長的程度。

STEP 2 從「效果」選單點選【風格化 → 外光暈】❷，開啟「外光暈」對話框。「外光暈」可營造從物件後方打光的效果。請點選「顏色」右邊的方塊，設定為白色，再調整「模式」、「不透明度」、「模糊」，讓文字變得更加易讀。

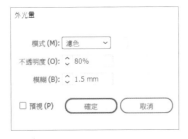

136 將效果新增為繪圖樣式

173 利用彎曲效果讓文字變形

VER.
CC / CS6 / CS5 / CS4 / CS3　　封套效果的彎曲可讓文字產生 15 種變形效果。

STEP 1　利用「文字」工具 T 輸入文字，再以「選取」工具 ▶ 選取❶後，從「控制」面板點選「製作封套」的下三角形（▼），再從中點選「以彎曲製作…」❷。點選「製作封套」按鈕❸或是從「物件」選單點選【封套扭曲 → 以彎曲製作】都可達成相同的效果。

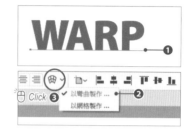

STEP 2　開啟「彎曲選項」對話框之後，可從「樣式」下拉式列表❹選取預設的 15 種樣式（於下方介紹），而且可選擇「水平」或「垂直」的扭曲方式，也可指定「彎曲」的程度。「扭曲」欄位還可調整水平或垂直方向的扭曲強度。

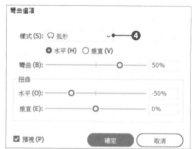

> ⚡ **MEMO**
>
> 點選「效果」選單的「彎曲」，一樣有 15 種效果可以選擇。

弧形　　下弧形　　上弧形　　拱形

凸形　　凹殼　　凸殼　　旗形

波形　　魚形　　上升　　魚眼

膨脹　　擠壓　　螺旋

NO.

174　讓文字任意變形

VER.

CC / CS6 / CS5 / CS4 / CS3　利用繪圖工具繪製形狀後，再讓文字依照該形狀變形。

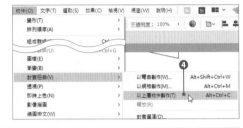

利用封套扭曲讓文字隨著物件的形狀變形

先輸入文字❶，再利用「鋼筆」工具 ✐ 這類工具繪製模型物件❷。將模型物件配置在最上層，再同時選取文字與模型物件❸，接著從「物件」選單點選【封套扭曲 → 以上層物件製作】❹，讓文字隨著最上層的物件變形❺。

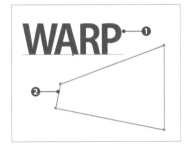

編輯套用封套扭曲效果的物件

套用封套扭曲效果後，仍可編輯封套的形狀與文字。要編輯封套的形狀可在選取物件後，從「物件」選單點選【封套扭曲 → 編輯封套】❻，再利用「直接選取」工具 ▷ 編輯周圍的路徑與錨點❼。若要編輯文字，可從「物件」選單點選【封套扭曲 → 編輯內容】❽，再利用「文字」工具 Ｔ 重新輸入❾。

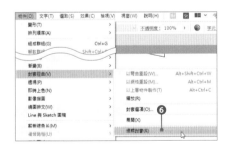

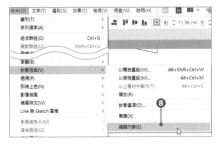

175 活用 Adobe Typekit

VER.

Illustrator C(CC / CS6 / CS5 / CS4 / CS3

Adobe CC 的使用者都可從 Typekit 新增字型。

STEP 1
開啟 Adobe Typekit 的網站,讓字型同步更新。從「文字」選單點選「從 Typekit 新增字體」❶,或是從「字元」面板的字型下拉式列表點選「在 Typekit.com 上數千種字體可供選擇以進行同步」❷。開啟 Adobe Typekit 網站之後,❸的按鈕可切換英文字體❹與日文字體❺的頁面。

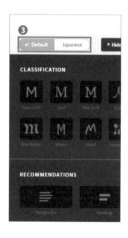

STEP 2
點選英文字體的頁面❻,再改成列表模式。❼的滑桿可調整字體的大小。❽的文字輸入方塊可輸入文字的英文或數字,列表就會顯示輸入的文字。

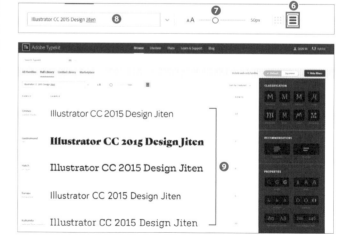

STEP 3　在右側的欄位⑩點選字型的屬性，縮減顯示的字型。在日文字體的頁面裡選擇字體，會出現文字的輸入方塊⑪，輸入文字可確認套用的效果⑫。

STEP 4　要讓字體同步可點選「SYNC」按鈕⑬。若要解除同步，可點選「UNSYNC」⑭。點選右上角選單的「Synced fonts」⑮可開啟同步中的字型列表，點選「UNSYNC」也可解除同步⑯。

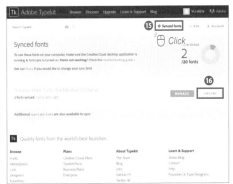

STEP 5　同步完成後，即可於 Illustrator 使用該字型。從「字元」面板的字型選單的下拉式列表點選「套用 Typekit 篩選器」⑰，就能只顯示 Typekit 字型⑱。在文件輸入文字，就能套用 Typekit 的字型⑲。

176 字元面板的字體搜尋與即時預視

CC 2017 搭載了只顯示喜歡的字體或是利用篩選器搜尋字體的功能。

利用「字元」面板新增喜歡的字體

開啟「字元」面板顯示字體之後，有些字體的名稱前面會顯示☆符號。點選這個「☆」符號❶，將該字體新增為我的最愛，該符號就會轉換成「★」符號。點選字體選單上方的「套用最愛的篩選器」按鈕❷，就能只顯示有「★」的字體。

於「字元」面板使用篩選器搜尋字體

若是英文字體，可使用篩選器篩選字體的種類。在篩選器下拉式列表選擇字體❸，就能縮減字體的顯示範圍。

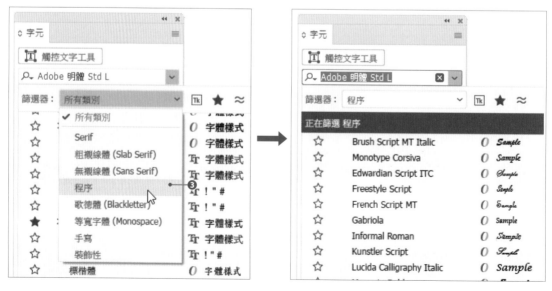

搜尋 Typekit 字體

點選字體選單上方的「套用 Typekit 篩選器」❹ 可只顯示同步中的 Typekit 字體。

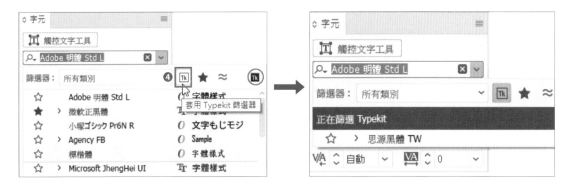

搜尋類似的字體

若是搜尋英文字體，點選字體選單上方的「套用相似篩選器」❺，可顯示與選取的字體相似的字體。

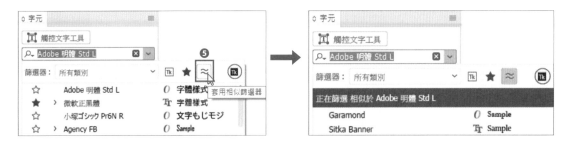

字體的即時預視

在「字元」面板的字體列表裡拖曳，選取的文字會隨著拖曳變換字體，可立刻確認套用的結果。

175　活用 Adobe Typekit

© … ®

§ ™

177 插入特殊字元

　CC 2017 之後可插入特殊字元、空白字元與換行字元。

插入特殊字元

將滑鼠游標放在要插入符號的位置❶，再從「文字」選單點選【插入特殊字元 → 符號 → 版權符號】❷，就能插入版權符號❸。符號有項目符號「‧」、版權符號「©」、省略符號「…」、段落符號「¶」、註冊商標符號「®」、分節符號「§」、商標符號「™」這些種類。

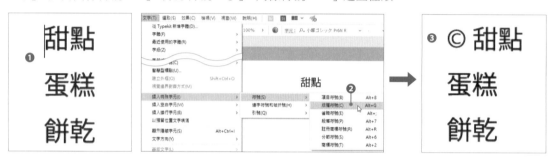

插入空白字元

將滑鼠游標放在要插入空白字元的位置❹，再從「文字」選單點選【插入空白字元 → 全形空格】❺，就能插入全形空格（與文字一樣大的空白字元）❻。空白字元分成全形空格、半形空格、微間距、薄間距這幾種。

插入換行字元

將滑鼠游標放在要插入換行字元的位置❼，再從「文字」選單點選【插入換行字元 → 強制分行符號】❽，就能插入新的一行，而不是插入新的段落❾。

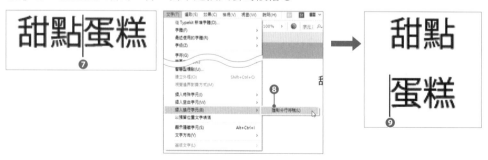

NO.

178 輸入預留位置文字

VER.

CC / CS6 / CS5 / CS4 / CS3

在 CC 2017 利用「字元」工具 Ⓣ 輸入文字時，會自動輸入預留位置文字。

自動輸入預留位置文字

CC 2017 預設在利用「文字」工具 Ⓣ 點選畫面時，會建立點狀文字，而且會自動輸入預留位置文字❶。即使是以拖曳的方式建立區域文字，也一樣會輸入預留位置文字❷。利用「路徑文字」工具 或「區域文字」工具 Ⓣ 點選物件，也一樣會先出現預留位置文字❸❹。

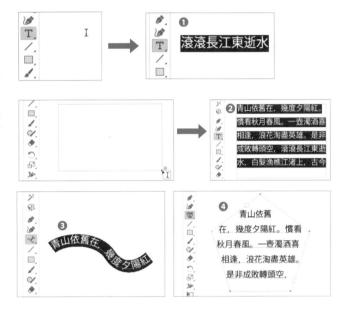

手動植入預留位置文字

要關閉自動輸入預留位置文字這項功能，可從「編輯」選單點選【偏好設定 → 文字】，再取消「以預留位置文字填滿新的文字物件」這項功能❺。如果要手動輸入預留位置文字，可先利用「文字」工具 Ⓣ 建立文字物件❻，然後在滑鼠游標閃爍時，從「文字」選單點選「以預留位置文字填滿」❼，就會自動填滿預留位置文字。

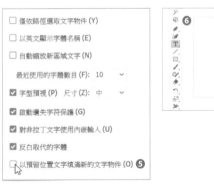

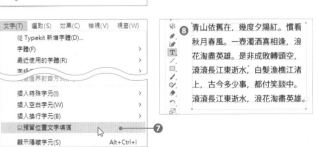

179 讓文字圍繞在物件周圍

使用「繞圖排文」功能，就能讓文字圍繞在物件周圍。

STEP 1　如右圖在文字❶上面重疊星形物件❷。圖形需配置在文字上層。此時可以發現，文字有部分被物件遮住而無法閱讀。

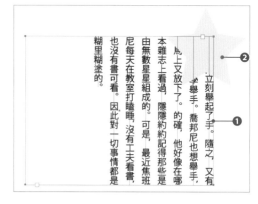

STEP 2　選取物件（範例為星形物件），再從「物件」選單點選【繞圖排文 → 製作】❸，文字就會如右下圖，圍繞在物件周圍。

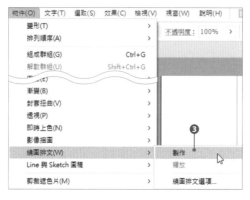

STEP 3　若要調整圖形與文字之間的空白，可從「物件」選單點選【繞圖排文 → 繞圖排文選項】，開啟「繞圖排文選項」對話框。在「位移」輸入數值❹，即可設定文字與物件之間的間距。

第 **8** 章　排版樣式

180 建立與套用段落樣式

VER.
CC / CS6 / CS5 / CS4 / CS3

在「段落樣式」面板新增格式，就能輕鬆地在其他段落套用相同的樣式。

建立要新增為樣式的段落格式

這次要以菜單的文字格式為例，建立段落樣式。只要先在畫面建立要新增的段落樣式，之後就能以簡單的步驟將該樣式新增至「段落樣式」面板。

STEP 1
請先如右圖輸入菜單的文字。這次要將第一行當成「標題」❶，第二行之後當行「料理名稱」❷，然後以上述兩個名稱在「段落樣式」面板新增樣式。由於要設定定位點，所以請在價格前面以 Tab 鍵插入定位點。從「文字」選單點選「顯示隱藏字元」，就會在剛剛輸入定位點的位置顯示藍色箭頭。

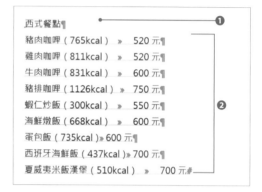

STEP 2
接著要在畫面設定第一行的「標題」的段落樣式。選取「西式餐點」❸，再利用「字元」面板將字體設定為「微軟正黑體」，然後把樣式設定為「Bold」，接著將字體大小設定為「12pt」，行距設定為「20pt」❹，接著再「段落」面板設定「段後間距」為「5pt」❺。最後將文字的顏色設定為「洋紅：100%」。

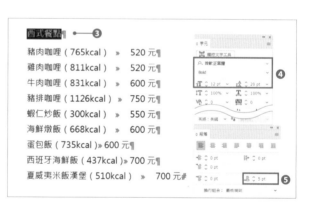

STEP 3
接著要在第二行之後，建立「料理名稱」的段落樣式。選取第二行的「豬肉咖哩」❻，再從「字元」面板將字體設定為「微軟正黑體」，同時將樣式設定為「Regular」、字體大小設定為「11pt」、「行距」設定為「20pt」❼。接著開啟「定位點」面板（從「視窗」選單點選【文字→定位點】）❽，設定齊右定位點❾，再於「前置字元」輸入點「.」❿建立虛線。

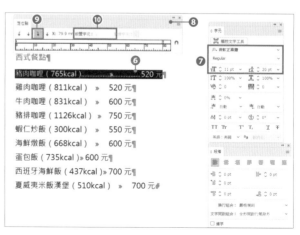

新增段落樣式

STEP 1 開啟「段落樣式」面板，新增剛剛在畫面新增的樣式。以「文字」工具 T 選取要新增的段落 ⑪，再點選「段落樣式」面板下方的「新增段落樣式」按鈕，新增段落樣式 ⑫。

點選「建立新樣式」（接續左下的操作）

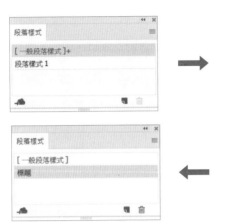

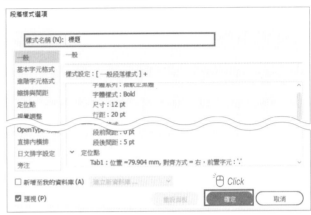

一開始會新增為「段落樣式1」的段落樣式。雙點該段落樣式名稱，開啟「段落樣式選項」對話框。雙點文字可在原始的文字定義樣式。在樣式名稱輸入「標題」再點選「確定」

STEP 2 利用「文字」工具 T 選取要新增的段落 ⑬，再從「段落樣式」面板點選「建立新樣式」，也能新增段落樣式 ⑭。

> **◆ MEMO**
>
> 定義段落樣式之後，請先在原始的文字套用定義的段落樣式。

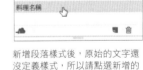

選取段落，再從「段落樣式」面板的選單點選「新增段落樣式」

開啟對話框之後，輸入「樣式名稱」⑮ 再點選「確定」

新增段落樣式後，原始的文字還沒定義樣式，所以請點選新增的樣式名稱套用

套用段落樣式

接著要在其他的文字套用剛剛新增的段落樣式。利用「文字」工具 T 選取第三行之後的所有文字 ⑯，再點選「段落樣式」面板裡的「料理名稱」樣式名稱 ⑰，此時所有選取的文字將套用該段落樣式。如果樣式名稱後方出現了加號，請按住 Alt（Option）鍵再點選該段落樣式。

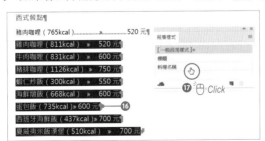

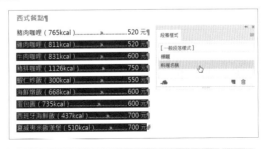

167 利用「定位點」面板繪製表格
181 編輯段落樣式

NO.

181 編輯段落樣式

VER.
CC / CS6 / CS5 / CS4 / CS3

段落樣式可利用「段落樣式選項」或「重新定義段落樣式」編輯。

在「段落樣式選項」對話框編輯樣式

編輯段落樣式的方法之一就是開啟「段落樣式選項」對話框，編輯每個分類的格式。

STEP 1　在「段落樣式」面板選取要變更的樣式名稱，再從「段落樣式」面板選單點選「段落樣式選項」❶。開啟「段落樣式選項」對話框之後，再從左側選取分類，變更分類的格式。接下來介紹部分分類的內容。

「一般」分類

「基本字元格式」分類

「進階字元格式」分類

「縮排與間距」分類

「定位點」分類

「字元色彩」分類

STEP 2 右圖是開啟「料理名稱」的「段落樣式選項」對話框，點選「字元色彩」分類❷，再將字元色彩設定為「RGB 綠色」❸。勾選「預視」可確認變更後的結果。結束編輯後，點選「確定」。

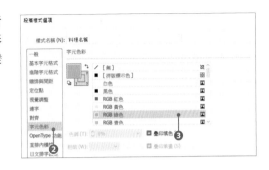

STEP 3 在「段落樣式選項」對話框編輯設定後，套用該段落樣式的文字就會套用該變更。

MEMO

未定義段樣式的文字不會因為「段落樣式選項」的樣式修改後，套用該修改內容。如果有未套用該變更的文字出現，請確認該文字是否定義了段落樣式。

西式餐點

豬肉咖哩（765kcal）........................520 元
雞肉咖哩（811kcal）........................520 元
牛肉咖哩（831kcal）........................600 元
豬排咖哩（1126kcal）.......................750 元
蝦仁炒飯（300kcal）........................550 元
海鮮燉飯（668kcal）........................600 元
蛋包飯（735kcal）..........................600 元
西班牙海鮮飯（437kcal）...................700 元
夏威夷米飯漢堡（510kcal）.................700 元

直接在畫面變更樣式，再執行「重新定義段落樣式」

編輯段落樣式的另一種方法就是直接在畫面上變更格式，再從「段落樣式」面板的選單點選「重新定義段落樣式」。

STEP 1 請先在畫面直接變更段落的樣式。範例是利用「文字」工具 T 選取第二行的文字，再將字體變更為細明體。選取變更字體的文字❹，再從「段落樣式」面板選單點選「重新定義段落樣式」❺。

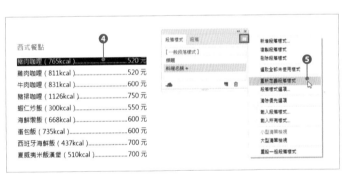

STEP 2 重新定義段落樣式之後，其他套用相同段落樣式的文字也會套用新的定義。範例將第三行之後的料理名稱變更為細明體。變更段落樣式可讓整個文件的樣式改變，所以能有效率地完成設定格式的作業。

西式餐點

豬肉咖哩（765kcal）.............. 520 元
雞肉咖哩（811kcal）.............. 520 元
牛肉咖哩（831kcal）.............. 600 元
豬排咖哩（1126kcal）............. 750 元
蝦仁炒飯（300kcal）.............. 550 元
海鮮燉飯（668kcal）.............. 600 元
蛋包飯（735kcal）................ 600 元
西班牙海鮮飯（437kcal）.......... 700 元
夏威夷米飯漢堡（510kcal）......... 700 元

182 建立與套用字元樣式

　在「字元」面板新增樣式，就能輕鬆地在其他文字套用樣式。

新增字元樣式

字元樣式可於變更段落內部分文字時使用。在畫面設定要新增的字元樣式，之後就能以簡單的步驟將該樣式新增至「字元樣式」面板。

STEP 1　選取菜單裡的卡路里字樣，再縮小字體大小。利用「文字」工具 T 選取要新增格式的文字（卡路里）❶，再點選「字元樣式」面板的「建立新樣式」❷。此時將自動命名字元樣式。使用者可自行命名字元樣式，重新定義設定。

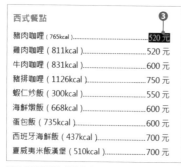

選取要新增格式的文字

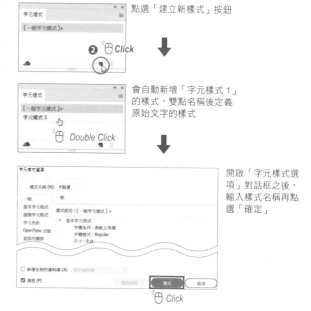

點選「建立新樣式」按鈕

會自動新增「字元樣式 1」的樣式，雙點名稱後定義原始文字的樣式

開啟「字元樣式選項」對話框之後，輸入樣式名稱再點選「確定」

STEP 2　選取菜單裡的價格，再變更字型。利用「文字」工具 T 選取要新增樣式的文字（價格）❸，接著在「字元樣式」面板選單點選「新增字元樣式」❹，開啟「新增字元樣式」對話框之後，替樣式命名與定義字元樣式。

從「字元樣式」面板選單點選「新增字元樣式」

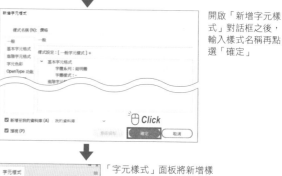

開啟「新增字元樣式」對話框之後，輸入樣式名稱再點選「確定」

「字元樣式」面板將新增樣式名稱。此時，原始的文字尚未定義樣式，請點選新增的樣式名稱套用

套用字元樣式

接著要將剛剛新增的字元樣式套用在其他文字。要套用字元樣式時，必須分別選取要套用的文字。

STEP 1 利用「文字」工具 Ⓣ 選取第三行的「雞肉咖哩」的卡路里文字❺，接著點選「字元樣式」面板裡的樣式名稱（範例點選的是卡路里）❻，字體就會縮小，剛剛選取的字串也會套用字元樣式❼。

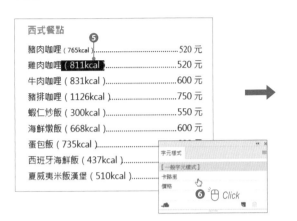
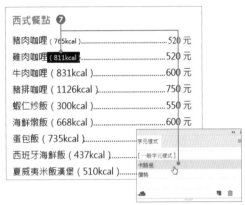

STEP 2 利用「文字」工具 Ⓣ 選取第三行的「雞肉咖哩」的價格字樣❽，再於「字元樣式」面板點選樣式名稱（這次點選的是價格）❾，價格字樣的字體就會改變，套用剛剛設定的字元樣式❿。

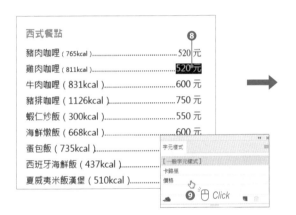
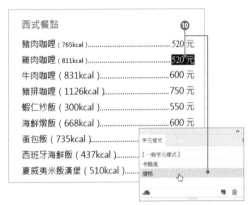

STEP 3 分別選取要套用樣式的文字，再點選「字元樣式」面板裡的樣式名稱。右圖是替菜單裡的「卡路里」以及「價格」字樣套用字元樣結果。

西式餐點

豬肉咖哩 (765kcal)..........................520 元
雞肉咖哩 (811kcal)..........................520 元
牛肉咖哩 (831kcal)..........................600 元
豬排咖哩 (1126kcal)........................750 元
蝦仁炒飯 (300kcal)..........................550 元
海鮮燉飯 (668kcal)..........................600 元
蛋包飯 (735kcal)............................600 元
西班牙海鮮飯 (437kcal).....................700 元
夏威夷米飯漢堡 (510kcal)...................700 元

MEMO

如果樣式名稱右側出現「+」（加號），代表樣式屬性有所變更。要解除屬性的變更，恢復樣式原有的定義可再次套用相同的樣式，或是從面板選單點選「清除優先選項」。

183 編輯字元樣式

新增的字元樣式可利用「字元樣式選項」或「重新定義字元樣式」編輯。

在「字元樣式選項」對話框編輯樣式

編輯字元樣式的方法之一就是開啟「字元樣式選項」對話框,選取分類再分別設定格式。

 在「字元樣式」面板選取要變更的樣式名稱,再從「字元樣式」面板選單點選「字元樣式選項」❶。開啟「字元樣式選項」對話框之後,選取左側的分類再變更格式。下面介紹部分的分類。

「一般」分類

「基本字元格式」分類

「進階字元格式」分類

「字元色彩」分類

「OpenType 功能」分類

「直排內橫排」分類

STEP 2 下圖是開啟「價格」的「字元樣式選項」對話框，選取「基本字元格式」分類❷，變更字體家族與樣式❸。勾選「預視」可確認變更的結果。結束設定後，點選「確定」即可。

STEP 3 透過「字元樣式選項」對話框調整後，所有套用該字元樣式的文字都會套用更新後的設定。

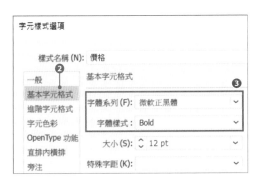

直接在畫面變更格式，再執行「重新定義字元樣式」

另一種編輯文字樣式的方法就是直接在畫面變更格式，再從「字元樣式」面板的選單點選「重新定義字元樣式」。

STEP 1 第一步先直接變更字元樣式。範例將價格的字體變更為新細明體。利用「文字」工具 T 選取要變更的文字❹，再從「字元樣式」面板的選單點選「重新定義字元樣式」❺。

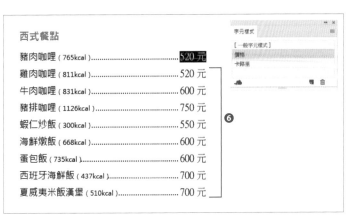

STEP 2 重新定義字元樣式後，其他套用相同樣式的文字也套用了這個設定。範例將第三行之後的價格全部變更為新細明體❻。變更字元樣式可一次變更整個文件的樣式，所以能有效率地完成作業。

184 連結文字區域

建立文字緒，就能讓區域文字與其他的文字區域連結。

文字緒的構造

區域文字物件有輸入連接點❶與輸出連結點❷，點選這兩個點，可讓文字物件彼此連結。如果無法讓所有文字在區域內顯示，輸出連結點會顯示紅色加號❸，而此時的文字也稱為溢位文字。

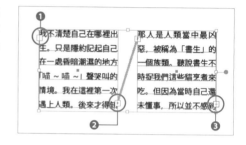

建立文字緒

STEP 1

接下來要建立大小相同的區域文字框，再讓文字連結。請先如右圖以「選取」工具 ▶ 點選「輸出連結點」❹。此時滑鼠游標會變成❺的形狀。點選連結的位置，就會建立一個與原本物件大小一樣的文字框，文字也會流入新的文字框❻。

STEP 2

也可以調整區域文字的外框再連結文字。利用「選取」工具 ▶ 點選輸出連結點❼，再於空白位置拖曳矩形❽，就能指定文字區域的大小。放開滑鼠左鍵後，文字就會流入新增的文字外框。

STEP 3 也可讓文字與現有的物件連結。右圖是讓文字與「橢圓形」工具 ◎ 繪製的圓形連結。利用「選取」工具 ▶ 點選輸出連結點 ❿，再將滑鼠游標移到要連結的物件的路徑上，當滑鼠游標變成 ⓫ 的形狀再按下滑鼠左鍵。此時物件的填色與筆畫屬性會消失，文字也會流入物件。

STEP 4 接下來先準備已流入文字的文字外框以及空白的文字外框或圖形物件。選取兩個物件 ⓭，再從「文字」選單點選【文字緒 → 建立】 ⓮，也可以讓文字流入另一個物件 ⓯。

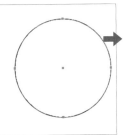

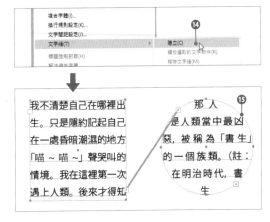

解除文字緒

解除文字緒有下列兩種方法，一種是雙點輸入連結點或輸出連接點 ⓰。此時，文字的連結會被切斷，只剩第一個物件會留有文字 ⓱。另一個方法是從「文字」選單點選【文字緒 → 釋放選取的文字物件】 ⓲。若要解除所有的文字緒，可點選「移除文字緒」 ⓳。

第 8 章　排版樣式

185 設定中文標點溢出邊界

設定「中文標點溢出邊界」，就能將標點符號配置在文字邊框的外側。

中文標點溢出邊界的設定

將「，」或「。」這類的標點符號配置在文字邊框的外側稱為「中文標點溢出邊界」。這個設定可從「段落」面板的選單點選「中文標點溢出邊界」❶，再從子選單點選「無」、「一般」、「強制」其中之一。若是選擇「無」，標點符號就會收納在文字邊框的內側❷。

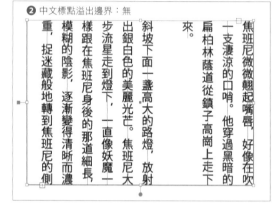

❷ 中文標點溢出邊界：無

切換中文標點溢出邊界的設定

從「段落」面板的選單點選「中文標點溢出邊界」，再從子選單點選「一般」，就只會在標點符號無法收納於行內時，讓標點符號超出邊框❸。若是選擇「強制」，只要標點符號來到行末，就一定會被推出邊框❹。

❸ 中文標點溢出邊界：一般

> **MEMO**
>
> 中文標點溢出邊界這項功能通常用於直排文字的編排，不過，若是段落有很多組，又設定了中文標點溢出邊界這項功能，標點符號很有可能會出現在段落之間，所以建議不要設定這項功能。

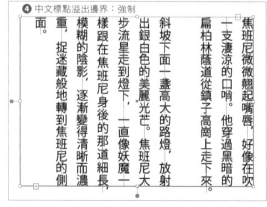

❹ 中文標點溢出邊界：強制

NO.

186 設定換行組合

VER.
CC / CS6 / CS5 / CS4 / CS3

「換行組合」可讓指定的字元被推入行內或是推至下一行。

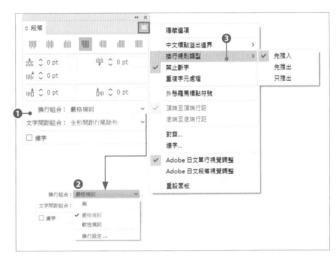

換行組合的設定

「段落」面板的「換行組合」❶可在下拉式選單選擇換行組合的方式，一般都會選擇「嚴格規則」或「軟性規則」❷。換行組合指的是當標點符號、括號這類字元來到行首或行尾時，是要推入行內還是推出至下一行，以免段落的編排不符合常理。「段落」面板選單的「換行規則類型」可選擇「先推出」或「只推出」這類設定❸。

切換換行組合

下面的範例在段落設定了「嚴格規則」，嘗試「換行組合」的設定會有什麼結果。「先推入」會將字元推入前一行❹。「先推出」會讓字元推至下一行❺。「只推出」則一定會將字元推至下一行❻。

❹ 先推入

最左側句號還留在同一行

❺ 先推出

最左側句號可能會被推至下一行

❻ 只推出

最左側句號一定會被推至下一行

187 使用視覺調整設定換行位置

換行位置的調整方法還有「Adobe 日文單行視覺調整」與「Adobe 日文段落視覺調整」這兩種可以選擇。

設定視覺調整

段落的換行位置是文字編排是否整齊美麗的關鍵，Illustrator 提供兩種視覺調整的方法決定段落的換行位置。

選取段落文字❶，再從「段落」面板的選單點選「Adobe 日文單行視覺調整」❷。這個方法是針對每一行設定換行位置。

接著選擇同樣的段落文字❸，再從「段落」面板的選單點選「Adobe 日文段落視覺調整」❹。這個方法是針對整段設定換行位置。

新增與刪除文字時的注意事項

若使用「Adobe 日文單行視覺調整」的設定，就算新增或刪除段落內的文字❺，修正位置的前一行也不會產生變化❻。

若使用「Adobe 日文段落視覺調整」的設定，由於是針對整個段落設定，所以只要新增或刪除文字❼，修正位置的前一行的換行位置就會改變❽。換言之，只要修改文字，整個段落的文字編排就會產生改變，修改時千萬要注意這點。

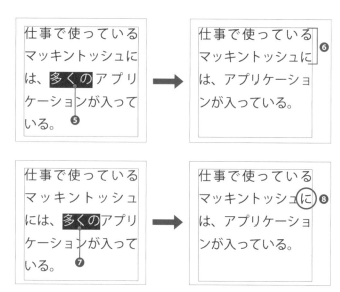

 CAUTION

若是前一行的換行位置因為修改文字而改變，有可能會變得不容易校稿。此時建議選擇「Adobe 日文單行視覺調整」。

NO. 188 在直書編排旋轉英文字母

VER.
CC / CS6 / CS5 / CS4 / CS3

「標準垂直羅馬對齊方式」可讓直書編排裡的半形英文字母與數字轉 90 度。

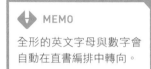

選取所有文字，再設定或解除「標準垂直羅馬對齊方式」

在直書編排之中，半形的英文字母或數字通常會呈現❶的方向。此時以「選取」工具 ▶ 選取所有文字，再從「字元」面板的選單點選「標準垂直羅馬對齊方式」❷，能就讓半形的英文字母與數字轉 90 度❸。若要解除設定可再從「字元」面板的選單點選一次「標準垂直羅馬對齊方式」。

> **MEMO**
>
> 全形的英文字母與數字會自動在直書編排中轉向。

未勾選選項 　　　　　　　　　　　　　　　　　　　　　　　勾選選項

分別選取文字，再設定或解除「標準垂直羅馬對齊方式」

「標準垂直羅馬對齊方式」也能個別設定或解除。下圖是只利用「文字」工具 T 選取❹要旋轉的英文字母，再從「字元」面板的選單點選「標準垂直羅馬對齊方式」❺，解除字母的旋轉❻。

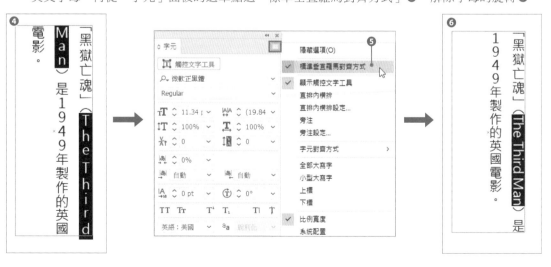

NO.
189 設定直排內橫排

VER.
CC / CS6 / CS5 / CS4 / CS3
「直排內橫排」可讓直排內的兩位數數字轉換成橫排。

利用「直排內橫排」在直排內建立橫排文字區塊

STEP 1 從右側的範例可以發現，直排之中摻雜著一位數與兩位數的數字。利用「選取」工具 ▶ 選取所有文字❶，再從「字元」面板的選單點選「直排內橫排」，就能讓數字紛紛轉為 90 度❷。

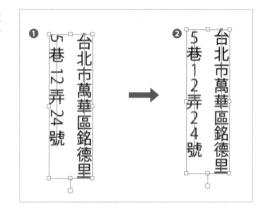

STEP 2 若希望將兩位數的數字轉為橫排，可利用「文字」工具 T 選取要旋轉的文字❸，再從「字元」面板選擇「直排內橫排」❹。重覆這個操作，讓所有兩位數數字轉換橫排❺❻。

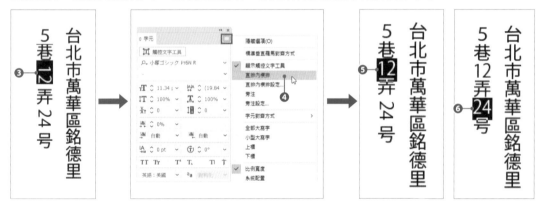

使用「直排內橫排設定」調整上下左右的位置

利用「文字」工具 T 選取要轉橫排的文字，再從「字元」面板的選單點選「直排內橫排設定」，就能調整文字的「上 / 下」位置或「左 / 右」位置。指定正值時，會往上或右移動，指定為負值時，會往下或左移動。

NO. 190 設定旁注

VER.
CC / CS6 / CS5 / CS4 / CS3

「旁注」可讓文字縮小，以便在單行內折疊成多行。

設定「旁注」

利用「文字」工具 T 選取要轉換成旁注的文字❶，再從「字元」面板的選單點選「旁注」❷。預設值會將文字縮小一半，折疊成兩行的格式❸。

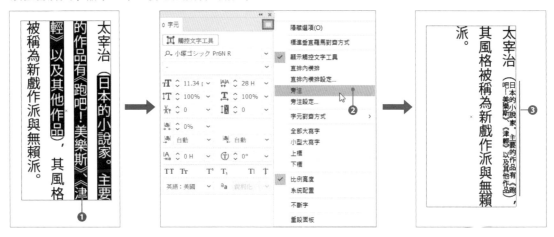

利用「旁注設定」對話框變更旁注的格式

「旁注設定」對話框可進一步設定旁注。利用「文字」工具 T 選取旁注文字❹，再從「字元」面板的選單點選「旁注設定」❺開啟對話框。

❻ 的範例是將「縮放」設定為「45%」，並將「行距」設定為「3H」，❼的範例則是將「行數」設定為「3」，並將「行距」設定為「0H」。

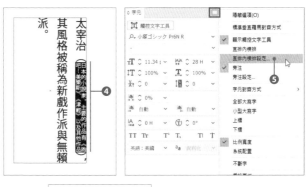

羅馬基線
全形字框，上/右
✓ 全形字框，置中
全形字框，下/左
表意字框，上/右
表意字框，下/左

NO. 191 設定字元對齊方式

「字元對齊方式」可讓不同字體大小組成的字串與特定的基線對齊。

STEP 1 先建立一行字體大小各異的文字❶，再利用「文字」工具 🔲 選取要對齊的文字❷，然後從「字元」面板的選單點選「字元對齊方式」，就會出現六個選項❸。

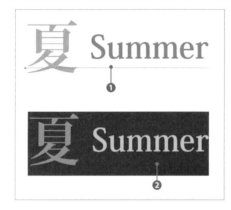

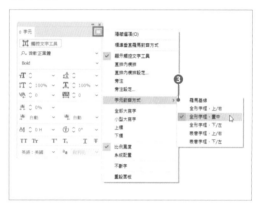

STEP 2 「羅馬基線」指的是小寫文字會與大寫文字的基線對齊❹。

「全形字框，上/右」指的是小寫文字會與大寫文字的全形字框的上緣（直排為右側）對齊❺。

「全形字框，置中」指的是小寫文字會與大寫文字的中央對齊❻。

「全形字框，下/左」指的是小寫文字會與大寫文字的全形字框的上緣（直排為左側）對齊❼。

「表意字框，上/右」指的是小寫文字會與大寫文字的表意字框上緣（直排為右側）對齊❽。

「表意字框，下/左」指的是小寫文字會與大寫文字的表意字框下緣（直排為左側）對齊❾。

❹ 羅馬基線　夏 Summer

❺ 全形字框，上/右　夏 Summer

❻ 全形字框，置中　夏 Summer

❼ 全形字框，下/左　夏 Summer

❽ 表意字框，上/右　夏 Summer

❾ 表意字框，下/左　夏 Summer

NO.

192 設定上標、下標字元

VER.
CC / CS6 / CS5 / CS4 / CS3

Illustrator 也能設定公式常使用「2^8」、「A_1」這類「上標字元」與「下標字元」。

H^2O

H_2O

利用「字元」面板設定上標、下標字元

利用「文字」工具 T 選取要轉換成上標或下標的文字❶，再從「文字」面板的選單點選「上標」或「下標」❷。CS6 之後，可直接利用「字元」面板的按鈕❸操作。

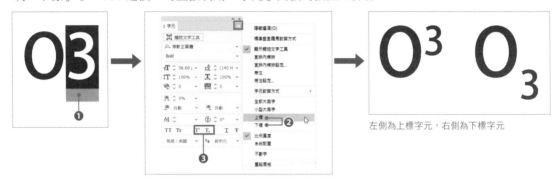

左側為上標字元，右側為下標字元

利用「OpenType」面板設定上標或下標字元

若使用了 OpenType 字型，可從「OpenType」面板的「位置」下拉式列表點選「上標」或「下標」選項❹，輸入 OpenType 字體的上標字元或下標字元。

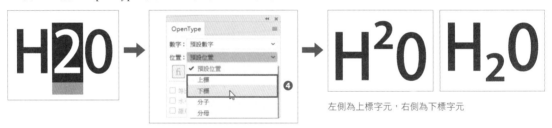

左側為上標字元，右側為下標字元

調整上標或下標字元

若希望上標或下標字元稍微往上下移動，可使用「字元」面板的「基線微調」❺調整。設定正值可讓文字往上移動，設定負值可讓文字往下移動。

此外，從「檔案」選單點選「文件設定」，開啟「文件設定」對話框之後，在「文字」頁籤❻裡，可利用 % 設定上標或下標字元的「尺寸」與「位置」❼。這裡的設定將套用在整個文件裡。

	字體
漢字	Yu Gothic UI
かな	Yu Gothic UI
全角約物	Yu Gothic UI
全角記号	Yu Gothic UI
半角欧文	Myriad Pro
半角数字	Myriad Pro

NO.
193 建立複合字體

VER.
CC / CS6 / CS5 / CS4 / CS3

複合字體可將多種字體以新名稱合併定義為單一字體。

STEP 1
這次合成的是中文字體與英文字體，再以新名稱定義。要建立複合字體請從「文字」選單點選「複合字體」❶。

STEP 2
開啟「複合字體」對話框之後，請點選「新增」按鈕❷，輸入新的複合字體的名稱❸。原始的日文字體共有「漢字」、「假名」、「全角約物」、「全角記號」這些種類。英文字型則有「半角歐文」、「半角數字」這兩種種類❹。每個字體都有「大小」、「基線」、「垂直縮放」、「水平縮放」這些項目可以調整❺。點選「顯示樣本」可顯示編排時的範本❻。範本有「表意字框」、「全形字框」、「基線」這些參考線可以選擇❼。點選「儲存」❽後，可點選「確定」完成複合字體的新增。

STEP 3
新增的複合字體會在字體選單的最上方顯示❾。輸入文字後，選擇複合字體❿。這個標題字體是以 Yu Gothic UI、Myriad Pro 字體所組成。

❿
電影「STAR WARS」總算上映！

194 輸入資料，繪製長條圖

以「長條圖」工具 📊 拖曳，可顯示「圖表資料」視窗，可在視窗裡輸入圖表的資料。

STEP 1
點選「長條圖」工具 📊，再於工作區域裡拖曳，指定圖表的大小❶之後，會顯示長條圖❷與「圖表資料」視窗❸。

S 選擇「長條圖」工具 📊 → 在英數輸入模式下按下 J 鍵

❶ 🖱) Drag

MEMO

以「長條圖」工具 📊 點選畫面會開啟「圖表」對話框，從中可輸入長條圖的「寬度」與「高度」的數值。

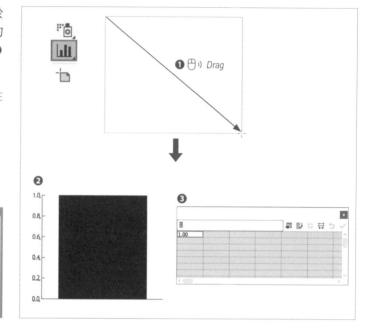

STEP 2
在「圖表資料」視窗的輸入欄輸入數值❹，按下 Enter（Return）鍵或 ↓ 鍵，讓數值輸入儲存格。

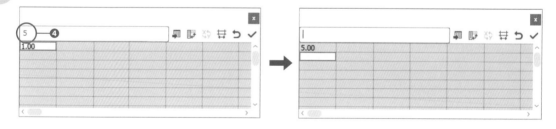

STEP 3
輸入資料之後，按下「套用」按鈕❺即可自動新增長條圖。

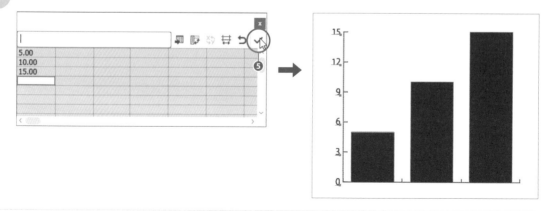

195 在圖表顯示標籤與圖例

195 在圖表顯示標籤與圖例

VER
CC / CS6 / CS5 / CS4 / CS3

在「圖表資料」視窗的第一欄與第一列輸入文字，即可替座標軸輸入標籤與圖例。

STEP 1

點選「長條圖」工具 **Ⅲ** 之後，在工作區域拖曳，指定圖表的大小，同時顯示長條圖❶與「圖表資料」視窗❷。

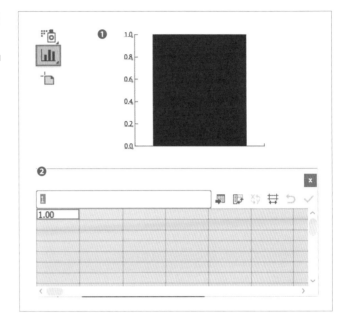

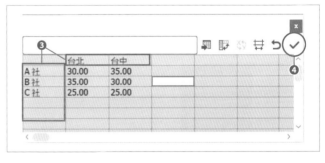

STEP 2

刪除預先輸入的「1.00」，再以 ↓ ↑ ← → 鍵一邊移動，一邊選取儲存格，同時在輸入欄裡輸入數值。第一欄與第一列❸請輸入文字。數值資料輸入完畢後，請點選「套用」按鈕❹。

	台北	台中
A 社	30.00	35.00
B 社	35.00	30.00
C 社	25.00	25.00

STEP 3

新增長條圖之後，會顯示項目座標軸的標籤❺與圖例❻。

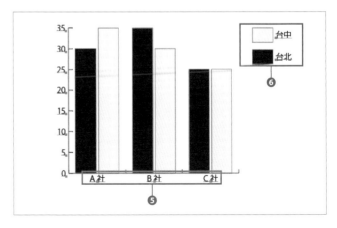

> **◆ MEMO**
>
> 「圖表資料」視窗的圖例名稱會於圖表上方，從右至左顯示。

 194 輸入資料，繪製長條圖

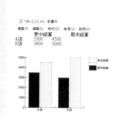

196 讀入文字編輯器製作的資料

「圖表資料」視窗的「讀入資料」按鈕可讀入文字編輯器製作的純文字檔案。

STEP 1

使用文字編輯器新增文件後,利用 Tab 鍵間隔資料,再利用 Enter(Return)鍵換行,將資料製作成表格❶。存檔時,請將「編碼」設定為「UTF-8」❷。

STEP 2

利用「長條圖」工具 📊 繪製長條圖❸並開啟「圖表資料」視窗。點選「讀入資料」按鈕❹,開啟「讀入圖表資料」對話框❺,選取要讀入的純文字檔案,然後點選「開啟」按鈕。

> ◆ MEMO
>
> 利用 Excel 或其他應用程式製作的文字資料可複製到「圖表資料」視窗裡直接套用。

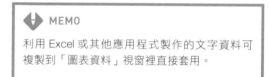

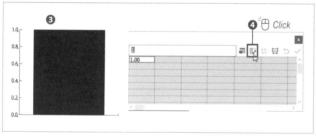

STEP 3

純文字資料讀入「圖表資料」視窗後,點選「套用」按鈕❻套用在長條圖上。

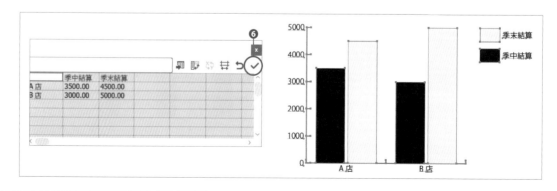

NO.

197 讓座標軸的標籤與
圖例互調位置

VER.
CC / CS6 / CS5 / CS4 / CS3

點選「圖表資料」視窗的「調換直欄／橫欄」按鈕，就能讓資料的列與欄調換位置。

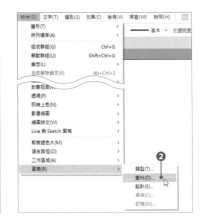

STEP 1　利用「選取」工具 ▶ 選取長條圖❶，再從「物件」選單點選【圖表→資料】❷。

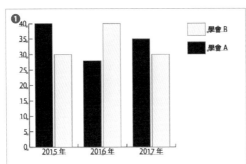

STEP 2　開啟「圖表資料」視窗後，點選「調換直欄／橫欄」按鈕」❸，讓「圖表資料」視窗裡的列與欄互換。

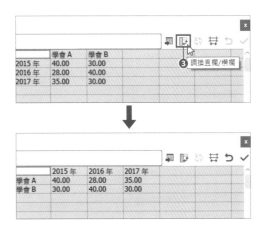

STEP 3　點選「套用」，即可讓座標軸的標籤與圖例互調位置。

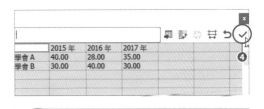

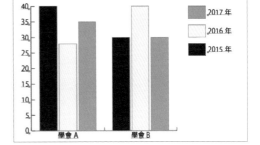

　CAUTION

「調換直欄／橫欄」右側的「對調 x/y」按鈕只能用在散佈圖。

　195 在圖表顯示標籤與圖例

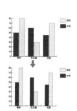

NO.

198 調整長條圖的長條寬度

VER.
CC / CS6 / CS5 / CS4 / CS3

「圖表類型」對話框的「選項」欄位可設定長條寬度。

STEP 1 利用「選取」工具 ▶ 選取長條圖 ❶，再從「物件」選單點選【圖表 → 類型】❷。

> **MEMO**
> 雙點「長條圖」工具 📊 也能開啟「圖表類型」對話框。

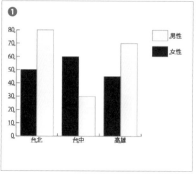

STEP 2 開啟「圖表類型」對話框之後，在「選項」欄位的「長條寬度」❸、「群集寬度」❹輸入數值。「長條寬度」指的是每條長條的寬度❺，「群集寬度」則是單一項目的刻度間距❻。若設定為100%，長條將會緊密相連，若設定超過100%的數值，長條就會重疊。

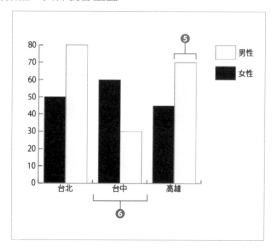

STEP 3 設定完成後，按下「確定」，讓設定套用在長條圖上。

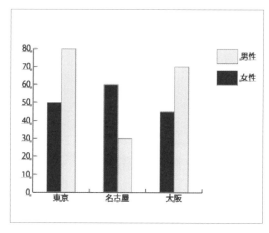

194 輸入資料，繪製長條圖

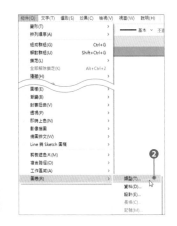

NO.
199 在上方顯示圖例

VER.
CC / CS6 / CS5 / CS4 / CS3

「圖表類型」對話框的「樣式」欄位可將圖例移動到圖表的左上方，並以水平方向排列。

STEP 1 利用「選取」工具 ▶ 選取長條圖 ❶，再從「物件」選單點選【圖表 → 類型】❷。

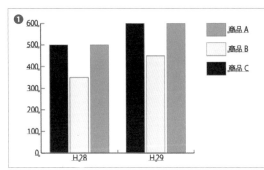

STEP 2 開啟「圖表類型」對話框之後，勾選「樣式」欄位的「於上方加上圖例」❸。

STEP 3 點選「確定」之後，圖例就會移動到左上方，並以水平方向排列。

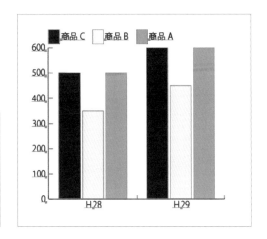

MEMO

「圖表資料」視窗的圖例名稱通常會由右至左顯示，但是勾選「圖表類型」對話框裡的「樣式」的「於上方加上圖例」選項之後，就會移動到圖表上方，並以由左至右的順序顯示。

NO.

200 變更為其他種類的圖表

VER.
CC / CS6 / CS5 / CS4 / CS3

圖表製作完成後，還可以在「圖表類型」對話框的「類型」將圖表轉換成其他圖表。

STEP 1 利用「選取」工具 ▶ 選取長條圖 ❶，再從「物件」選單點選【圖表 → 類型】❷。

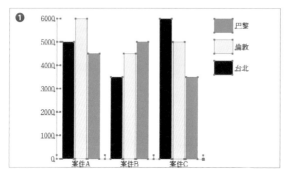

STEP 2 開啟「圖表類型」對話框之後，點選「類型」的「橫條圖」按鈕 ❸。

STEP 3 點選「確定」之後，長條圖將轉換成橫條圖。

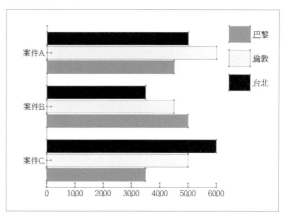

STEP 4 「圖表類型」對話框可設定「長條圖」❹、「堆疊長條圖」❺、「橫條圖」❻、「堆疊橫條圖」❼、「折線圖」❽、「區域圖」❾、「散佈圖」❿、「圓形圖」⓫、「雷達圖」⓬這 9 種圖表。

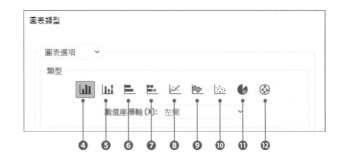

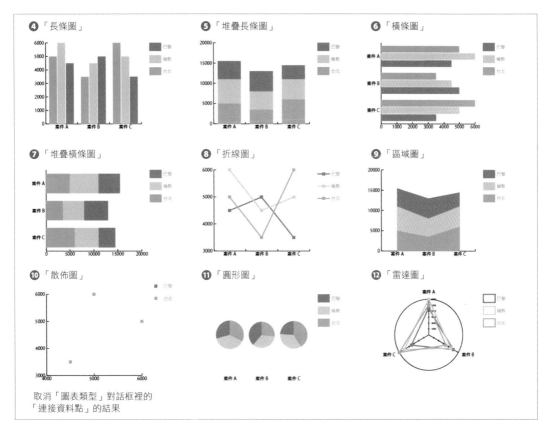

❿ 「散佈圖」

取消「圖表類型」對話框裡的
「連接資料點」的結果

MEMO

按住「長條圖」工具 可顯示 9 種圖表，從中選取需要的圖表之後，即可繪製圖表。

195 在圖表顯示標籤與圖例

NO.
201 在數值座標軸或類別座標軸輸入刻度

VER.
CC / CS6 / CS5 / CS4 / CS3

「圖表類型」對話框的「圖表選項」彈出式選單可設定座標軸。

STEP 1　利用「選取」工具 ▶ 選取長條圖❶，再從「物件」選單點選【圖表 → 類型】，開啟「圖表類型」對話框。要設定座標軸可從彈出式選單點選「數值座標軸」或「類別軸」❷。

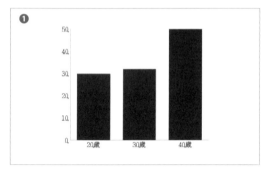

STEP 2　選擇「數值座標軸」❸，勾選「刻度數值」的「忽略計算出的值」❹，就能設定數值座標軸（直軸）的最小刻度、最大刻度與標度。「刻度標記」❺可設定刻度的長度與數量。點選「確定」後，可將設定套用在數值座標軸。

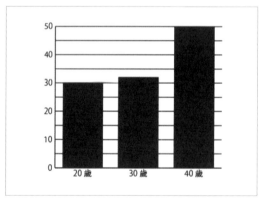

STEP 3　接著從彈出式選單點選「類別軸」❻，再將「刻度標記」的「長度」設定為「全寬」❼，然後點選「確定」，將設定套用至類別軸。

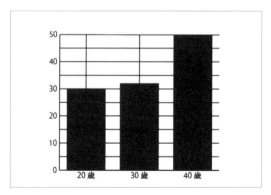

　　202 在數值座標軸新增單位

NO.

202 在數值座標軸新增單位

VER:
CC / CS6 / CS5 / CS4 / CS3

「圖表類型」對話框的「數值座標軸」可在數值前後新增標籤。

STEP 1 利用「選取」工具 ▶ 選取長條圖**❶**，再從「物件」選單點選【圖表 → 類型】**❷**。

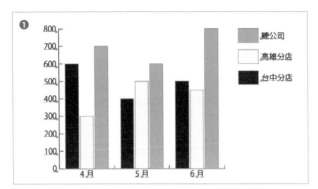

STEP 2 開啟「圖表類型」對話框之後，從「圖表選項」彈出式選單點選「**數值座標軸**」**❸**，再於「增加標示」的「字尾」輸入文字（範例輸入的是「萬元」）**❹**。

STEP 3 點選「確定」之後，數值座標軸的數值後面就會新增標示。

MEMO

「圖表類型」對話框無法在數值座標軸的上方配置標示（單位），所以請隨意配置標示。

CAUTION

圓形圖無法設定數值座標軸與類別軸。此外，雷達圖沒有「類別軸」的設定。

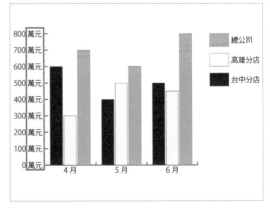

201 在數值座標軸或類別座標軸輸入刻度

NO.

203 變更圖表的顏色與字體

VER.
CC / CS6 / CS5 / CS4 / CS3

圖表是具有階層構造的群組，所以可利用「群組選取」工具 選取同類別的物件，再變更顏色與字體。

STEP 1
利用「群組選取」工具 點選長條兩次，選取同類別的長條 ❶，點選三次可連該類別的圖例一併選取 ❷。

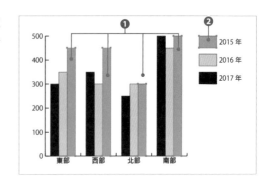

STEP 2
從「顏色」面板的選單點選「CMYK」❸，切換成 CMYK 之後再設定「填色」的顏色 ❹。

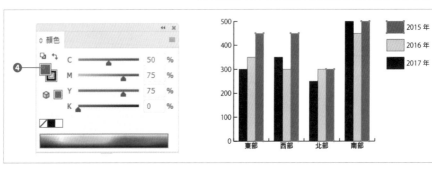

STEP 3
接著要變更字體。利用「群組選取」工具 點選類別軸的標籤兩次，再從「字元」面板選取需要的字體 ❺。

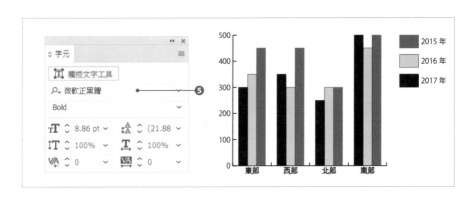

260

194 輸入資料，繪製長條圖
195 在圖表顯示標籤與圖例

NO. 204 在圖表的長條與圖例套用圖樣

VER.
CC / CS6 / CS5 / CS4 / CS3

在長條圖套用「色票」面板的圖樣可營造華麗的印象。此外，圖樣也可以調整大小。

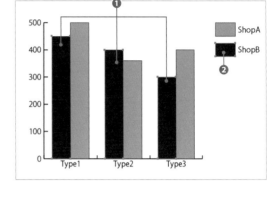

STEP 1
利用「群組選取」工具 ⬚ 點選長條兩次，選取同類別的長條❶，點選三次可連該類別的圖例一併選取❷。

STEP 2
點選「色票」面板的「色票資料庫選單」按鈕❸，再從「圖樣」選擇需要的圖樣（範例選擇的是【圖樣 → 基本圖樣 → 基本圖樣_直線】。點選需要的圖樣❺，就能在長條與圖例套用圖樣。

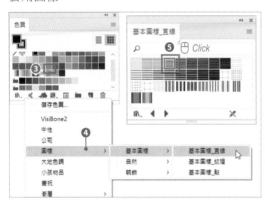

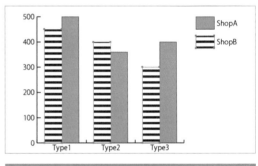

> **MEMO**
> 於左圖的「基本圖樣_直線」面板點選面板選單的「大型縮圖檢視」，就能放大圖樣色票的縮圖。

STEP 3
若需要調整圖樣的大小，可在長條與圖例呈現選取狀態時，雙點「縮放」工具 ⬚，開啟「縮放」對話框。在「一致」輸入數值❻，再於「選項」欄位只勾選「變形圖樣」❼，取消其他的勾選。按下「確定」就能調整圖樣的大小。

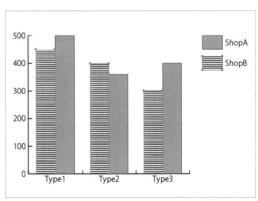

205 繪製圓形圖

圓形圖是以面積表現百分比的圖表。利用「圓形圖」工具 拖曳，再於「圖表資料」視窗輸入資料。

STEP 1

選取「圓形圖」工具 ❶，再於工作區域拖曳，指定圖表的大小，就會顯示圖形圖 ❷ 與「圖表資料」視窗 ❸。

> **MEMO**
>
> 以「圓形圖」工具 點選畫面將開啟「圖表」對話框，從中可輸入圓形圖的「寬度」與「高度」。

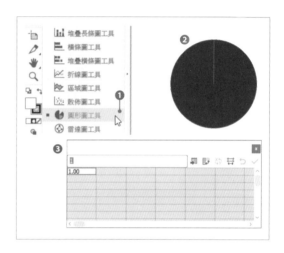

STEP 2

輸入資料之後，點選「套用」按鈕 ❹，建立圓形圖（在「圖表資料」視窗輸入資料的方法請參考「194 輸入資料，繪製長條圖」）。

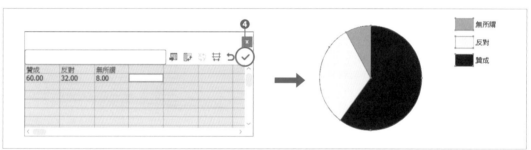

STEP 3

若想將圖例移入圖表，可先關閉「圖表資料」視窗，重新選取圓形圖，再從「物件」選單點選【圖表 → 類型】❺，開啟「圖表類型」對話框。在「選項」欄位的「圖例」選取「嵌入式圖例」❻再點選「確定」，圖例就會移入圖表裡。

> **MEMO**
>
> 若想變更圖例的字型、大小與顏色，可先利用「群組選取」工具點選兩次圖例，再利用「文字」面板或「顏色」面板設定。

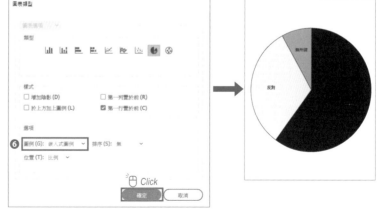

194 輸入資料，繪製長條圖
215 製作圓柱圖表

NO.

206 一次製作多個圓形圖

VER.
CC / CS6 / CS5 / CS4 / CS3

在「圖表資料」視窗輸入多個類別的資料，就能一次製作多個圓形圖，也可設定圖表的配置方法與扇形的排列方式。

STEP 1
利用「圓形圖」工具 在工作區域裡拖曳，繪製圓形圖與開啟「圖表資料」視窗。在「圖表資料」視窗輸入多個類別的資料再點選「套用」按鈕❶，就能新增每個類別的圓形圖。

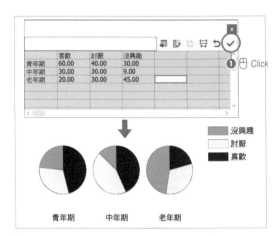

> ◆ MEMO
>
> 範例的圓形圖是在「圖表類型」對話框的「選項」設定「圖例：標準圖例」、「排序：無」、「位置：相符」。

STEP 2
如果要讓扇形依照由大至小的順序排列，可利用「選取」工具 ▶ 選取圓形圖，再從「物件」選單點選【圖表 → 類型】，開啟「圖表類型」對話框，再將「選項」的「排序」設定為「全部」❷，再點選「確定」。

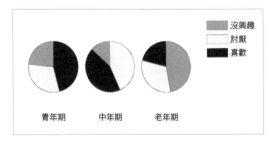

> ◆ MEMO
>
> 「選取」的「排序：全部」的這個設定除了可應用在多個圓形圖，也可以應用在單一的圓形圖。

STEP 3
若要加總每個圓形圖的數值，調整圓形圖的大小，可將「選項」的「位置」設定為「比例」❸再點選「確定」。

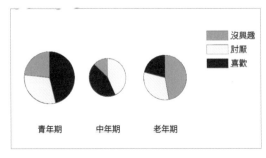

207 繪製半圓形的圖表

VER.
CC / CS6 / CS5 / CS4 / CS3

在「圖表資料」視窗的最後一個儲存格輸入數值的總和，再刪除代表總和的半圓形，就能繪製出半圓形的圖表。

STEP 1

利用「圓形圖」工具 🕒 在工作區域裡拖曳，繪製圓形圖❶與「圖表資料」視窗。在「圖表資料」視窗的最後一個儲存格輸入數值的總和❷，點選「套用」按鈕❸，即可繪製出一半是類別的數值，另一半是總和的圓形圖。

> 💠 **MEMO**
>
> 範例在「圖表類型」對話框的「選項」欄位設定成「排序：無」。

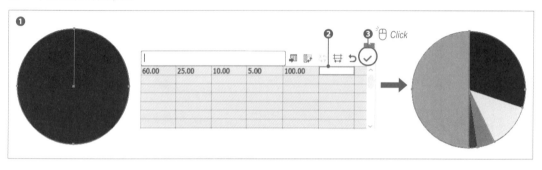

STEP 2

利用「選取」工具 ▶ 選取圓形圖，再雙點「旋轉工具」開啟「旋轉」對話框。在「角度」輸入「90」❹，點選「確定」，半圓形就會配置在下半部❺。

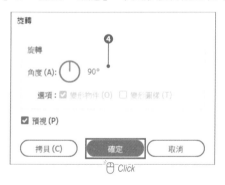
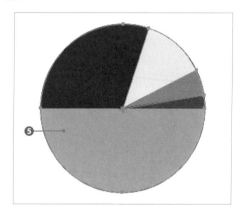

STEP 3

利用「直接選取」工具 ▷ 選取下半部的半圓形，再按下 Delete 鍵刪除，就能繪製出半圓形的圖表。

> 💠 **MEMO**
>
> 半圓形圖表是群組物件，所以要變更扇形的顏色可利用「群組選取」工具 ▷ 或「直接選取」工具 ▷ 選取，再以「顏色」面板調整顏色。

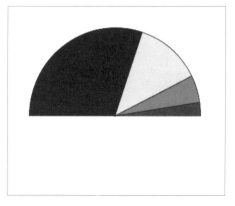

NO.

208 新增要套用至長條圖的插圖

VER.

CC / CS6 / CS5 / CS4 / CS3　　　長條圖的長條可置換成插圖，可於「圖表設計」對話框設定。

STEP 1

先繪製要於長條圖使用的插圖，再繪製一個與該插圖相同大小，但是「填色」與「筆畫」都為「無」的矩形❶，然後從「物件」選單點選【排列順序 → 移至最後】❷。若希望插圖的局部隨著圖表的數值伸縮，可在要伸縮的位置利用「鋼筆」工具 ✎ 繪製水平線❸，再從「檢視」選單點選【參考線 → 製作參考線】。

> **MEMO**
>
> 圍住插圖的長方形的大小就是長條圖的大小。為了避免數值資料與插圖之間出現誤差，請讓長方形的大小完全與插圖貼合。

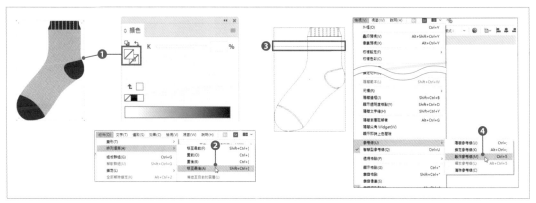

STEP 2

利用「選取」工具 ▶ 選取插圖、矩形與參考線❺，再從「物件」選單點選【圖表 → 設計】❻。

> **CAUTION**
>
> 若「檢視」選單的【參考線 → 鎖定參考線】已選取，就無法選取參考線，所以請先取消這個選項。

STEP 3

開啟「圖表設計」對話框之後，點選「新增設計」按鈕❼，「預視」畫面就會顯示剛剛選取的插圖❽。點選「確定」即可新增插圖。

209 在長條圖的長條套用插圖
210 變更套用在長條圖的插圖

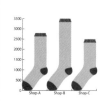

209 在長條圖的長條套用插圖

VER.
CC / CS6 / CS5 / CS4 / CS3

要在長條圖套用新增的插圖,可在「長條圖」對話框指定插圖。

STEP 1 利用「選取」工具 ► 選取長條圖❶,再從「物件」選單點選【圖表 → 長條】❷。

> ⚠ **CAUTION**
>
> 若未新增要在長條圖套用的插圖,就無法點選「物件」選單的【圖表 → 長條】。新增插圖的方法請參考「208 新增要套用至長條圖的插圖」。

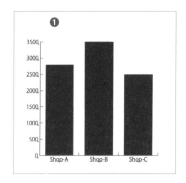

STEP 2 開啟「長條圖」對話框之後,從列表選取插圖❸,再將「長條類型」設定為「滑動」❹,然後點選「確定」。此時插圖將套用至長條,而且會隨著參考線的位置伸縮(讓插圖伸縮的設定請參考「208 新增要套用至長條圖的插圖」)❺。

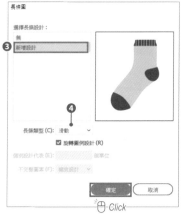

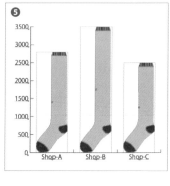

STEP 3 若要調整插圖的大小,可先利用「選取」工具 ► 選取長條圖,再從「物件」選單點選【圖表 → 類型】,開啟「圖表類型」對話框,接著在「圖項」的「長條寬度」與「群集寬度」❻輸入數值即可(參考「198 調整長條圖的長條寬度」)。

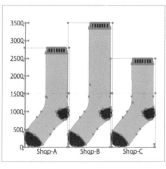

NO.

210 變更套用在長條圖的插圖

VER.
CC / CS6 / CS5 / CS4 / CS3

「長條圖」對話框的「長條類型」共有四種將插圖套用至長條的方法可供選擇。

STEP 1　先新增要套用至圖表的長條（參考「208　新增要套用至長條圖的插圖」），再利用「選取」工具
▶ 選取長條圖❶，然後從「物件」選單點選【圖表 → 長條】❷，開啟「長條圖」對話框。

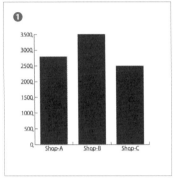

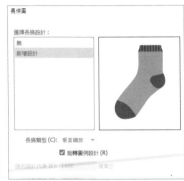

STEP 2　從「長條類型」點選套用插圖的方法。選擇「垂直縮放」可
讓插圖在寬度不變的前提下，沿著垂直方向伸縮（若是橫條
圖，就是沿著水平方向伸縮）❹。若選擇「一致縮放」❺，
插圖的長寬就會呈等比例縮放❻。若選取「滑動」❼，插圖
則會依照參考線的位置伸縮❽。

> **MEMO**
>
> 若要回復成原本的長條圖，可從
> 「物件」選單點選【圖表 → 長
> 條】，再於「長條圖」對話框的
> 列表選擇「無」。

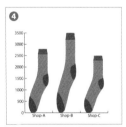

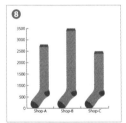

STEP 3　選擇「重複」❾，並在「個別設計代表」❿輸入數值，就能依照設定的單位讓相同大小的插圖
重複出現。「不完整圖案」的下拉式列表可設定尾數的處理方法。選擇「截斷設計」⓫，插圖會
於中途截斷⓬。選擇「縮放設計」⓭，插圖會隨著尾數的大小伸縮⓮。

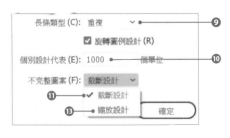
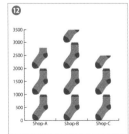
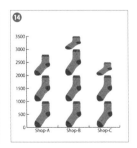

　208　新增要套用至長條圖的插圖
209　在長條圖的長條套用插圖

NO.
211 在長條圖的每個類別套用不同的插圖

VER.
CC / CS6 / CS5 / CS4 / CS3

在「圖表設計」對話框新增多個插圖，就能在「長條圖」對話框的列表選擇每個類別要套用的插圖。

STEP 1 先繪製要套用在長條圖類別的插圖，再繪製與插圖相同大小，但是「填色」與「筆畫」都為無的矩形，然後配置在最下層❶。若希望插圖的局部伸縮，可繪製參考線（參考「208 新增要套用至長條圖的插圖」）。利用「選取」工具 ▶ 選取插圖、矩形與參考線，再從「物件」選單點選【圖表→設計】❷。

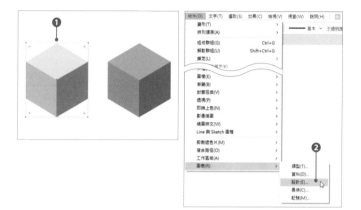

STEP 2 開啟「圖表設計」對話框之後，點選「新增設計」按鈕❸，「預視」會顯示選取的插圖。點選「重新命名」按鈕❹將開啟「圖表設計」對話框❺，輸入「名稱」後按下「確定」，列表裡會顯示新名稱❻。請利用相同的步驟將另一個插圖新增至「圖表設計」對話框。

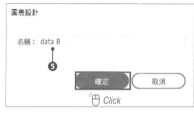

STEP 3 利用「群組選取」工具 ▶ 點選三次長條，選取類別的長條與圖例❼。從「物件」選單點選【圖表→長條】，開啟「長條圖」對話框，再從列表選取剛剛新增的插圖❽，然後點選「確定」。此時只有這個類別會套用插圖。利用相同的步驟在另一個類別套用另一個插圖，就能替每個類別設定不同的插圖❾。取消「長條圖」對話框的「旋轉圖例設計」選項❿，就能讓圖例的插圖保持垂直顯示⓫。

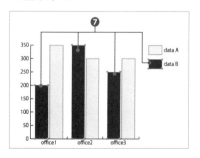
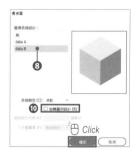
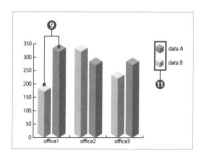

208 新增要套用至長條圖的插圖
209 在長條圖的長條套用插圖

NO.

212 在長條圖套用插圖後，再顯示數值

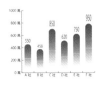

VER.
CC / CS6 / CS5 / CS4 / CS3

要繪製顯示資料的長條圖，可在插圖加上「%」的字元以及指定位數的數字，再於「圖表設計」對話框新增該插圖。

STEP 1

先繪製要用於長條圖的插圖，再繪製與插圖大小相同，「填色」與「筆畫」都為無的矩形❶，然後將這個矩形配置在最下層。若希望插圖的局部伸縮，可另外繪製參考線（參考「208 新增要套用至長條圖的插圖」）。接著以「文字」工具 在插圖上方輸入「%」的字元以及代表位數的數字（範例輸入的是「%30」）❸。

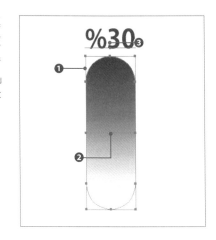

> **MEMO**
>
> 「%」代表的是可置換成數值，「3」代表的是位數（代表可顯示三位數的數值），「0」代表的是小數點的位數。指定為「0」代表不顯示小數點的數字。

STEP 2

利用「選取」工具 選取插圖、「筆畫」與「填色」皆為無的矩形、參考線與代表位數的數字❹，再從「物件」選單點選【圖表→設計】❺。開啟「圖表設計」對話框之後，點選「新增設計」按鈕❻，再點選「確定」新增插圖。

STEP 3

利用「選取」工具 選取長條圖，再從「物件」選單點選【圖表→長條】。開啟「長條圖」對話框之後，從左側的列表選擇插圖，再點選「確定」，就能完成顯示數值資料的插圖長條圖❼。

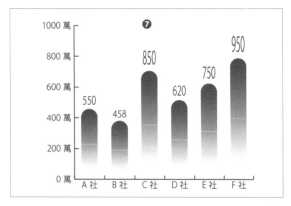

213 在折線圖的記號套用插圖

折線圖的記號可利用插圖代替,插圖則可從「圖表記號」對話框的列表選擇。

STEP 1 新增插圖的步驟跟長條圖一樣,都是在「圖表設計」對話框進行(參考「208 新增要套用至長條圖的插圖」)。不過,長條圖繪製的是與插圖相同大小,「填色」與「筆畫」都是無的矩形,折線圖的記號卻是在插圖的中心繪製「填色」與「筆畫」都為無的正方形,也一樣要配置在下層❶。

> 💠 **MEMO**
>
> 記號的插圖大小是依照配置在插圖下層的正方形大小決定。正方形越小,套用在記號時越大。

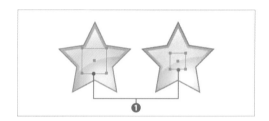

STEP 2 利用「群組選取」工具 ▷ 點選記號三次,選取同類別的記號與圖例❷,再從「物件」選單點選【圖表 → 記號】❸,開啟「圖表記號」對話框。從列表選擇插圖❹。

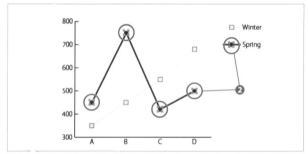

STEP 3 點選「確定」,插圖就會套用至記號。另一個類別的符號也依照相同的步驟套用插圖,就能讓不同的類別套用不同的記號。由於配置在插圖配置的正方形大小不同,所以套用在記號的插圖也有不同的大小。

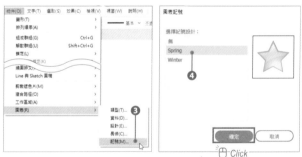

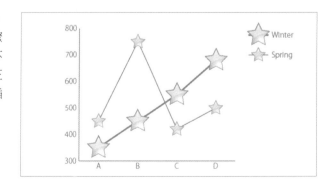

208 新增要套用至長條圖的插圖

NO.

214 繪製 3D 的圓形圖

VER.
CC / CS6 / CS5 / CS4 / CS3

要在圖表套用扭曲這類效果時，必須先解除圖表的群組，再轉換成一般的物件。

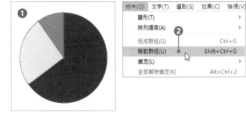

STEP 1

利用「選取」工具 ▶ 選取圓形圖❶，再從「物件」選單選擇「解散群組」❷。此時會顯示警告訊息，點選「是」之後，圓形圖將轉換成一般的物件（有關圓形圖的繪製方法請參考「205 繪製圓形圖」）。

> **MEMO**
>
> 圖表是群組化物件，一解散群組就會遺失資料，無法再透過「圖表資料」視窗編輯，所以才會顯示警告訊息。

STEP 2

在圓形圖中央繪製一個小圓形❸。利用「選取」工具 ▶ 同時選取圓形圖與小圓，再點選「路徑管理員」面板的「分割」按鈕❹，分割圓形圖。以「直接選取」工具 ▷ 刪除中心部分的物件，讓物件變成甜甜圈的形狀❺（範例也編輯了圖表的顏色）。

STEP 3

利用「選取」工具 ▶ 選取圓形圖，再從「效果」選單點選【3D → 突出與斜角】❻，開啟「3D 突出與斜角」對話框之後，指定立體效果❼。範例的設定為「突出深度：50pt」、「斜角：圓角平面」。

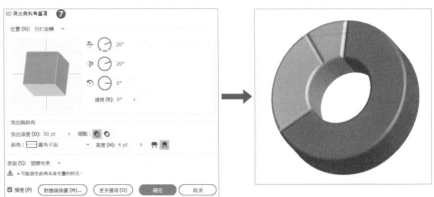

078 以事先繪製的圖形裁切其他圖形
205 繪製圓形圖

215 製作圓柱圖表

VER.
CC / CS6 / CS5 / CS4 / CS3

解除圓形圖的群組，轉換成一般的物件之後，利用「漸變」工具 ▣ 漸變大小不一的扇形，就能繪製出立體的圓形圖表。

STEP 1
繪製圓形圖，再按住 Alt（Option）+ Shift 鍵拖曳，垂直往下複製新的圓形圖❶。選取複製的圓形圖，再從「編輯」選單點選【編輯色彩 → 飽和度】，開啟「飽和度」對話框，再將濃度調淡❷。接著選取這兩個圓形圖，再從「物件」選單點選「解散群組」。顯示警告訊息時❸請點選「是」，將圓形圖轉換成一般的物件。重覆執行解散群組，直到能單獨選取每個扇形為止。

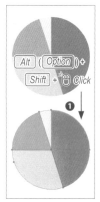

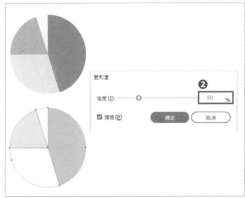

> **MEMO**
>
> 圖表是群組化物件，一解散群組就會遺失資料，無法再透過「圖表資料」視窗編輯，所以才會顯示警告訊息。

STEP 2
選取兩個圓形圖，再利用「縮放」工具 ▣ 扭曲成橢圓形，接著讓底下的橢圓形縮小❹。接下來是複製上面的大橢圓形❺。

STEP 3
雙點「漸變」工具 ▣，開啟「漸變選項」對話框之後，將「間距」設定為「平滑顏色」❻再點選「確定」。點選大小扇形的相同位置之後，就會套用漸變效果（不需要先選取扇形，只需要點選就能套用漸變效果）❼。依照相同的步驟在其他扇形套用漸變效果（範例在漸變第二個扇形之後，將扇形配置到第一個扇形的上層）❽。最後再從「編輯」選單點選「貼至上層」，貼上 STEP 2 複製的大橢圓形❾。

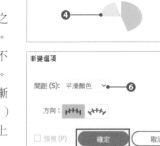

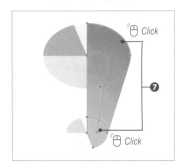

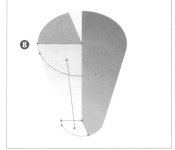

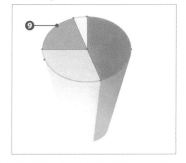

第10章 繪製網頁圖形

216 在像素預視模式下作業

VER·
CC / CS6 / CS5 / CS4 / CS3

「像素預視」模式就是一邊確認在網頁或 APP 使用的點陣圖實際轉存的狀態，一邊進行作業的顯示模式。

STEP 1 在一般的畫面裡，物件會以右圖的方式顯示，但是製作網頁或 APP 的圖片時，顯示像素會比較適當。

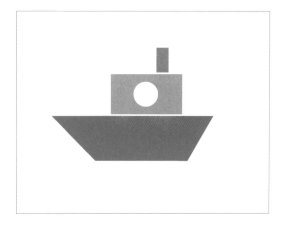

STEP 2 從「檢視」選單點選「像素預視」❶，物件就會從一般的顯示方式切換成像素模式❷。

STEP 3 在像素預視模式下移動物件時，能以像素為單位移動。這是因為選擇「像素預視」時，預設會勾選「檢視」選單的「靠齊像素」❸。如果不想以像素為單位，可取消【檢視→靠齊像素】。

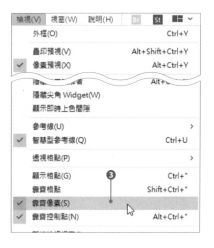

217 讓物件貼齊像素格點

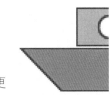

NO. 217 讓物件貼齊像素格點

VER.
CC / CS6 / CS5 / CS4 / CS3

於 CC 2017 進一步強化的像素格點整合功能讓使用者在變更物件的大小或是旋轉物件時，能更輕鬆地貼齊像素。

 在新增文件對話框建立「行動裝置」或「網頁」的文件之後，就會預設啟用對齊像素格點的選項，而 CS5 ～ CC 2015 必須勾選「使新物件對齊像素格點」選項，才能讓所有的物件都貼齊像素格點。

> **MEMO**
>
> 點選「控制」面板的「在建立和變形時將圖稿對齊像素格點」圖示，也能啟用對齊像素格點功能。CS5 ～ CC 2015 可從「變形」面板的選單點選「使新物件對齊像素格點」。

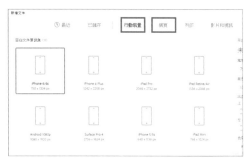

 繪製 1px 筆畫的物件之後，可以發現，連筆畫的寬度都對齊像素。

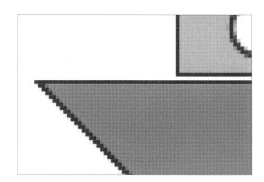

縮放物件之後，若發現物件沒有對齊像素，可選取物件❶，再從「物件」選單點選「製作像素級最佳化」❷，讓物件重新對齊像素❸。

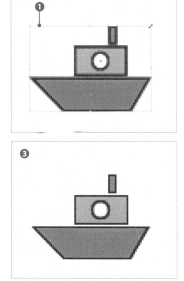

> **MEMO**
>
> 點選「控制」面板的「將選取的圖稿對齊像素格點」圖示也能讓物件對齊像素格點。
>
>

218 將圖稿分割成切片

CC / CS6 / CS5 / CS4 / CS3

要將 Illustrator 的資料轉存為網頁或 APP 使用的切片，可使用「切片」工具 🖊 隨意切割。

STEP 1　從「工具」面板選擇「切片」工具 🖊，再於圖稿拖曳，就能分割出長方形的切片❶。圖稿被分割之後，其他的部分也會自動轉換成切片，而且還會自動加上切片記號❷。

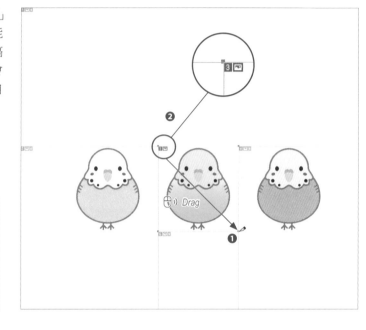

> 💧 **MEMO**
>
> 從「檔案」選單點選【轉存 → 儲存為網頁用（舊版）】，可設定每張切片的檔案格式與畫質。

STEP 2　除了「切片」工具 🖊 之外，從「物件」選單點選【切片 → 從選取範圍建立】❸或「從參考線建立」❹，都能分割圖稿的切片。

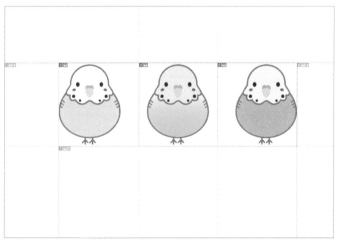

> 💧 **MEMO**
>
> 切片就是在設計網頁或 APP 的時候，為了能正確編排畫面而切出來的圖片。

276　　　219 編輯切片

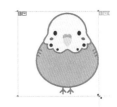

NO.

219 編輯切片

VER.

CC / CS6 / CS5 / CS4 / CS3　　　切片可在建立之後調整大小，也可再次分割或合併。

STEP 1 利用「切片選取範圍」工具 選取切片，再讓滑鼠游標移動到切片的角落或是邊的附近，滑鼠游標的形狀就會改變，代表此時能自由變形切片。

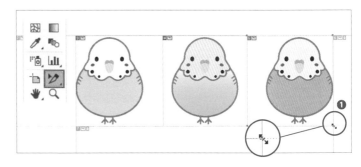

STEP 2 要分割切片可利用「切片選取範圍」工具 選取切片，再從「物件」選單點選【切片 → 分割切片】❷。開啟「分割切片」對話框之後，以上下或左右均分割的方法❸以及指定數值的分割方法❹分割切片。

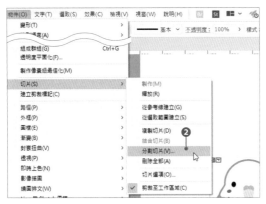

STEP 3 要讓切片合併可先利用「切片選取範圍」工具 選取要合併的切片，再從「物件」選單點選【切片 → 結合切片】❹，多張選取的切片就會合併成單一切片❺。

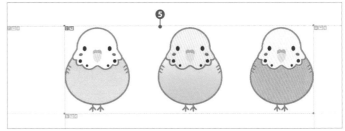

220 網頁圖片的最佳化及新增最佳化設定

轉存為網頁圖片以及切片的大小都能設定。此外，轉存時的設定也可儲存，以待日後重覆使用。

 從「檔案」點選【轉存→儲存為網頁用（舊版）】❶，開啟「儲存為網頁用」對話框，選取要轉存的切片，再點選「儲存為網頁用」對話框右上角的選單符號❷，從中點選「檔案大小最佳化」❸。

> **MEMO**
>
> 在 CC 2015～CS6 之前，可從「檔案」選單點選「儲存為網頁用」，CS5～CS3 則可從「檔案」選單點選「儲存為網頁及裝置用」。

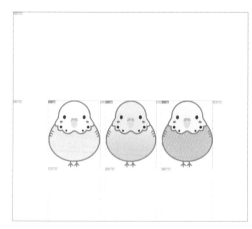

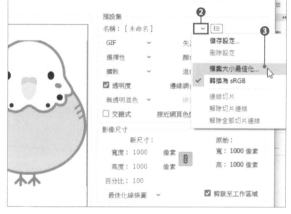

 開啟「檔案大小最佳化」對話框之後，在「所需的檔案大小」輸入數值❹。「初始設定」可選擇在 STEP1 的「儲存為網頁用」對話框設定的「目前設定」或是「自動選擇 GIF/JPEG」❺。「使用」欄位可設定套用此設定的對象❻。完成設定後，點選「確定」。

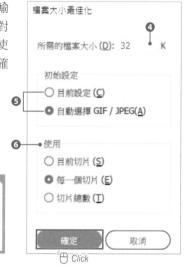

> **MEMO**
>
> 網頁或 APP 基本上都是從網路下載檔案再顯示或使用。想要快速顯示檔案，必須盡可能降低檔案的大小。

STEP 3　此外，每張切片都可設定不同的檔案格式與畫質。網頁常見的檔案格式有 GIF、JPEG、PNG 這三種。

GIF 是 Illustrator 製作的插圖或圖版的最佳格式。JPEG 則是照片或漸層插圖的最佳格式，PNG 則可讓圖片的背景完全透明，也很常用於網頁。

STEP 4　選取要轉存的切片，再從「轉存」選取「選取的切片」，將切片儲存至任意的位置。

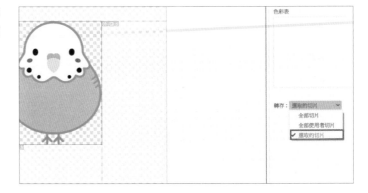

STEP 5　也可以儲存轉存的設定。與 STEP1 一樣，點選「儲存為網頁用」對話框右上角的選單圖示，從中選擇「儲存設定」❼，輸入名稱後，再點選「存檔」。

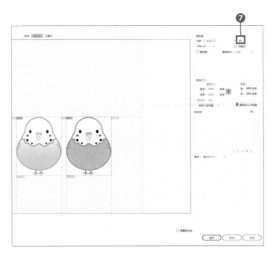

> **MEMO**
>
> 將設定檔儲存在預設開啟的「儲存最佳化設定」資料夾，就能當成預設集使用，也可以備份至任何位置。

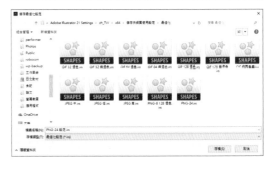

NO.
221 以複製＆貼上 產生 CSS 程式碼

VER.
CC / CS6 / CS5 / CS4 / CS3

CC 版本之後，就可從網頁物件產生 CSS 程式碼。只要複製＆貼上，就能簡單地利用網頁瀏覽器顯示。

STEP 1 先繪製要產生 CSS 的物件。從「圖層」面板點選配置物件的圖層的「>」按鈕，展開圖層，再將各物件的路徑名稱變更為要在 CSS 使用的類別名稱❶。

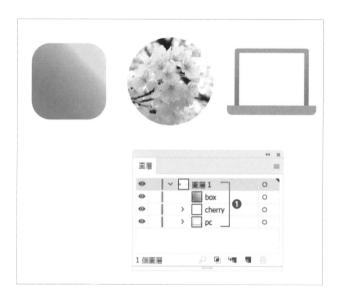

> **MEMO**
> 從「CSS 內容」面板的選單點選「轉存選項」將開啟「CSS 轉存選項」對話框。勾選「產生未命名物件的 CSS」選項，就能替未命名的物件產生 CSS 程式碼。

STEP 2 從「視窗」選單點選「CSS 內容」，開啟「CSS 內容」面板❷。選擇物件後，「CSS 內容」面板會顯示產生的 CSS 程式碼❸。

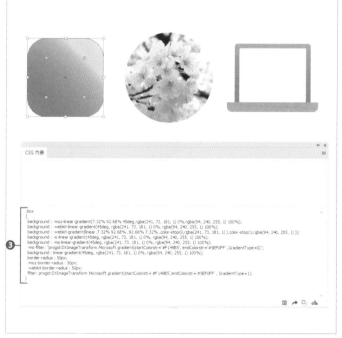

> **MEMO**
> 物件的漸層填色、圓角以及其他可利用 CSS 呈現的內容都會轉存為 CSS。

STEP 3　照片或 CSS 不支援的物件，就會轉存為背景圖片。點選「CSS 內容」面板的「轉存選取的 CSS」
❹，圖片檔案也會隨著 CSS 檔案一併轉存。

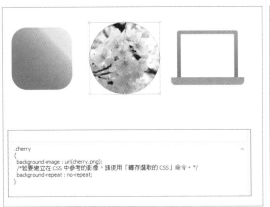

STEP 4　要使用產生的 CSS，可點選「CSS 面板」的「拷貝所選項目樣式」❺，再貼入 Dreamweaver 這
類網頁編輯器❻。利用網頁瀏覽器確認儲存的 HTML，就能利用 CSS 重現 Illustrator 的物件❼。

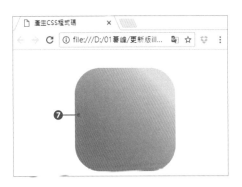
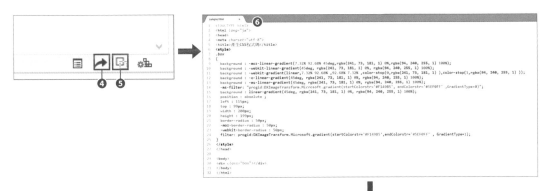

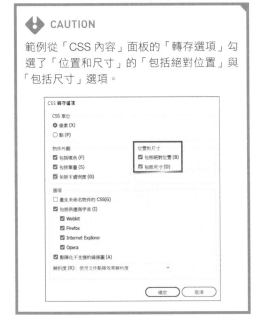

⚠ CAUTION

範例從「CSS 內容」面板的「轉存選項」勾
選了「位置和尺寸」的「包括絕對位置」與
「包括尺寸」選項。

💬 MEMO

背景會轉存為 background 屬性，筆畫
則是 border 屬性，漸層為 gradient 屬
性，透明度是 opacity 屬性，圓角則是
border-radius 屬性。

222 使用 SVG 濾鏡
替物件增加效果

VER.
CC / CS6 / CS5 / CS4 / CS3

「SVG」濾鏡是製作網頁 SVG 格式圖片的濾鏡。SVG 則是以 XML 為基礎的網頁向量圖格式。

STEP 1 利用「選取」工具 ▶ 選取要套用 SVG 濾鏡的物件，再從「效果」選單點選【SVG 濾鏡 → AI_陰影 _1】❶，此時將自動套用濾鏡❷。

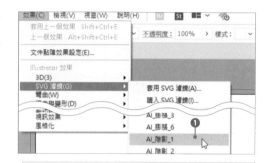

STEP 2 以 SVG 格式儲存文件。從「檔案」選單點選「另存新檔」後，開啟「另存新檔」對話框。將「存檔類型」設定為「SVG（*.svg）」，再點選「存檔」將開啟「SVG 選項」對話框❸。點選「確定」即可儲存為 SVG 格式的檔案。套用其他濾鏡可營造右圖的變化（SVG 濾鏡共有 18 種）。

AI_ 高斯模糊 _4

AI_ 亂流 _3

AI_Alpha_1

AI_ 木紋

AI_ 播放像素 _1

AI_ 膨脹 _3

223 自動 SVG 濾鏡

NO.

223 自動 SVG 濾鏡

SVG FILTER

VER.
CC / CS6 / CS5 / CS4 / CS3

「SVG」濾鏡是以 XML 寫成，所以也能自訂效果。接下來試著調整數值，讓陰影效果變得更簡單好用。

STEP 1 繪製一個套用「AI_ 陰影 _2」的物件，再利用「選取」工具 選取。

STEP 2 點選「外觀」面板的「SVG Filter：AI_ 陰影 _2」❶，再從開啟的「套用 SVG 濾鏡」對話框點選「fx」（編輯 SVG 濾鏡）按鈕❷（CS3 需要雙點）。

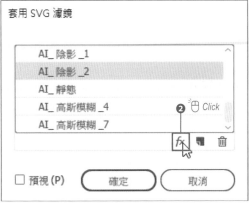

STEP 3 此時將顯示 SVG 濾鏡的效果。編輯這裡的文字就能自訂陰影效果。請如圖編輯內容，讓濾鏡套用的範圍變得更廣，陰影也不會中途消失。

編輯 SVG 濾鏡

```
<filter filterUnits="objectBoundingBox" height="150%" id="AI_陰影_2" width="140%" x="-15%"
y="-15%">
        <feGaussianBlur in="SourceAlpha" result="blur" stdDeviation="6"></feGaussianBlur>
        <feOffset dx="8" dy="8" in="blur" result="offsetBlurredAlpha"></feOffset>
        <feMerge>
                <feMergeNode in="offsetBlurredAlpha"></feMergeNode>
                <feMergeNode in="SourceGraphic"></feMergeNode>
        </feMerge>
</filter>
```

222 使用 SVG 濾鏡替物件增加效果
224 縮放大小，畫質也不會劣化的 SVG 儲存格式

NO. 224 縮放大小，畫質也不會劣化的 SVG 儲存格式

VER. CC / CS6 / CS5 / CS4 / CS3

SVG 格式與點陣圖不同，縮放之後仍能保有高畫質。

STEP 1
先繪製一個要以 SVG 檔案儲存的物件，再從「檔案」選單點選「另存新檔」。在「另存新檔」對話框選擇「SVG（*.svg）」或「SVG 已壓縮（*SVGZ）」。

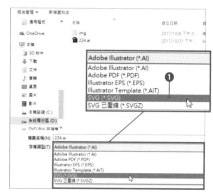

STEP 2
開啟「SVG 選項」對話框之後，即可指定轉存的方式。「SVG 描述檔」可指定文件類型❷。「文字」可指定字體的處理方式❸，「子集」可選擇嵌入的字體❹。圖片的處理方法可選擇「嵌入」或「連結」❺。勾選「保留 Illustrator 編輯能力」選項❻可嵌入編輯所需的資訊。點選「更多選項」按鈕❼可進一步設定 SVG 選項。完成轉存的設定後，點選「確定」即可。

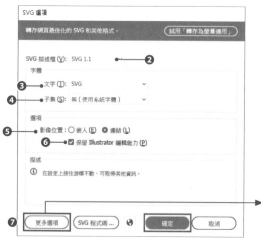

STEP 3
將儲存的 SVG 檔案拖曳至支援 SVG 格式的網頁瀏覽器，就能顯示 SVG 檔案。由於 SVG 檔案是向量格式，所以不管如何縮放，都能維持高畫質。

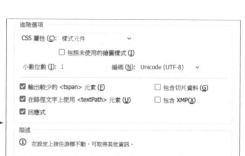

NO.

225 利用複製 & 貼上
轉換成 SVG 格式

VER.
CC / CS6 / CS5 / CS4 / CS3

CC 之後的版本只需複將物件貼在網頁編輯器，就能轉換成 SVG 格式。

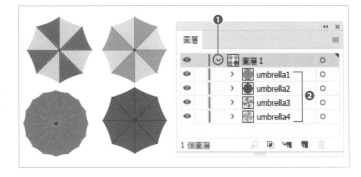

STEP 1　先繪製要轉換成 SVG 的物件，再從「圖層」面板點選配置了物件的圖層的「>」按鈕❶，再將各物件的路徑名稱變更為要使用的 ID 名稱❷。這裡的 ID 名稱將於產生 SVG 程式碼的時候使用。

STEP 2　選取要轉換成 SVG 的物件，再從「編輯」選單點選「拷貝」。

> **MEMO**
>
> 執行「拷貝」時，若同時選取多個物件，將會依照每個有 ID 的群組產生 SVG 程式碼。

STEP 3　在 Dreamweaver 這類的網頁編輯器的 HTML 程式碼執行貼上❸。利用網頁瀏覽器瀏覽 HTML 檔案，就能確認物件是否正確顯示。因為 SVG 檔案是向量圖檔，所以縮放也不會導致圖片劣化。

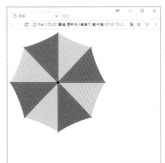

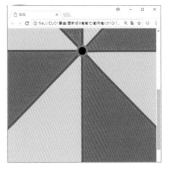

224　縮放大小，畫質也不會劣化的 SVG 儲存格式
226　轉存為互動式 SVG 格式

226 轉存為互動式 SVG 格式

VER.
CC / CS6 / CS5 / CS4 / CS3

「SVG 互動」面板可對 SVG 物件新增對滑鼠有所反應的動作。

STEP 1　選取要新增互動的物件,再從「視窗」選單點選「SVG 互動」❶,開啟「SVG 互動」面板。

STEP 2　接著要在「SVG 互動」面板的「事件」新增執行 JavaScript 的事件。首先選擇「onmouseover」❷,再於「JavaScript」輸入要執行的命令❸。這次希望滑鼠游標移入物件時,物件的顏色能轉換成綠色(#99cc00),所以輸入 this.setAttribute('style','fill:#99cc00');。接著也對 onmouseout 事件❹設定變更顏色的 JavaScript。

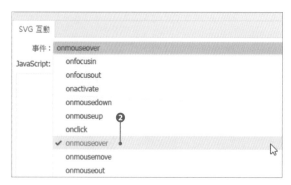

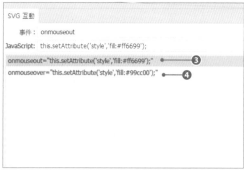

 MEMO

JavaScript 是製作網頁互動效果常用的程式語言,最近也普及到 APP 或伺服器。順帶一提,它與名稱相近的 Java 是不同的語言。

 MEMO

「onmouseover」指的是滑鼠游標移入物件的事件,「onmouseout」指的是滑鼠游標移出物件的事件。這次就是在這兩個事件輸入不同的動作。

STEP 3 從「檔案」選單點選「另存新檔」，開啟「另存新檔」對話框之後，選擇「SVG（*.svg）」❼，再點選「存檔」。開啟「SVG 選項」對話框之後，點選「確定」儲存檔案。

STEP 4 將剛剛儲存的 SVG 檔案拖放至支援 SVG 格式的網頁瀏覽器，就能顯示該檔案。將滑鼠游標移入物件可確認透過 onmouseover 事件設定的 JavaScript ❽。滑鼠游標移出物件時，可看到物件因為 onmouseout 事件而轉換成粉紅色 ❾。

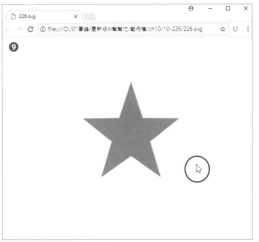

224 縮放大小，畫質也不會劣化的 SVG 儲存格式
225 利用複製 & 貼上轉換成 SVG 格式

NO.

227 轉換方便網頁與 APP 製作的實物模型或零件

VER.
CC / CS6 / CS5 / CS4 / CS3

STEP 1　一開始先從「檔案」選單點選「新增」，建立製作 APP 的文件。「新增文件」對話框開始後，請從「行動裝置」預設集選擇「iPhone 6/6s」❶，再將「工作畫板」設定為「4」❷。點選「更多設定」❸，開啟「更多設定」對話框後，將「間距」設定為「100px」，「直欄」設定為「4」❹，再點選「建立文件❺」。

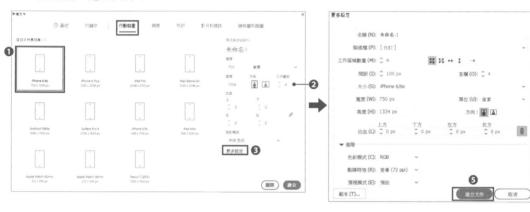

STEP 2　在四個工作區域分別設計 APP 的畫面。這次設計的是能在照片加註解的 APP。

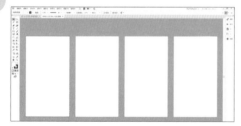 

STEP 3　完成設計後，從「檔案」選單點選【轉存 → 轉存為螢幕適用】，開啟「轉存為螢幕適用」對話框。在頁籤裡點選「工作區域」將顯示所有的工作區域。點選這些工作區域的名稱，替工作區域重新命名，會比較容易分辨❻。指定「選取」與「轉存至：」，再將「格式」指定為「PDF」❼。點選「格式」旁邊的齒輪圖示❽，可設定轉存格式。完成設定後，點選「轉存工作區域」轉存。

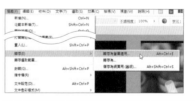

STEP 4
在轉存的資料夾確認是否已轉存為 PDF 檔案。
這種檔案很適合在討論設計的時候使用。

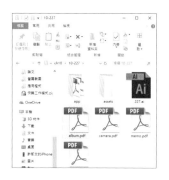

> ◆ **MEMO**
>
> CC 2015 之前的版本可利用「檔案」選單的
> 「另存新檔」命令,將每個工作區域轉存成 PDF
> 檔案。

STEP 5
接著要試著將圖示轉存為 APP 的設計元件(資產)。從「視窗」選單點選「資產轉存」,開啟
「資產轉存」面板。將圖示物件拖曳到「資產轉存」面板 **❾**,就能將圖示物件新增為資產 **❿**。

STEP 6
點選「資產轉存」面板的「啟動『轉存為
螢幕適用』對話框」按鈕 **⓫**,開啟「轉
存為螢幕適用」對話框。點選「資產」頁
籤,會顯示剛剛新增的資產。指定「選
取」與「轉存至:」**⓬**。「格式」指定
為「PNG」**⓭**。網頁元件需依照螢幕解
析度轉存成多種尺寸的檔案,所以請點選
「+新增縮放」按鈕,新增解析度需要的
「0.5x」與超高解析度需要的「1.5x」。設
定完成後,點選「轉存資產」按鈕。

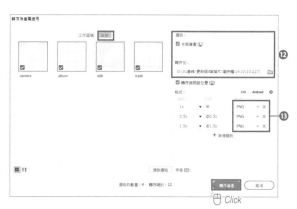

STEP 7
各圖示將以三種解析度的格式,轉存至
「轉存至:」指定的資料夾。

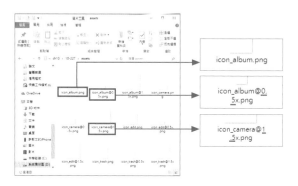

NO.

228 批次轉存 LINE 貼圖

VER.

CC / CS6 / CS5 / CS4 / CS3

從 CC 2015 之後，就能利用新的轉存功能，一次轉存多種不同尺寸的貼圖。

STEP 1 一開始先從「檔案」選單的「新增」建立貼圖的文件。點選「新增文件」對話框的「更多設定」，開啟「更多設定」對話框之後，將「名稱」設定為「sticker」，再將「工作區域數量」設定為「20」、「間距」設定為「10px」，「寬度」設定為「370px」、「高度」設定為「320px」❶。點選「建立文件」按鈕❷新增文件。

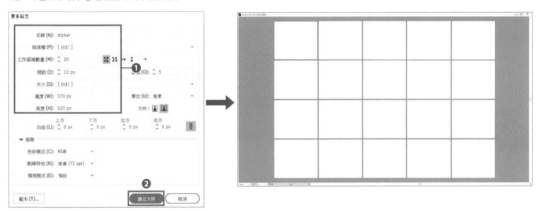

STEP 2 工作區域的名稱會是轉存之後的檔案名稱，所以可先變更名稱。利用「工作區域」工具 選取後，再從「工作區域控制面板」變更「名稱」❸。變更的內容可於「工作區域」面板確認。

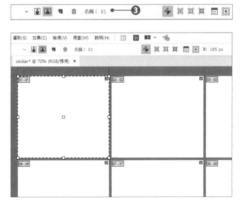

STEP 3 接著在每個工作區域繪製貼圖。完成所有貼圖後，從「檔案」選單點選【轉存 → 轉存為螢幕適用】。

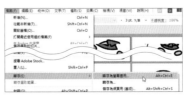

開啟「轉存為螢幕適用」對話框之
後，點選「工作區域」，就會顯示剛
剛在每個工作區域繪製的插圖。可在
「選取」設定為「全部」或是指定「範
圍」❹。設定「轉存至：」之後，勾
選「轉存後開啟位置」選項❺，可在
轉存完成後，開啟指定的資料夾。「格
式」欄位可選擇轉存的格式。這次選
取的是「PNG」❻。點選「＋新增縮
放」❼，可新增輸出高解析度螢幕所
需的大型圖片。這次指定的是「1x」
與「2x」。點選「轉存工作區域」即可
轉存。

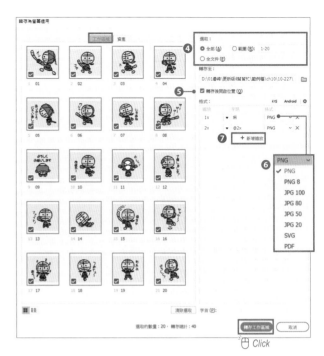

> **MEMO**
>
> 「轉存為螢幕適用」對話框也能變更轉
> 存的檔案名稱。

第10章　繪製網頁圖形

 每個工作區域的貼圖將轉存至指定位置。在 Photoshop 開啟後，會發現每張圖片都輸出了兩種不
同大小的圖片。

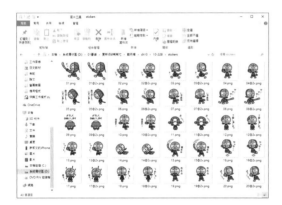

> **MEMO**
>
> LINE 貼圖需為 8、16、24、32、40 其中一種數
> 量的圖片。圖片的最大尺寸為 W370×H320，
> 而且主要圖片必須是 W240×H240（1 張）。聊
> 天室標籤圖片則必須是 W96×H74（一張）。所
> 有的檔案都必須是 PNG 格式，背景必須是透明
> 的。詳情請參考 https://creator.line.me/zh-hant/
> guideline/sticker/。

一般大小的圖片

兩倍大小的圖片

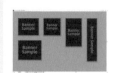

229 批次轉存各種尺寸的 banner

「轉存為螢幕適用」功能可讓多個不同大小的工作區域以相同格式轉存。

STEP 1 一開始先從「檔案」選單點選「新增」，建立橫幅的文件。這次新增了五個「寬度」為「300px」、「高度」為「250px」的工作區域。

STEP 2 利用「工作區域」工具 🔲 選取工作區域，再於「工作區域控制面板」變更「名稱」❶與「大小」❷。五個工作區域的大小分別為「300×250」、「250×250」、「240×400」、「336×280」、「160×600」，名稱與大小的設定一樣。

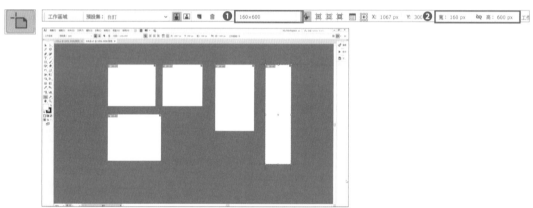

STEP 3 在每個工作區域繪製 banner。完成設計後，從「檔案」選單點選【轉存 → 轉存為螢幕適用】❸。

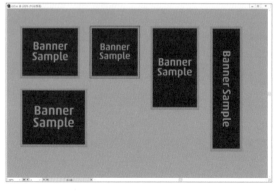
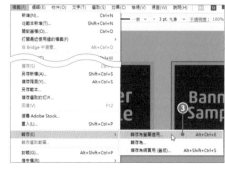

STEP 4 開啟「轉存為螢幕適用」對話框之後，點選「工作區域」頁籤❹，就會顯示剛剛繪製的所有 banner。設定「選取」、「轉存至：」、「格式」❺，再於「字首」輸入「banner_」這個檔案的字首❻。最後點選「轉存工作區域」按鈕轉存。

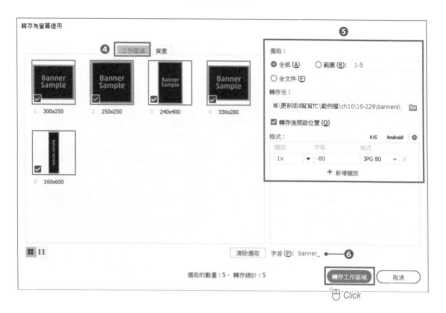

STEP 5 可於「轉存至：」指定的位置確認是否已順利轉存。

> **💠 MEMO**
>
> 之前的「儲存為網頁及裝置用」無法一次轉存多個工作區域，所以必須要切片，而現在的「轉存為螢幕適用」功能可一次轉存多個工作區域，可有效提升作業效率。

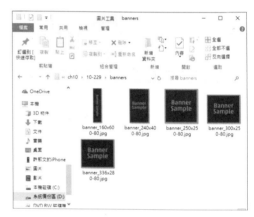

> **💠 CAUTION**
>
> 「轉存為螢幕適用」可轉存的格式只有「PNG」、「JPG」、「SVG」、「PDF」這幾種。若是想轉存為「GIF」，可選取工作區域，再點選【檔案 → 轉存 → 儲存為網頁用（舊版）】，使用 CC 版本之前的方法轉存。

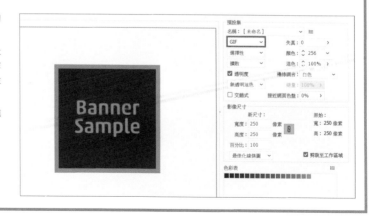

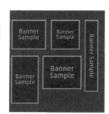

230 替常用的 banner 尺寸製作範本

VER.
CC / CS6 / CS5 / CS4 / CS3

製作 banner 時，不妨將常用的大小儲存為範本，可有效提升作業效率。

 STEP 1 先新增作為範本的文件。這次製作了各橫幅大小的工作區域。

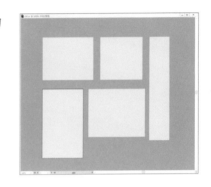

> **MEMO**
>
> 用於 PC、智慧型手機、平板電腦顯示的 banner 都各有最佳尺寸，而且近年來有增加了不少社群網站，所以橫幅的尺寸也越來越五花八門。

 STEP 2 從「檔案」選單點選「另存範本」❶，開啟「另存新檔」對話框。確認「存檔類型」的設定為「Illustrator Template（*.AIT）」❷，再輸入「名稱」❸，然後存檔。

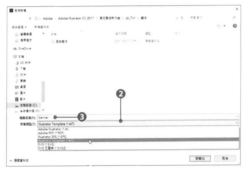

STEP 3 從「檔案」選單點選「從範本新增」或是直接開啟範本檔。開啟後，再繪製各種尺寸的橫幅。

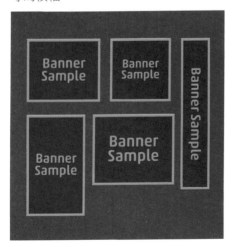

STEP 4 完成橫幅的設計後儲存檔案。若是一般的檔案，會在儲存時覆寫原本的檔案，但是從範本新增的檔案，不會覆寫原本的範本檔案。

> **MEMO**
>
> ait（範本格式）除了可用於 banner 的製作，也能用來製作名片與信封這類尺寸固定的印刷品。

第 **11** 章　進階功能

231 替物件重新上色，改變插圖的色調

VER.
CC / CS6 / CS5 / CS4 / CS3

「重新上色圖稿」功能可讓插圖的整體色調改變。

STEP 1 利用「選取」工具 ▶ 選取要改變色調的圖稿。圖中的插圖也有套用漸層色的物件。從「控制」面板點選「重新上色圖稿」❶。

STEP 2 此時將開啟「重新上色圖稿」對話框（CS3 為「即時色彩」對話框）。從對話框可一眼看出插圖使用的顏色❷。

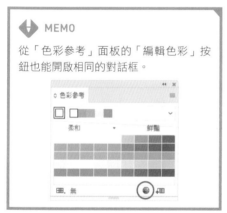

> 🔶 **MEMO**
>
> 從「色彩參考」面板的「編輯色彩」按鈕也能開啟相同的對話框。

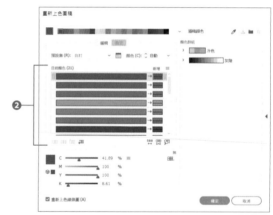

STEP 3 接著一起變更插圖的顏色。點選「重新上色圖稿」左上方的「編輯」按鈕❸，切換成編輯模式。點選「連結色彩調和顏色」按鈕❹，固定目前使用的各種顏色。

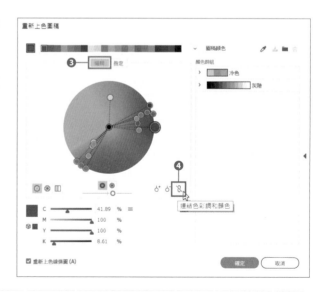

STEP 4

此時將最大的色環旋轉至另一方，所有的顏色就會在保持相關性的狀態下改變。

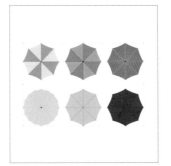
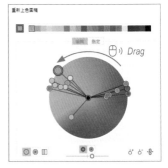

STEP 5

點選色輪下方的「在色輪上顯示飽和度和色相」❺之後，將各種顏色移動到圓形的外緣，就能提升插圖的飽和度❻，若是拉往圓形的中心點，飽和度就會降低，看起來會像是褪色❼。此外，可利用色輪下方的「調整亮度」滑桿調整整體的亮度❽。

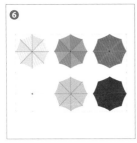
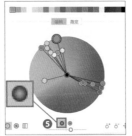

STEP 6

點選色輪下方的「在色輪上顯示亮度和色相」按鈕❾，色輪會顯示亮度與色相。此時可利用下方的「調整飽和度」滑桿調整插圖整體的飽和度❿。

> ◆ CAUTION
>
> CS3 沒有「在色輪上顯示飽和度和色相」以及「在色輪上顯示亮度和色相」的按鈕。

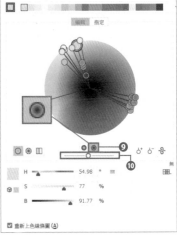

STEP 7

點選色輪下方的「顯示色彩導表」⓫，可讓顏色切換成色彩導表的模式。此時也將顯示「隨機變更色彩順序」按鈕⓬與「隨機變更飽和度和亮度」按鈕⓭。這是隨機調換顏色的功能，點選後，色彩導覽就會隨著洗牌，產生意外的效果。

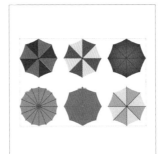
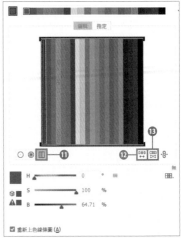

129 利用調整色彩調整插圖的配色

NO.
232 直覺地選取區域與著色

VER.
CC / CS6 / CS5 / CS4 / CS3

「即時上色油漆桶」工具 🔲 是能對路徑區域或筆畫直覺上色的工具。建立即時上色群組，就能替選取的範圍上色。

STEP 1 利用「選取」工具 ▶ 選取要即時上色的物件，再點選「即時上色油漆桶」工具 🔲，滑鼠游標一靠近就會顯示「按一下以製作即時上色群組」❶。點選選取的物件，就能轉換成即時上色群組。

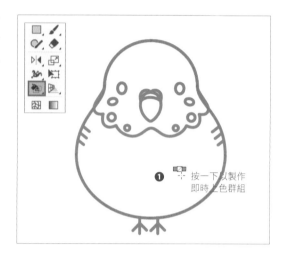

❶ 按一下以製作
即時上色群組

> ⚠️ **CAUTION**
>
> 轉換成即時上色群組之後，透明度或效果以及部分屬性會喪失。此外，文字、點陣圖、筆刷無法轉換成即時上色群組。

STEP 2 在即時上色群組裡移動滑鼠游標，能即時上色的顏色範圍會以紅色標記 ❷。點選鍵盤的 ← →
↓ ↑，滑鼠游標上的色彩導表會隨著色票變化 ❸，點選喜歡的顏色之後，剛剛以紅色標記的部分就會上色 ❹。此外，按住 Shift 鍵可連筆畫一併上色 ❺。

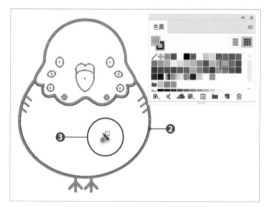

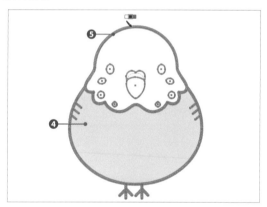

STEP 3 即時上色的優點在於不需要在意物件的選取狀態，只要將滑鼠游標移動到要上色的部分，輕輕一點就能上色。拖曳滑鼠游標還可同時在多個範圍上色 ❻。

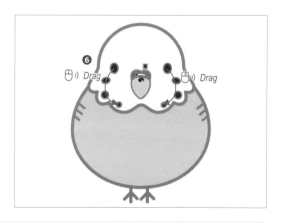

NO.
233 利用 3D 迴轉功能
打造立體的物件

VER.
CC / CS6 / CS5 / CS4 / CS3

「3D」效果的「迴轉」可讓平面的物件旋轉成立體物件。

STEP
1

利用「選取」工具 ▶ 選取要迴轉成立體的物件，再從「效果」選單點選【3D → 迴轉】❶。

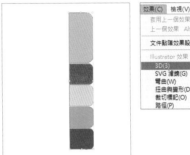

STEP
2

開啟「3D 迴轉選項」對話框之後，勾選「預視」，一邊確認效果一邊作業❷。

STEP
3

拖曳「位置」的立方體可調整立體的角度❸。調整「透視」的數值可模擬鏡頭的扭曲，藉此營造透視感❹。點選「更多選項」可進一步設定立方體表面的質感。

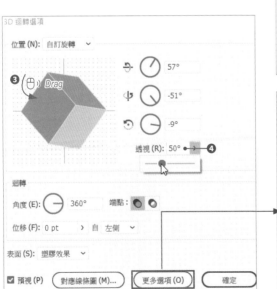

234 將圖稿貼在 3D 物件的表面

VER.
CC / CS6 / CS5 / CS4 / CS3

「3D」效果的「對應線條圖」功能可將符號貼在立體的表面。

STEP 1 要將圖形貼在立體的表面，必須先繪製要貼在各表面的圖形。這次繪製的是打不倒翁的臉孔 ❶。從「視窗」選單點選「符號」，開啟「符號」面板之後，將圖形拖放至「符號」面板，就會開啟「符號選項」對話框，輸入「名稱」後，新增為「靜態符號」❷。

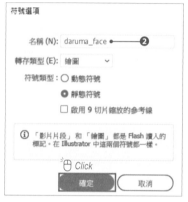

STEP 2 利用「鋼筆」工具 🖊 繪製不倒翁的右半邊。在選取這個物件的狀態下，從「效果」選單點選【3D→迴轉】。開啟「3D 迴轉選項」對話框之後，勾選「預視」❸，一邊確認效果，一邊調整角度。決定 3D 物件的角度後，點選「對應線條圖」。

STEP 3 「對應線條圖」對話框開啟後，可在「表面」選擇要貼圖的面。利用「表面」的三角箭頭按鈕選取要貼圖的面 ❺。範例共有 25 個面。在「表面」選取的面，會在預視畫面裡以紅色標記，所以能得知到底選到哪一面 ❻。

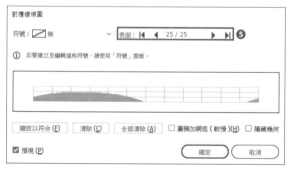

STEP 4 切換至標記不倒翁的頭部 ❼，再貼上剛剛新增的符號。從「符號」點選在 STEP1 新增的符號 ❽。假設符號超出立方體，可利用邊框調整位置、大小與角度 ❾。此時只要勾選「預視」，就能一邊確認效果，一邊作業 ❿。

> **◆ MEMO**
>
> 若要讓圖形覆蓋整個面，可點選「縮放以符合」按鈕 ⓫。

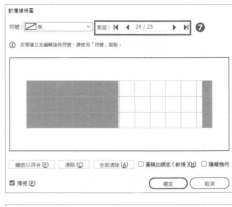

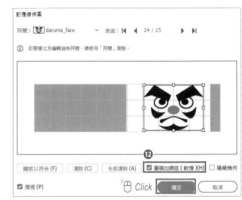

STEP 5 勾選「圖稿加網底」⓬，就能讓貼上的圖稿套用與立方體相同的陰影效果。點選「確定」即可完成設定。

235 繪製 3D 線條圖風格的標誌

VER.
CC / CS6 / CS5 / CS4 / CS3

利用「3D」效果的「突出與斜角」效果讓文字轉換成立體後，就能做成線條圖風格的標誌。

STEP 1　利用「文字」工具 ✐ 輸入文字（這次設定的字體大小為 300pt），再利用「選取」工具 ▶ 選取文字物件。

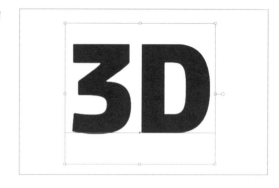

STEP 2　從「效果」選單點選【3D → 突出與斜角】。開啟「3D 突出與斜角選項」對話框之後，勾選「預視」，以便確認效果 ❶。

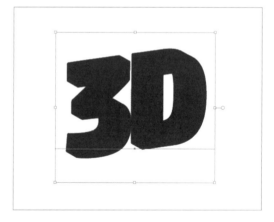

STEP 3　將「指定繞 X 軸旋轉」❷ 設定為 0。，再將「指定繞 Y 軸旋轉」❸ 指定為 12。，然後將「指定繞 Z 軸旋轉」❹ 指定為 0。，同時將「透視」❺ 設定為 160。，再將「突出與斜角」的「突出深度」❻ 設定為 2000pt。接著將「表面」設定為「透視效果」❼，再點選「確定」套用效果。

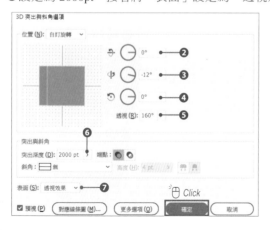

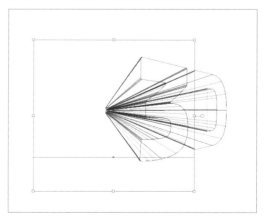

STEP 4
複製與貼上剛剛完成的物件。選取複製的物件，再點選「外觀」面板裡的「3D 突出與斜角」的文字。

STEP 5
開啟「3D 突出與斜角選項」對話框之後，將「表面」設定為「無網底」❽再點選「確定」套用效果。此時物件會變成全黑❾。

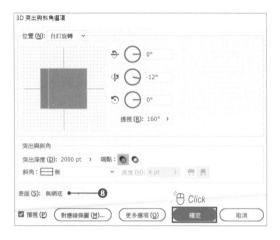

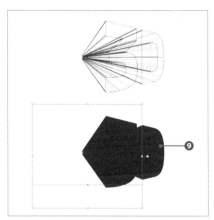

STEP 6
選取這兩個物件，再從「物件」選單點選「擴充外觀」❿。利用「直接選取」工具 ▷ 點選黑色物件的「3D」的文字部分，再重疊至線條圖的文字部分⓫。剩下的黑色物件可利用「直接選取」工具 ▷ 選取再按下 Delete 鍵刪除⓬。

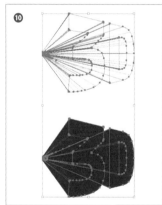

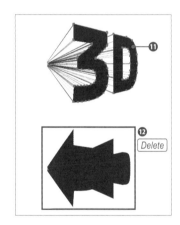

STEP 7
在背景墊一個黑色物件，再替文字的填色與線條圖的筆畫設定顏色。從「效果」選單點選【風格化 → 外光暈】，再將「模式」設定為「濾色」，然後將光暈的顏色設定成筆畫與填色的顏色⓭。按下「確定」套用外光暈效果就完成了。

233 利用 3D 迴轉功能打造立體的物件

NO.
236 保持轉角的形狀縮放物件

VER.
CC / CS6 / CS5 / CS4 / CS3

使用「符號」面板的「啟用 9 切片縮放的參考線」功能,可在縮放時,保留圖形的外觀一致性。

STEP 1 從「視窗」選單點選「符號」,開啟「符號」面板,再將物件拖放至面板裡。開啟「符號選項」對話框之後,輸入符號的名稱❶。「轉存類型」可設定成「影片片段」或是「繪圖」❷。「符號類型」可設定為「動態符號」或「靜態符號」❸。「拼版色」可從九個位置之中選取❹。勾選「啟用 9 切片縮放的參考線」❺。點選「確定」後完成新增。

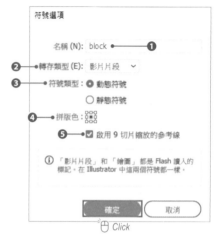

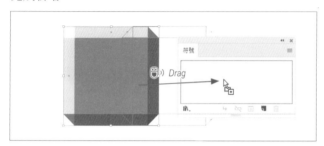

STEP 2 雙點符號❻,就會切換成符號編輯畫面❼。拖曳「9 切片縮放參考線」,定義縮放的部分❽。完成設定後,點選工作區域左上角的「結束符號編輯模式」❾,結束編輯模式。

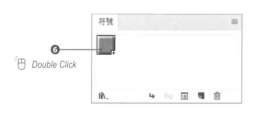

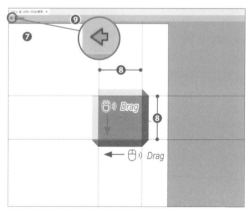

STEP 3 將剛剛於「符號」面板新增的符號拖放至工作區域❾。此時不管如何縮放符號,轉角的形狀都能保有原本的模式❿。

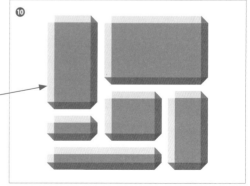

052 新增重覆使用的物件來簡化作業

NO.
237 利用描圖功能
將點陣圖轉換成向量圖

VER.

CC / CS6 / CS5 / CS4 / CS3

CS5 之前可使用「即時描圖」功能，CS6 之後可使用「影像描圖」面板將點陣圖轉換成向量圖，之後不管如何放大，也能列印出清楚的畫質。

CC / CS6 的描圖功能

STEP 1 從「檔案」選單點選「開啟舊檔」，開啟要描圖的圖片，再從「視窗」選單點選「影像描圖」①。

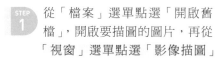

STEP 2 開啟「影像描圖」面板之後，將「檢視」設定為「描圖結果」②，再從「影像描圖」面板上方的六個預設集隨便點一個③，就會開始描圖，也會顯示預視畫面。

> **MEMO**
>
> 「影像描圖」面板上方的預設集按鈕從左至右依序為「自動上色」、「高彩」、「低彩」、「灰階」、「黑白」、「外框」。

STEP 3 「檢視」共有五種模式可以選擇④。「模式」共有三種色彩模式可以選擇⑤，可進一步設定每種模式可使用的顏色數量與「臨界值」（「選擇「黑白」模式時會出現的選項」），也可進行其他的細部調整。

套用「灰階」的結果

套用「黑白」的結果

STEP 4 點選「進階」旁邊的▼**⑥**，將「方式」設定成「鄰接（建立挖剪路徑）」**⑦**，讓外框轉換成彼此相鄰的路徑**⑧**。如果點選的是「重疊（建立堆疊路徑）」**⑨**，外框就會彼此重疊**⑩**。

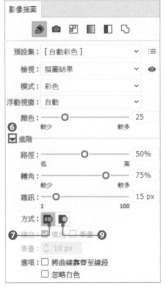

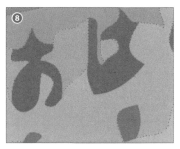

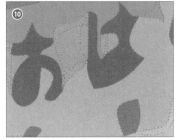

STEP 5 點選「控制」面板的「展開」，將外框轉換成可編輯的路徑**⑪**。點選「物件」選單的「展開」或【影像描圖→展開】也能得到相同的結果。

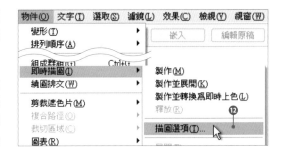

CS5／CS4／CS3 的描圖功能

STEP 1 從「檔案」選單點選「開啟舊檔」，開啟要描圖的影像之後，從「物件」選單點選【即時描圖→描圖選項】**⑫**。

STEP 2 在「預設集」的下拉式列表選擇要使用的預設集**⑬**。接著要調整更細的值。想要白色的部分鏤空時，可點選「忽略白色」選項**⑭**。勾選「預視」可一邊確認結果一邊設定。設定完成後點選「描圖」**⑮**即可。

STEP 3 從「控制」面板點選「展開」，讓外框轉換成可編輯的路徑。點選「物件」的展或【影像描圖→展開】也可得到相同的結果。

　　238 套用影像描圖的預設值

NO.
238 套用影像描圖的預設值

「影像描圖」內建了許多預設集，可將點陣圖轉換成各種向量物件。

使用 CC / CS6 的預設集

 從「檔案」選單點選「開啟舊檔」，開啟要描圖的影像之後，從「視窗選單點選「影像描圖」。從「預設集」選擇各種描圖預設集❶，連同「預設」共有 12 種可以選擇。從「控制」面板點選「展開」可將描圖結果轉換成路徑。

高保真度相片

低保真度相片

3 色

6 色

16 色

灰階濃度

黑白標誌

素描圖

剪影

線條圖

技術繪圖

使用 CS5 / CS4 / CS3 的預設集

 CS5 之前的版本沒有「影像描圖」面板。從「物件」選單點選【即時描圖 → 描圖選項】，開啟「描圖選項」對話框之後，可以發現內建了 15 種預設集❷。

239 利用 3D 效果的突出與斜角繪製立體積木

VER.
CC / CS6 / CS5 / CS4 / CS3

「3D」效果的「突出與斜角」可將平面物件轉換成立體物件。

STEP 1
利用「矩形」工具 ▣ 與「橢圓形」工具 ◉ 繪製一個積木雛型的物件（範例繪製的是 50px 的正方形以及直徑 30px 的圓形）。選取積木主體的正方形物件，再從「效果」選單點選【3D → 突出與斜角】❶。

STEP 2
開啟「3D 突出與斜角選項」對話框之後，將「位置」設定為「上方等角」❷，再將「突出深度」設定為「50pt」❸，點選「更多選項」後，將「表面」欄位的「漸變階數」設定為「100」，再點選「確定」套用效果。

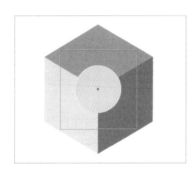
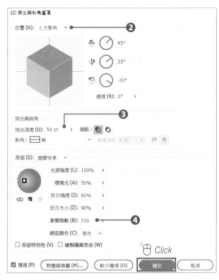

STEP 3
接著選取積木突出部分的物件，再從「效果」選單點選【3D → 突出與斜角】。開啟「3D 突出與斜角選項」對話框之後，將「位置」設定為「上方等角」❺，再將「突出深度」設定為「10pt」❻，接著將「表面」欄位的「漸變階數」設定為「100」❼，再點選「確定」套用效果。

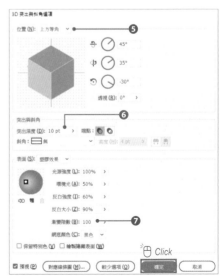

STEP 4 STEP 3 的物件像是落在正方形的中間，所以請利用「選取」工具 ⯈ 調整位置❽。接著從「視窗」選單點選「符號」，開啟「符號」面板，再將物件拖放至面板裡❾。

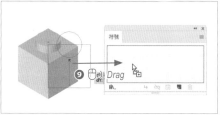

> ◆ MEMO
>
> 「動態符號」指的是不需要變更新增的主要符號，就能設定外觀的符號。

STEP 5 開啟「符號選項」對話框之後，取一個淺顯易懂的「名稱」，再將「符號類型」設定為「動態符號」❿，然後點選「確定」，將物件新增為符號。

> ◆ MEMO
>
> 若是沒有「符號類型」選項的版本，可在輸入名稱之後點選「確定」。

STEP 6 從「視窗」選單點選「外觀」，開啟「外觀」面板。利用「直接選取」工具 ▷ 選取要變更顏色的物件，再變更「外觀」面板裡的「填色」屬性⓫。範例是變更為橘色。

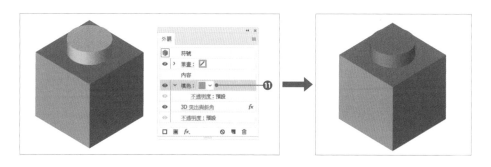

STEP 7 以拖曳複製物件的方式製作各種大小的積木，再利用「物件」選單的「組成群組」命令將物件組成群組。事先建立各種顏色與大小的積木，有利後續的操作。

STEP 8 這些積木物件可仿照真實世界的積木，組成各式各樣的物品。重點在於堆在上面的積木必須配置在上層。

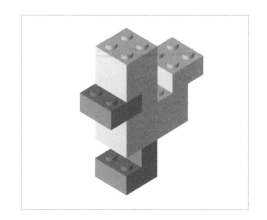

建立動作，
自動化常用工作

VER.
CC / CS6 / CS5 / CS4 / CS3

將批次處理新增為「動作」，可一口氣完成多個檔案的重覆作業。

記錄動作

 STEP 1　從「視窗」選單點選「動作」，開啟「動作」面板。選取要套用動作的物件，再從「動作」面板點選「製作新動作」按鈕❶。開啟「製作新動作」對話框之後，取一個淺顯易懂的名稱，再點選「記錄」按鈕❷，之後的操作都會被記錄成動作。

MEMO

「功能鍵」可指定執行動作的鍵盤按鍵。

STEP 2　從「選取」選單點選「全部」，選取所有物件。從「動作」面板的選單點選「插入選項項目」❸，開啟「插入選單項目」對話框，從「尋找：」選擇「效果:風格化:製作陰影」，在「選單項目」顯示該效果之後，點選「確定」。

STEP 3　從「檔案」選單點選「儲存拷貝」，開啟「儲存拷貝」對話框。輸入「名稱」❺，點選「存檔」，就會開啟「Illustrator 選項」對話框，點選「確定」後儲存檔案。可從「動作」面板確認這些操作是否都有記錄❻。點選「停止播放 / 記錄」❼，可停止記錄與新增動作。

執行動作

STEP 1 選取另一個要套用動作的物件，再從「動作」面板的選單點選「批次」 ❽，開啟「批次」對話框。在「播放」欄位的「動作」選擇要執行的動作 ❾，再從「來源」欄位選擇要套用動作的檔案的位置 ❿。在「目標」欄位可選擇檔案的儲存位置以及執行「轉存」命令時，檔案的轉存位置 ⓫。點選「確定」執行批次處理。

STEP 2 執行批次處理後，檔案將依序開啟，依次執行指定的動作。「動作」面板裡的動作若顯示「切換對話框開啟/關閉」圖示 ⓬，代表執行動作途中會開啟對話框，對不同的檔案進行不同的設定。

STEP 3 批次處理結束後，開啟檔案的儲存位置，可發現套用動作的所有檔案都轉存至此 ⓭。

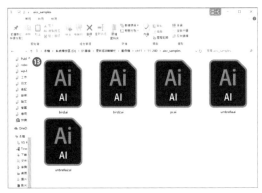

241 自訂指令，擴充 Illustrator 的功能

VER
CC / CS6 / CS5 / CS4 / CS3　「指令」可在 Illustrator 新增選單之外的功能。

STEP 1　先試寫簡單的指令（JavaScript）。指令可利用文字編輯器撰寫，本範例使用的是 Adobe 產品隨附的 ExtendScript Toolkit 撰寫。

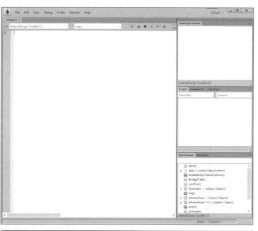

STEP 2　啟動 ExtendScript Toolkit 之後，請試著輸入 alert（"Hello Illustrator"）；。英文字母與數字請以半形輸入❶。輸入完成後，點選「檔案」選單的「儲存」，再取一個簡單易懂的名字。範例取的是 hello.jsx。

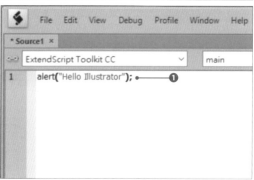

STEP 3　啟動 Illustrator，從「檔案」選單點選【指令檔 → 其他指令】，執行剛剛儲存的 hello.jsx❷。若會顯示「Hello Illustrator」的警告訊息，就代表撰寫的內容沒問題❸。

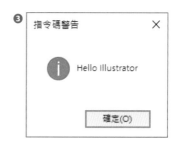

STEP 4　接下來再撰寫稍微難一點的指令檔。這次要取得今天的日期，並於新增的文件顯示❹。這次將指令儲存成 today.jsx 這個檔案名稱，並且將這個指令檔儲存在「Program Files/Adobe/Adobe Illustrator CC 2017/ 預設集 /zh_TW/ 指令檔❺。

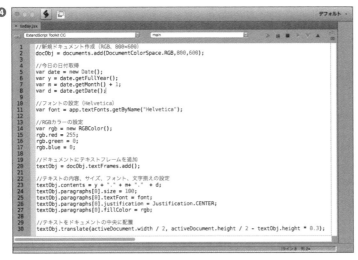

若已啟動 Illustrator，請重新啟動。從「檔案」選單點選【指令檔 → today】❻，就會新增一個顯示今天日期的文件 ❼。Illustrator 的其他功能幾乎都可利用指令執行，有興趣的讀者不妨挑戰看看。

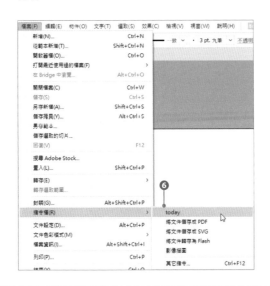

❼

2016.11.13

使用「變數」可製作取代圖形或文字的範本。

STEP 1

先繪製要替換的圖形。從「視窗」選單點選「變數」，開啟「變數」面板。利用「選取」工具 ▶ 選取鸚鵡插圖❶，再點選「變數」面板的「製作可見度動態」❷，這個插圖就會被新增為「變數 1」的變數❸。這個名稱有點難懂，所以請點選變數名稱，在「變數選項」對話框取一個簡單易懂的名稱❹。

STEP 2

接著選取文字❺，再點選「變數」面板的「製作文字動畫」❻，將文字新增為變數❼。仿照 STEP1 的步驟，在「變數選項」對話框變更為簡單易懂的名稱。

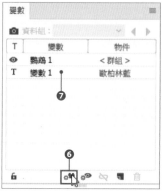

> **MEMO**
>
> 設定變數時，可從「類型」選擇「圖表資料」、「連結檔案」、「文字字串」、「可見度」這四種類型。

STEP 3

將其他不同顏色的鸚鵡插圖也新增為變數❾。變更鸚鵡的插圖部分與新增為變數之後，為了避免插圖因為重疊而無法顯示，請從「物件」選單點選【隱藏 → 選取範圍】，隱藏其他顏色的鸚鵡。

STEP 4 顯示第一個鸚鵡插圖後，點選「變數」面板的「擷取資料組」⑩，新增「資料組 1」⑪。

STEP 5 顯示第二張插圖，再重新輸入種類，然後依序製作資料組。範例新增了四個種類的鸚鵡插圖與種類的資料組。

STEP 6 建立資料組之後，「變數」面板的「資料組」即可以切換⑫。切換後，可確認圖片與文字的內容。

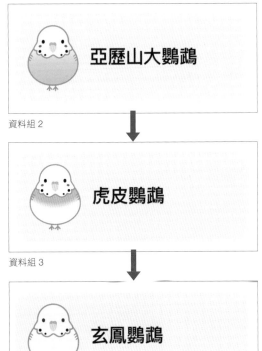

資料組 2

資料組 3

資料組 4

 MEMO

使用變數可有效地將物件或文字置換成其他內容，而這種方式很適合用來取代明信片的收件人姓名或是傳單的內容。從「變數」面板的選單點選「儲存變數資料庫」可將變數儲存為 XML 資料，之後就能在 Excel 利用這個 XML 資料製作收件人列表，再利用「載入變數資料庫」命令排入大量資料。

243 利用 Adobe Bridge 統一管理檔案

VER.
CC / CS6 / CS5 / CS4 / CS3

使用 Adobe Bridge 可統一管理 Adobe 應用程式使用的圖片與視訊。

STEP 1 從「檔案」選單點選「在 Bridge 中瀏覽」，啟動 Adobe Bridge。Adobe Bridge 可統一管理 Adobe 應用程式使用的圖片與視訊。從上方的按鈕可以新增資料夾❶、刪除檔案❷或是搜尋檔案❸。

> **MEMO**
>
> 點選應用程式列的「跳至 Bridge」一樣可啟動 Adobe Bridge。
>
>

STEP 2 「我的最愛」面板會顯示預先新增的資料夾❹。直接將資料夾拖放至此就能新增。「檔案夾」面板會顯示電腦的資料夾構造❺。從這些面板可存取檔案。

STEP 3 畫面中央的「內容」面板的縮圖會隨著畫面下方的滑桿❻縮放。點選縮圖，「預視」面板就會顯示預覽圖片❼。若是選取多張縮圖，也會顯示多張預覽圖片。點選圖片還可放大，藉此確認細節❽。

STEP 4

工作區域內建了各種版型。除了「必要」之外，還有「影片」、「輸出」、「中繼資料」、「關鍵字」、「預視」、「輕便桌面」、「檔案夾」這些版型，都可在這裡選取，也可新增自訂的版型。

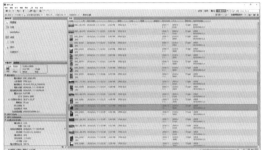

「中繼資料」版型

「輕便桌面」版型

STEP 5

Illustrator 也可以預視文件❾。CS4 之後，從「檢視」選單點選「全螢幕預視」，就能於全螢幕預視檔案。其他各種格式的圖像檔案、視訊檔案、音訊檔案都能預視，媒體檔案也能播放。

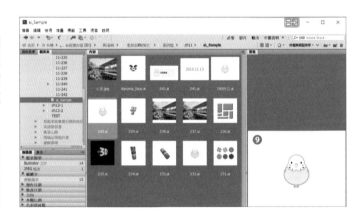

> ◆ MEMO
>
> 按下 Esc 鍵可結束全螢幕預視。

STEP 6

從「檢視」選單點選「審核模式」，即可切換成全螢幕審核模式❿。此時利用滑鼠或左右箭頭⓫可像迴轉架般瀏覽檔案。點選下箭頭⓬可將檔案剔除顯示。放大鏡⓭可放大預視，「新增集合」按鈕⓮可新增集合。要結束審核模式可按下 Esc 鍵或是點選 × 按鈕⓯。

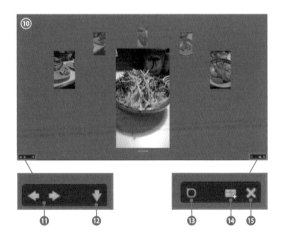

244 在 Adobe Bridge 統一重新命名檔案

NO.

244

VER.
CC / CS6 / CS5 / CS4 / CS3

在 Adobe Bridge 統一重新命名檔案

Adobe Bridge 除了能管理檔案,也有統一編輯檔案名稱的功能

STEP 1 啟動 Adobe Bridge,再從「檔案夾」面板選擇食物的照片❶。放在資料夾裡的照片會於「內容」面板顯示❷。

STEP 2 從 ▼ 按鈕將「工作區域」變更為「輕便桌面」❸,就會只剩「內容」面板,也就更容易瀏覽照片。此時也能確認檔案名稱。

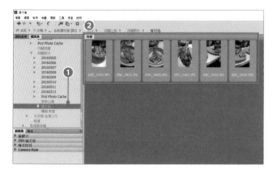

STEP 3 選取所有要重新命名的照片❹,再從「工具」選單點選「重新命名批次處理」,開啟「重新命名批次處理」對話框。在「新增檔名」欄位設定新檔名的命名方式❺。CS5 之後可點選「預視」按鈕確認最終的檔案名稱。

STEP 4 設定新的檔案名稱後,點選「重新命名」按鈕❻,就能確認檔案名稱是否變更❼。

第12章 印刷與完稿

245 新增 PDF 預設集

VER.
CC / CS6 / CS5 / CS4 / CS3　　「Adobe PDF 預設集」可自訂設定，也能命名後儲存。

STEP 1　輸出 PDF 的設定可先命名再儲存。從「編輯」選單點選「Adobe PDF 預設集」❶，開啟「Adobe PDF 預設集」對話框。點選「新增」按鈕❷，開啟「新增 PDF 預設集」對話框。

STEP 2　在「新增 PDF 預設集」對話框替預設集命名❸。PDF 的設定可從左側列表的「一般」、「壓縮」、「標記與出血」以及其他項目擇一❹，再分別進行設定。設定完成後，點選「確定」。此時會先回到「Adobe PDF 預設集」對話框，可從列表確認新增了剛剛命名的預設集，再點選「確定」。

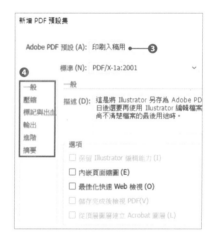

STEP 3　新增的「Adobe PDF 預設集」會在儲存 PDF 時開啟的「儲存 Adobe PDF」對話框顯示，或是在「Adobe PDF 預設集」的下拉式選單之中顯示❺。

 MEMO

「Adobe PDF 預設集」對話框可利用「讀入」按鈕讀入現有的預設集檔案，也可利用「轉存」輸出預設集檔案。

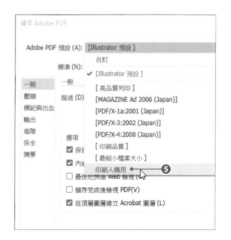

NO.
246 使用 Typekit 時，印刷完稿的注意事項

VER.
CC / CS6 / CS5 / CS4 / CS3

使用 Typekit 的字體印刷時，記得先把文字轉換成外框。

指定 Typekit 字體時，有可能印刷廠沒有這種字體。即使使用「封裝」功能收集字體，Typekit 字體也無法拷貝。為了安全起見，建議在印刷輸出前，先將文字轉換成外框。轉換成外框的方法有兩種。

讓字體轉換成外框再完稿

選擇 Typekit 字體的文字物件，再從「格式」選單點選「建立外框」。雖然文字的屬性會消失，卻能在沒有該字體的機器顯示。

儲存為印刷規格的 PDF 再完稿

儲存為 PDF 格式可嵌入字體的外框資訊。從「檔案」選單點選「另存新檔」，再將「存檔類型」設定為「Adobe PDF（*.pdf）」❶，開啟「儲存 Adobe PDF」對話框之後，設定成適合印刷的格式，再點選「儲存 PDF」。這個 PDF 文件就可當成印刷的檔案使用。

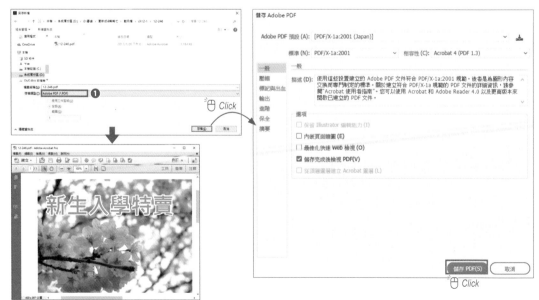

247 列印多個工作區域

若新增了多個工作區域，可指定單一的工作區域列印，也可將所有工作區域整合再列印。

先新增一個擁有多個工作區文件。這次要以擁有 6 個工作區域的文件為例。要列印文件時，可從「檔案」選單點選「列印」❶，開啟「列印」對話框。

S　列印 → [Ctrl]([⌘])+ [P]

列印每個工作區域

要分別列印每個工作區域時，可勾選「全部」❷。對話框左下角會顯示預視畫面❸。點選左右三角形按鈕❹可切換預視畫面。預視確認沒問題後，點選「列印」即可。

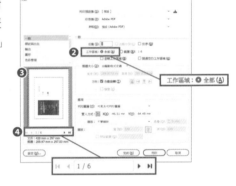

工作區域：● 全部 (A)

|◀ ◀ 1/6 ▶ ▶|

指定頁面範圍再列印

若只想列印特定的工作區域，可勾選「範圍」❺，再輸入工作區域的頁面編號。連續的頁面可用「-」（連字符號）指定，不連續的頁面可用「,」（逗號）間隔。右圖輸入的是「2,4-6」。確認預視畫面後，沒問題即可按下「列印」按鈕列印。

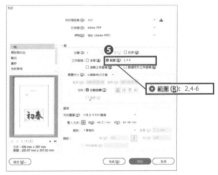

❺ 範圍 (R)：2,4-6

將所有工作區域整合在同一頁面再列印

若想將所有的工作區域整合在同一頁面列印，可勾選「忽略工作區域」❻。如果無法收納在指定的紙張範圍內，可縮小圖稿，或是點選「符合頁面大小」再列印。（細節請參考「248 縮放工作區域再列印」）。

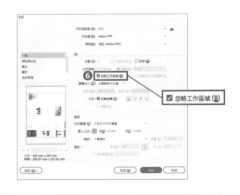

☑ 忽略工作區域 (B)

010　新增多個工作區域，調整工作區域的大小
248　縮放工作區域再列印

NO.

248 縮放工作區域再列印

VER.
CC / CS6 / CS5 / CS4 / CS3

縮放工作區域的倍率再列印,或是調整為適合紙張的大小再列印。

下圖是 A1 大小的海報。要列印這個文件,可從「檔案」選單點選「列印」❶,開啟「列印」對話框。將「媒體大小」設定為 A3 ❷ 之後,會從預視畫面發現影像的周圍不在列印範圍內 ❸。試著縮放工作區域,讓海報符合列印紙張的範圍內吧!

  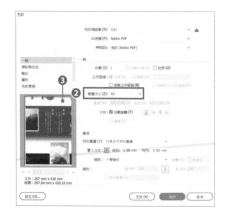

指定縮放倍率

CS6 的版本之後,可在「縮放」彈出式選單選擇「自訂」❹。在「縮放:」欄位的「寬」與「高」輸入 % 的數值。右圖為了縮小而輸入了「50」❺。預視確認畫面後,沒問題即可按下「列印」輸出。

符合頁面大小再列印

CS6 之後,可從「縮放」彈出式選單選擇「符合頁面大小」❻。CS5 之前的版本可從「選項」欄位點選「符合頁面大小」。這個設定可自動設定圖稿的縮放倍率,以便收納在目前選擇的媒體大小裡。預視確認畫面後,沒問題即可按下「列印」輸出 ❼。

249 變更列印範圍

VER.
CC / CS6 / CS5 / CS4 / CS3

想要指定列印範圍時，可使用「列印並排」工具 🖳 移動列印範圍。

STEP 1　從「檢視」選單點選「顯示列印並排」（CS3 可選擇「顯示頁面拼貼」），就會顯示在「列印」對話框設定的媒體大小（外側的虛線）❶以及可列印範圍（內側的虛線）❷。

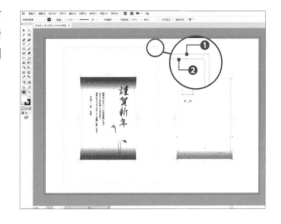

STEP 2　從「工具」面板點選「列印並排」工具 🖳 （CS3 為「頁面」工具）❸，並在**畫面裡拖曳**❹，即可移動可列印範圍。拖曳到適當的位置後放開滑鼠左鍵❺。

> 🔷 **MEMO**
>
> 雙點「列印並排」工具 🖳 可讓可列印範圍回到原本的位置。

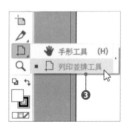

STEP 3　從「檔案」選單點選「列印」，開啟「列印」對話框之後，可發現預視畫面的內容已經不同❻。此外，將滑鼠游標移到預視畫面上方，滑鼠游標會轉換成手形，此時可拖曳調整要列印的範圍再列印❼。

253 分成多張頁面再拼貼列印

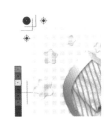

NO.

250 在列印對話框加上剪裁標記

VER.
CC / CS6 / CS5 / CS4 / CS3

輸出時,可指定「剪裁標記」、「對齊標記」、「色彩導表」這些符號再列印。

STEP 1

列印時,可加上剪裁標記這類完稿符號再列印。第一步,先新增一個工作區域為完稿大小的文件。右圖設定的是明信片大小的工作區域。若需要設定出血邊,可將物件放大至出血參考線(紅線)為止❶。

STEP 2

從「檔案」選單點選「列印」,開啟「列印」對話框。從左側的列表點選「標記與出血」❷。「標記」欄位可選擇需要的列印符號❸。右圖勾選了「所有印表機標記」❹,就設定成輸出所有印表機標記。於預視畫面確認印刷結果後❺,點選「列印」按鈕輸出。

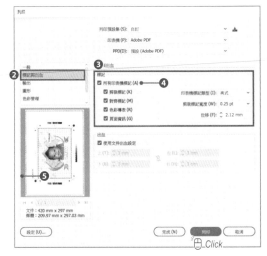

STEP 3

右圖是在 STEP2 的設定之下輸出的結果。「剪裁標記」❻、「對齊標記」❼、「色彩導表」❽、「頁面資訊」❾都輸出了。若不需要這些符號,可在「列印」對話框取消這些標記的選項再列印。

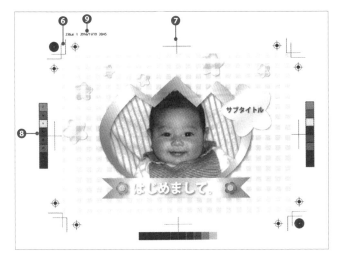

251 在文件裡建立剪裁標記與參考線

NO.

251 在文件裡建立剪裁標記與參考線

VER.
CC / CS6 / CS5 / CS4 / CS3

在文件內手動製作剪裁標記、完稿線與出血參考線。

在文件內建立剪裁標記

STEP 1
這次要替橫長的名片製作剪裁標記與參考線。點選「矩形」工具 ▣ ❶，再點選畫面空白處，開啟「矩形」對話框。在「寬度」輸入「91mm」，在「高度」輸入「55mm」❷再按下「確定」。

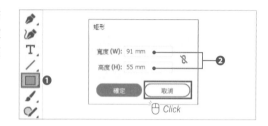

STEP 2
選取剛剛新增的矩形，再從「工具」面板或「控制」面板將「筆畫」設定為「無」❸（不用管「填色」的設定）。如果沒將筆畫設定為「無」，利用後續的操作建立剪裁標記時，剪裁標記就會變寬，完稿圖的大小也會不如預期。

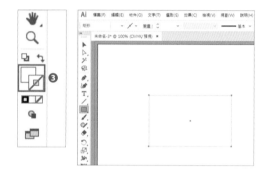

STEP 3
利用「選取」工具 ▶ 選取矩形，再從「物件」選單點選「建立剪裁標記」❹（CS3 是從「濾鏡」選單點選【建立→裁切標記】。CS4 可在矩形設定了填色的狀態下，從「效果」選單點選「裁切標記」，之後再從「物件」選單點選「擴充外觀」，解除群組化）。矩形的周圍會新增剪裁標記❺。用這個方法新增的剪裁標記可選取與編輯。由於原本的矩形還留著，所以可利用這個矩形製作參考線。

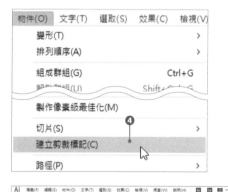

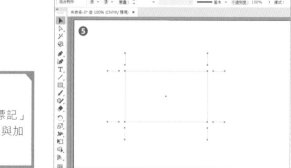

> **MEMO**
>
> CS4 之後，從「效果」選單點選「建立裁切標記」也可建立裁切標記，但這種裁切標記無法選取與加工。

建立完稿線與出血參考線

STEP 1　接著要製作完稿參考線與出血參考線。利用「選取」工具 ▶ 選取名片大小的矩形，再執行「拷貝」。接著從「編輯」選單點選「貼至上層」❻。

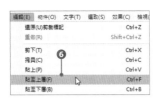

STEP 2　在貼至上層的矩形呈現選取的狀態下，在「變形」面板將「基準點」設定為「中央」，再將出血的 6mm 加上去（將「W」設定為「97mm」、「H」設定為「61mm」）。此時可在周圍新增天地左右都大 6mm 的矩形。

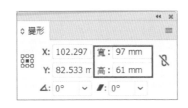

STEP 3　到目前為止，完稿參考線與出血參考線都完成了。接著要將這兩個矩形轉換成參考線物件。選取這兩個矩形再從「檢視」選單點選【參考線 → 製作參考線】❼。為了避免不小心移動參考線，可從「檢視」選單點選【參考線 → 鎖定參考線】❽。

STEP 4　參考線物件只能從畫面確認，無法列印輸出。要隱藏參考線可從「檢視」選單點選【參考線 → 隱藏參考線】。

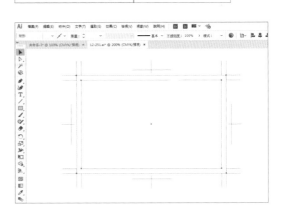

> ⊕ **MEMO**
>
> 在另外的圖層製作剪裁標記與參考線，然後再鎖定圖層也是很方便的做法。

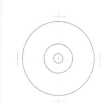

NO.
252 製作 CD 封面的範本

VER.
CC / CS6 / CS5 / CS4 / CS3

這次要繪製 CD 封面的範本。繪製盤面的圓形，新增剪裁標記之後，再刪除轉角剪裁標記。

STEP 1
第一步先設定 CD 封面的圓盤中心點。從「檢視」選單點選【尺標 → 顯示尺標】（CS4 可從「檢視」選單點選「顯示尺標」）。利用「選取」工具 ▶ 從尺標的刻度拖曳出水平與垂直的參考線❶❷。將兩條參考線的交點設定為座標原點（有關設定座標原點的操作請參考「019 變更座標的原點位置」）。

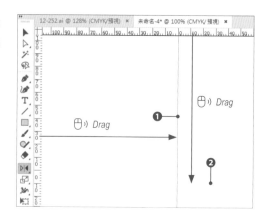

STEP 2
從「檢視」選單點選「智慧型參考線」。選取「橢圓形」工具 ◯，再將滑鼠游標移動到參考線的交錯之處。此時會如圖顯示「交集」文字❸。按住 Alt（Option）鍵再按下滑鼠左鍵，開啟「橢圓形」對話框，再於「寬度」、「高度」輸入「120mm」❹，點選「確定」繪製圓形。再以同樣的方式繪製「116mm」、「46mm」、「15mm」的圓形。先將所有繪製的圓形的填色設定為「無」，「筆畫」的顏色設定為「K:100」，方便後續的操作。

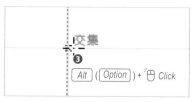

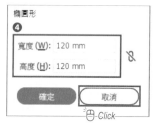

STEP 3
如圖，代表 CD 盤面的同心圓繪製完成了。

 MEMO

一 般 的 CD 封 面 的 可 列 印 範 圍 為 116mm ～ 46mm，或是 116mm ～ 23mm 的內徑。可列印範圍到底有多大，請向列印 CD 封面的印刷廠確認。

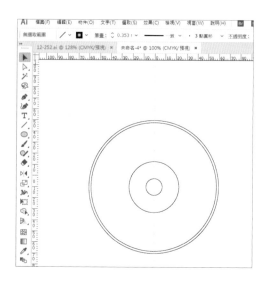

STEP 4　以「選取」工具 ▶ 選取最外側的圓形，將其設定為「筆畫：無」❺。我們要根據這個圓形建立剪裁標記。從「物件」選單點選「建立剪裁標記」❻建立剪裁標記（CS3 是從「濾鏡」選單點選【建立 → 裁切標記】。CS4 可在矩形設定了填色的狀態下，從「效果」選單點選「裁切標記」，之後再從「物件」選單點選「擴充外觀」，解除群組化）。

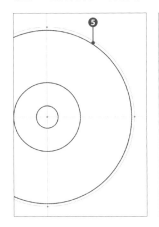

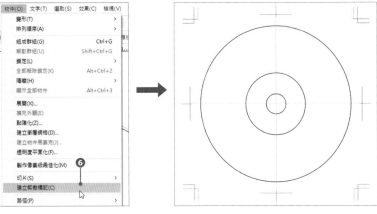

STEP 5　在中央繪製了十字的參考線。利用「直接選取」工具 ▷ 選取轉角剪裁標記的垂直線（短邊）❼，執行「拷貝」後再執行「貼上」。在「變形」面板將基準點設定為正中央❽，再將「X」、「Y」座標值設定為」❾。利用同樣的操作與「直接選取」工具 ▷ 點選轉角剪裁標記的水平線（短邊）❿，執行「拷貝」後「貼上」，再將「X」、「Y」的座標值設定為「0」。

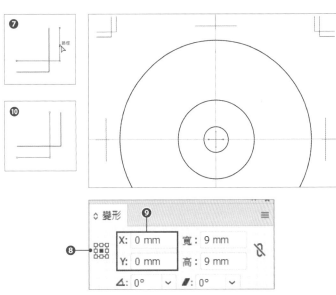

◇ 變形 ❾		≡
X: 0 mm	寬: 9 mm	
Y: 0 mm	高: 9 mm	
△: 0°　∨	✎: 0°　∨	

❽

STEP 6　CD 封面不需要轉角剪裁標記，所以可刪除。利用「直接選取」工具 ▷ 如圖選取四個角落的轉角剪裁標記⓫，再點選 *Delete* 鍵刪除。到此，CD 封面的範本就完成了。

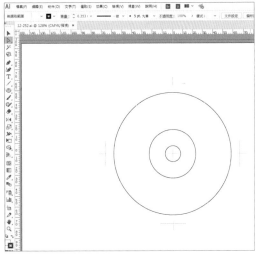

🔹 MEMO

CD 封面的設計不需要在外側加上出血邊。

253 分成多張頁面再拼貼列印

要利用小型印表機輸出大張圖稿，可使用「拼貼」的方式，分割成多張再輸出。

STEP 1
本範例是要製作 B1 大小（728mm×1030mm）的大型海報，預設以多張 A3 大小的紙張分割輸出。右側的範例是將工作區域指定為 B1 大小的圖稿。從「檔案」選單點選「列印」。

STEP 2
在「列印」對話框指定輸出的印表機，再於「媒體大小」指定紙張大小（範例指定的是「A3」）。CS6 之後，可在「選項」的下拉式選單點選「並排完整頁面」❶。從預視畫面確認無誤後，可發現圖稿被分割成 9 張 A3 大小的區塊。「重疊」的輸入方塊可指定要重疊列印的區域。在「縮放」的下拉式選單選擇「並排可列印區域」❷之後，「重疊」會變淡而無法設定。CS5/CS4 可在「選項」選擇「拼貼」，並在彈出式選單點選「整頁」或「可成像區域」。CS3 則是從左側列表點選「設定」，再從「拼貼」彈出式選單選擇「並排完整頁面」或「拼貼列印區域」。

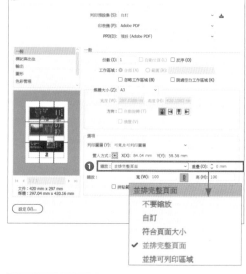

MEMO

在「列印」對話框設定「並排」，再從「檢視」選單點選「顯示列印並排」，就能確認並排列印的區域以及頁面編號。

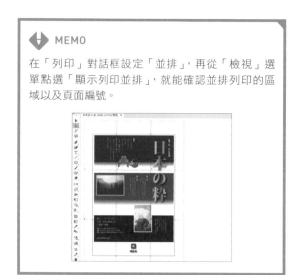

NO.
254 指定不列印的圖層

VER.
CC / CS6 / CS5 / CS4 / CS3

要指定不想列印出來的圖層，可隱藏圖層或是在圖層選項取消「列印」選項。

STEP 1　先在不同圖層繪製圖稿。若出現不需列印的圖層，可點選「圖層」面板左側的眼睛圖示隱藏圖層 ❶。在此狀況從「檔案」選單點選「列印」。

©sayuri_k/56403798/adobe stock

STEP 2　開啟「列印」對話框之後，從「列印圖層」下拉式選單 ❷ 選擇「可見及可列印圖層」或「可見圖層」，就能不列印隱藏的圖層。若選擇「全部圖層」就會連隱藏的圖層也列印。

STEP 3　雙點「圖層」面板的圖層名稱，開啟「圖層選項」對話框之後，取消「列印」選項 ❸，並且在「列印」對話框點選「可見及可列印圖層」，就能不列印該圖層。不過，若選擇「可見圖層」或是「全部圖層」，還是能列印取消列印的圖層。

文件資訊
字體：
AdobeMingStd-Light-B5pc-H (OTF)
DFKaiShu-SB-Estd-BF (OTF)
MicrosoftJhengHeiLight (TrueType)
NSimSun (TrueType)
PMingLiU (TrueType)
UDDigiKyokashoN-B (TrueType)

NO.

255 確認使用中的字體

VER.
CC / CS6 / CS5 / CS4 / CS3

在「文件資訊」面板可確認使用的字體種類與詳細資訊。

STEP 1　從「視窗」選單點選「文件資訊」，開啟「文件資訊」面板。要確認文件所有的字體資訊，可從面板選單取消「只限選取範圍」的選取❶。接著從面板選單點選「字體」。

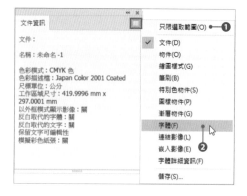

STEP 2　「文件資訊」面板會以列表的方式顯示字體資訊。字體名稱後面也會顯示 OTF（OpenType Font）或 TrueType 這類字體種類的資訊。

STEP 3　接著從面板選單點選「字體詳細資訊」即可顯示字體的進一步資訊。除了會顯示字體的「PostScript 字體名稱」，也會顯示「Windows 字體名稱」，同時還會顯示字體的儲存位置、「語文」、「字體類型」與「比例間距類型」。

　165 尋找與取代文字

NO. 256 尋找與取代字體

VER.
CC / CS6 / CS5 / CS4 / CS3

「尋找字體」功能可將文件裡的字體一口氣置換成其他字體。

STEP 1

確認文件所有的字體之後,要尋找與取代字體,可從「文字」選單點選「尋找字體」。開啟「尋找字體」對話框之後,上方是文件使用的字體❶,下方是用來置換的字體❷。

STEP 2

置換字體列表一開始只會列出文件裡的字體。若想以系統的其他字體取代,可在下拉式列表選擇「系統」❸。按住 Ctrl (⌘)點選字體名稱(或是按下滑鼠右鍵),可預視字體❹。

STEP 3

讓我們試著尋找與取代字體。在「文件字體」列表點選要取代的字體,再從「置換字體」列表選擇要置換的字體名稱。點選「變更」或「全部變更」❺,即可置換文件的字體。

> **MEMO**
>
> 「尋找字體」功能也可用於在其他電腦開啟文件時,找不到對應的字型時,可搜尋字體再置換成另外的字體代替使用。

257 刪除列印時不需要的物件

若殘留列印時不需要的資料，就會增加檔案大小，也有可能成為無法順利列印的原因。

刪除多餘的路徑與錨點

 STEP 1 有時候會不小心殘留多餘的錨點、填色為無的物件或是沒有輸入文字的點狀文字物件與區域文字物件。這些物件在預視模式下是看不見的。從「檢視」選單點選「外框」❶，切換成外框模式。

STEP 2 在外框模式底下，多餘的點❷、沒有填色的物件、空白的文字路徑❹都會現形。有時這些物件會成為列印時的問題，所以最好在輸出之前就刪除。

STEP 3 要刪除多餘的控制點或路徑，可從「物件」選單點選【路徑→清除】❺。開啟「清除」對話框之後，勾選「孤立控制點」、「未上色物件」、「空白文字路徑」，再點選「確定」，就能清除這些物件。

刪除未於文件使用的色票

STEP 1
「色票」面板可搜尋、顯示與刪除沒於文件使用的色票。首先從面板選單點選「選取全部未使用色票」**❻**。

STEP 2
此時會選取「色票」面板裡未於文件使用的所有色票。點選「刪除色票」**❼**，顯示確認對話框之後，就能刪除未使用的色票。

> **MEMO**
> 「色票」面板的「無」與「拼版標示色」無法刪除。

刪除多餘的圖層

STEP 1
有時會出現沒有使用的圖層，完稿前最好先刪除。選取「圖層」面板裡多餘的圖層，再點選「刪除多餘圖層」**❽**。

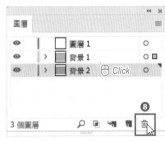

STEP 2
開啟確認對話框之後，點選「是」刪除多餘圖層。

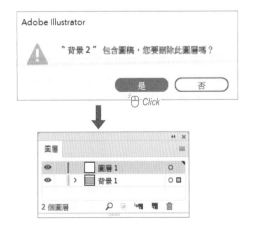

> **MEMO**
> 未使用的圖層不要只是隱藏而是要刪除，才能順利完稿。

258 印刷完稿之前先擴充外觀

透過「效果」選單套用特殊效果時，最好在印刷完稿前先擴充外觀，才能得到預期的列印結果。

以「效果」選單變形文字後，再擴充外觀

STEP 1　先輸入文字，再從「效果」選單點選「彎曲」，接著套用「上升」效果 ❷。為了要讓這個資料能順利印刷完稿，要將文字轉換成外框。

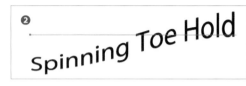

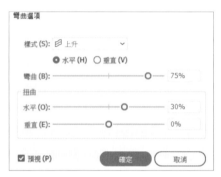

STEP 2　利用「選取」工具 ▶ 選取套用效果的物件，再從「物件」選單點選「擴充外觀」❸。

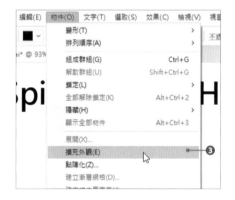

STEP 3　擴充外觀之後，文字就會如右上圖依照剛剛套用的效果轉換成外框 ❹。此外，若是選取文字，再從「文字」選單點選「建立外框」，則會如右下圖，將套用效果之前的文字形狀轉換成外框 ❺。

展開套用風格化效果的外觀

STEP 1
效果選單有「模糊」、「製作陰影」這類風格化效果。在下面的範例選取鑽石物件，再從「效果」選單點選【風格化 → 外光暈】，套用發光的效果 ❻。

STEP 2
完稿前要先執行「擴充外觀」。「模糊」、「製作陰影」、「外光暈」這類效果展開後，就會轉換成像素圖。在執行「擴充外觀」之前，可從「效果」選單點選「文件點陣效果設定」，確認點陣化之際的設定。以印刷品而言，可將「解析度」設定為 300 ～ 350ppi。解析度若是不足，列印出來的圖像就會變得粗糙。

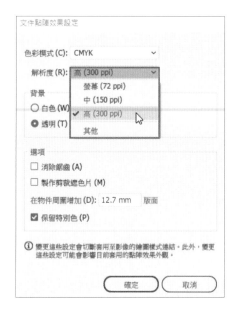

STEP 3
利用「選取」工具 ▶ 選取套用效果的物件，再從「物件」選單點選「擴充外觀」。展開外觀後，模糊效果會被點陣化，圖片也轉換成像素圖 ❼。開啟「連結」面板就會發現，圖片因為「擴充外觀」的處理而轉換成像素圖，而且也嵌入文件裡 ❽。

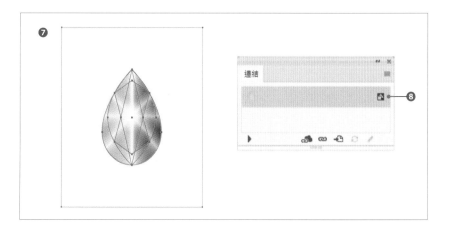

259 列印套用透明效果的物件

無法正確輸出透明物件時，可在「透明度平面化」對話框展開外觀或是將物件轉換成點陣圖。

STEP 1　先繪製套用透明效果的物件❶。以「選取」工具 ▶ 選取所有套用透明效果的物件，再從「物件」選單點選「透明度平面化」❷。

STEP 2　開啟「透明度平面化」對話框之後，在「點陣／向量平衡」設定平面化的比例❸。越接近「100」越能保有向量資料，越接近「0」越能轉換成點陣圖。設定完成後，點選「確定」套用。

STEP 3　數值越高，越能保有向量資料。左下圖是調整數值的結果。從「物件」選單點選「解散群組」，可發現物件已分割成許多路徑❹。數值越低，越能轉換成點陣圖。右下圖是調低數值的結果。從「連結」面板可以發現已轉換成點陣圖❺。

> **MEMO**
>
> 點選「列印」對話框的「進階」，再點選「疊印與透明度平面化工具選項」的「自訂」，開啟「自訂透明度平面化工具選項」對話框之後，也可設定點陣與向量的平衡。

NO.

260 將特別色轉換成印刷色

VER.
CC / CS6 / CS5 / CS4 / CS3

使用 DIC 色票這類特別色，會在印刷時轉換成 CMYK 的四版色或特別色。特別色可在「色票」面板轉換成印刷色。

STEP 1
點選「色票」面板的「色票資料庫選單」按鈕❶，再選擇「色表」裡的特別色（範例選擇的是「DIC Color Guide」❷）。從「DIC Color Guide」面板點選顏色❸，該顏色就會自動新增至「色票」面板。

STEP 2
雙點剛剛新增至「色票」面板的色票，開啟「色票選項」對話框。要將特別色轉換成印刷色，可在「色彩模式」選擇「CMYK」❹，接著在「色彩類型」選擇「印刷色」❺，再點選「確定」。

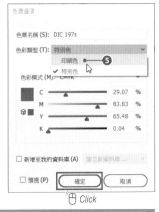

🖱 Click

🔶 **MEMO**

要列印或是輸出成檔案時，可將特別色轉換成印刷色。從「檔案」選單點選「列印」，再於「列印」對話框點選「輸出」，然後勾選「將所有特別色轉換為印刷色」，即可將特別色轉換成印刷色。CS3 可點選「分色」，再點選「將所有特別色轉換為印刷色」。

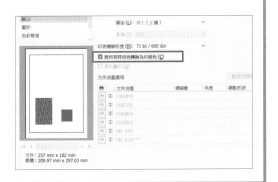

---

261 設定疊印

印刷油墨的重疊方式分成「鏤空」與「疊印」兩種,可利用「屬性」面板切換重疊方式。

鏤空與疊印

在 Illustrator 重疊物件時,通常會套用鏤空的設定。鏤空指的是挖掉背景的顏色再重疊。疊印則是將顏色疊在背景上,所以上層的物件會被背景的顏色影響。例如右下圖配置在上層的文字顏色就摻雜了背景的顏色(M:70%)。

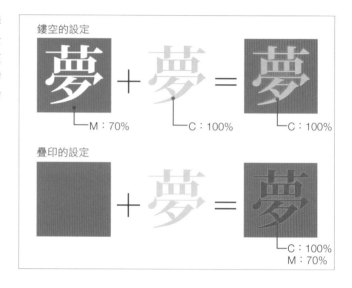

設定疊印

 要重疊油墨的方式從鏤空變更為疊印,可利用「選取」工具 ▶ 選取要設定疊印的物件❶,再從「視窗」選單點選「屬性」,開啟「屬性」面板後,勾選「疊印填色」或「疊印筆畫」❷。

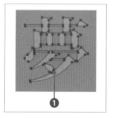

STEP 2 疊印的印刷效果可直接從畫面確認。從「檢視」選單點選「疊印預視」❸,就能直接透過畫面確認印刷的結果❹。

> ♦ MEMO
>
> 點選「視窗」選單的「分色預視」(CS4 之後才搭載),開啟「分色預視」面板後,勾選「疊印預視」也能確認印刷結果。

◈ 264 預覽印刷分版

NO.
262 統一設定黑色的疊印

VER.
CC / CS6 / CS5 / CS4 / CS3

黑色物件常有機會設定為疊印,所以內建了統一設定為疊印的功能。

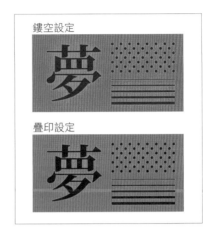

何謂黑色疊印

在設定為黑色 100% 的文字或圖形之中,設定為疊印更能得到色彩銳利的印刷結果。黑色油墨比其他顏色(洋紅、青色、黃色)更不容易受到背景色的影響色,所以不太會產生疊印常見色偏。右圖是設定黑色 100% 的文字、文件(點)與框線,再分別設定為鏤空與疊印的結果。疊印的黑色因為摻雜了背面的洋紅色,所以黑色顯得更濃。這種黑色又稱為複色黑(或是四色黑)。

鏤空設定

疊印設定

黑色疊印的設定

STEP 1
選取要套用疊印設定的黑色 100% 物件(除了黑色 100% 之外,指定了其他顏色也無妨)。從「編輯」選單點選「黑色疊印」❶,開啟「黑色疊印」對話框❷。在「百分比」設定套用疊印的黑色比例,再於「套用至:」勾選「填色」與「筆畫」是否套用此設定。「選項」欄位可勾選「將黑色加入 CMY」或「包含黑色特別色」,勾選後,可將此設定套用在含有 CMY 或特別色的黑色上。點選「確定」後,黑色物件就會套用疊印效果。

編輯自訂字典(D)...
編輯色彩 ▶
編輯原稿(O)
透明度平面化預設集(S)...
列印預設集(S)...
Adobe PDF 預設集(S)...
SWF 預設集(S)...
透視格點預設集(G)...
色彩設定(G)...　Shift+Ctrl+K
指定描述檔(A)...
鍵盤快捷鍵(K)...　Alt+Shift+Ctrl+K
我的設定

重新上色圖稿...
以預設集重新上色 ▶
反轉顏色(I)
垂直漸變(V)
水平漸變(H)
由前至後漸變(F)
調整色彩平衡(A)...
轉換為 CMYK(C)
轉換為 RGB(R)
轉換為灰階(G)
飽和度(S)...
黑色疊印(O)... ❶

黑色疊印 ❷

增加黑色 ▾

百分比(P): 100%
套用至: ☑ 填色(F) ☑ 筆畫(S)

選項
☐ 將黑色加入 CMY(B)
☐ 包含黑色特別色(O)
🖱 Click

確定　　取消

STEP 2
輸出時,可指定以疊印的方式輸出黑色物件。從「檔案」選單點選「列印」,開啟「列印」對話框之後,點選「輸出」(CS3 可點選「分色」),再於「模式」選擇「分色(基於主機)」。勾選「黑色疊印」❸,就能以疊印的方式輸出黑色物件。

印表機解析度 (R): 71 lpi / 600 dpi ▾
☐ 將所有特別色轉換為印刷色 (C)
☑ 黑色疊印 (O) ❸
文件油墨選項

	文件油墨	網線數	角度
🔒 ▣	印刷青色	63.2456 lpi	71.
🔒 ▣	印刷洋紅	63.2456 lpi	18.
🔒 ▣	印刷黃色	66.6667 lpi	0°
🔒 ▣	印刷黑色	70.7107 lpi	45°

◀ ◀ 1/1 ▶ ▶

NO.
263 設定補漏白

VER.
CC / CS6 / CS5 / CS4 / CS3

補漏白設定可讓物件稍微膨脹，避免印刷錯版時，底下的紙色透出來。

STEP 1　如範例將紅色文字疊在黑色背景上，而出現印刷錯版時，文字周圍會跑出紙色（通常是白色）。使用補漏白設定讓文字稍微膨脹，就能避免印刷錯版時，底下的紙色露出來。要設定補漏白之前必須先將文字轉換成外框，所以請先選取「Ai」的文字，再從「格式」選單點選「建立外框」。接著選取圓形與文字物件，再從「路徑管理員」面板的選單點選「補漏白」❶。

STEP 2　補漏白會比較上層與下層的顏色，然後讓亮色的物件稍微膨脹，也就是在輪廓建立物件，再套用與背景色相似的顏色。在「路徑管理員補漏白」對話框❷設定「厚度」以及在「降底色調」設定亮色的濃度減少值之後，確認設定無誤即可按下「確定」。

STEP 3　放大畫面後，請注意文字邊緣。可以發現背景的黑色與紅色物件交界處新增了物件。選取這個物件，再透過「顏色」面板確認顏色，就會發現這個顏色是由背景色與上層的亮色混合而成❸。只要像這樣設定顏色，底下的紙色就不太會在印刷錯版時露出來。補漏白的設定需要專業知識，所以不知道怎麼設定時，建議大家與印刷公司討論。

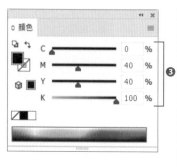

NO.

264 預覽印刷分版

VER.
CC / CS6 / CS5 / CS4 / CS3

使用「分色預視」面板可直接在畫面確認印刷時的分版結果，很適合用於完稿前的檢查。

STEP 1
從「視窗」選單選擇「分色預視」❶，開啟「分色預視」面板。勾選「疊印預視」❷，再切換各色版名稱的眼睛圖示。這次的範例使用了一般的顏色與 DIC 的特別色，所以「分色預視」面板也顯示了 DIC 的色票。

STEP 2
接著在分色預視的模式下顯示各色版。確認各色版的狀況可了解疊印或鏤空的設定是否正確。

青色

洋紅

黃色

黑色

特別色（DIC 色票）

NO.

265 使用封裝功能印刷完稿

VER.
CC / CS6 / CS5 / CS4 / CS3

在 CC 的版本之後可使用「封裝」功能將印刷完稿所需的檔案整理至另一個資料夾。

STEP 1
「封裝」功能可將文件裡的連結圖片以及英文字體同時轉存。接下來要在下列的文件執行「封裝」功能，以利進行說明。連結圖片可於「連結」面板確認❶。文件的字體則可於「文件資訊」面板確認❷。

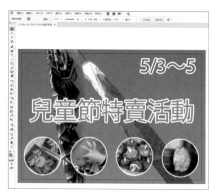

STEP 2
執行「封裝」之前，請先於「檔案」選單點選「儲存」，儲存文件。接著從「檔案」選單點選「封裝」❸。

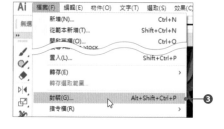

STEP 3
開啟「封裝」對話框之後，可於「選項」指定要轉存的檔案以及必要的選項❹。各選項的效果如下。

・點選「拷貝連結」，可將連結檔案複製到封裝資料夾。

・點選「收集個別檔案夾中的連結」可建立連結資料夾，再將連結檔案複製到這裡。若不勾選此選項，連結檔案就會複製到與 *.ai 檔案相同的資料夾裡。

・點選「將已連結檔案重新連結至文件」可將連結位置變更為封裝的位置。若不勾選，連結位置就會維持原本的位置。

・點選「拷貝文件中使用的字體（CJK&Typekit 字體除外）」可拷貝文件裡的英文字體。

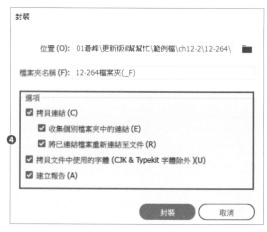

・點選「建立報告」可將文件概要報告轉存為純文字檔案。

STEP 4 指定封裝資料夾的位置。點選在「位置」輸入方塊（顯示資料夾的位置）右側的「選擇封裝檔案夾位置」按鈕 ❺，開啟對話框之後，選擇儲存位置 ❻ 與點選「選擇資料夾」。接著點選「封裝」對話框右下角的「封裝」按鈕 ❼。

STEP 5 開啟拷貝字體的警告對話框 ❽ 之後，確認內容無誤點選「確定」，此時將顯示結束封裝的訊息 ❾。點選「顯示封裝」，就會開啟封裝資料夾。右圖是封裝資料夾的構造。可以發現轉存了報告檔案 ❿、*.ai 文件 ⓫、文件的英文字體資料夾「Fonts」⓬、連結檔案的「Links」資料夾 ⓭。

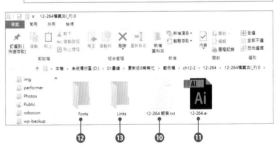

STEP 6 以文字編輯器開啟報告後，可確認文件的概要。這個報告會說明特別色的物件、使用的字體以及位置不明的字體，還有連結圖片與嵌入圖片的細節。

 MEMO

Adobe InDesign 這套排版軟體也有將印刷完稿所需的檔案與報告統一轉存的封裝功能，對於統整大量的連結檔案是非常方便的功能。這項功能移植到 Illustrator CC 之後，也讓印刷完稿的作業變得更輕鬆。

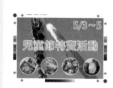

266 將網頁用與印刷完稿用的檔案轉存為 PDF

可將文件轉存為最適合網頁顯示的 PDF 或是最適合印刷完稿的 PDF。

轉存為適合網頁顯示的 PDF 格式

 首先轉成為適合網頁顯示的 PDF 格式。開啟文件後，從「檔案」選單點選「另存新檔」❶，再從「存檔類型」的彈出式選單點選「Adobe PDF（*.pdf）」❷。確認副檔名為「*.pdf」之後，指定儲存位置再點選「存檔」。

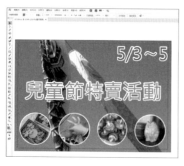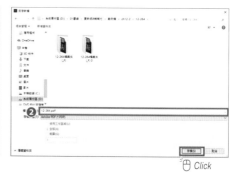

🖰 Click

STEP 2 開啟「儲存 Adobe PDF」對話框之後，可從「Adobe PDF 預設」下拉式列表選擇內建的預設集 ❸。這次的目的是要製作適合網頁顯示的 PDF，所以選擇「最細小檔案大小」❹。選擇「最細小檔案大小」後，勾選「最佳化快速 Web 檢視」選項❺再點選「儲存 PDF」輸出 PDF。

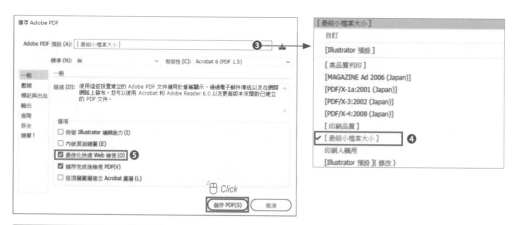

🖰 Click

⬥ MEMO

若希望之後在 Illustrator 開啟 PDF 編輯，請勾選「保留 Illustrator 編輯能力」。

STEP 3 勾選「儲存完成後檢視 PDF」會開啟轉存的 PDF，此時可確認內容。確認 PDF 檔案的內容會發現，檔案大小比原本的檔案還小。

轉存為印刷完稿用的 PDF

STEP 1 要轉存為印刷完稿用的 PDF 時，可聽從印刷公司的建議，選擇適當的「Adobe PDF 預設」。一般選擇「[PDF/X-1a:2001（Japan）]」❺。此外，有些印刷公司會釋出設定用的手冊或是提供自訂的預設集。

STEP 2 還可以進一步自訂輸出方式。於左側列表點選「壓縮」❻，就能自訂圖像的壓縮方法。此外，選擇「標記與出血」❼，就能設定是否要植入標記❽以及輸出出血邊❾。這些設定也需要配合印刷公司的指示進行。

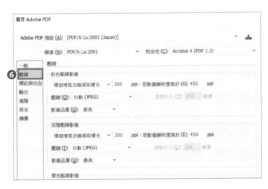

STEP 3 點選「儲存 PDF」即可輸出 PDF 檔案。勾選「儲存完成後檢視 PDF」時，將開啟轉存的 PDF 檔案，從中可確認內容。右圖的範例是選擇了「[PDF/X-1a:2001（Japan）]」、「所有印表機的標記」、「使用文件出血設定」輸出的結果。

印刷色（2色）

●C（0〜100%）＋●K（0〜100%）

●M（0〜100%）＋●K（0〜100%）

C（0〜100%）＋●K（0〜100%）

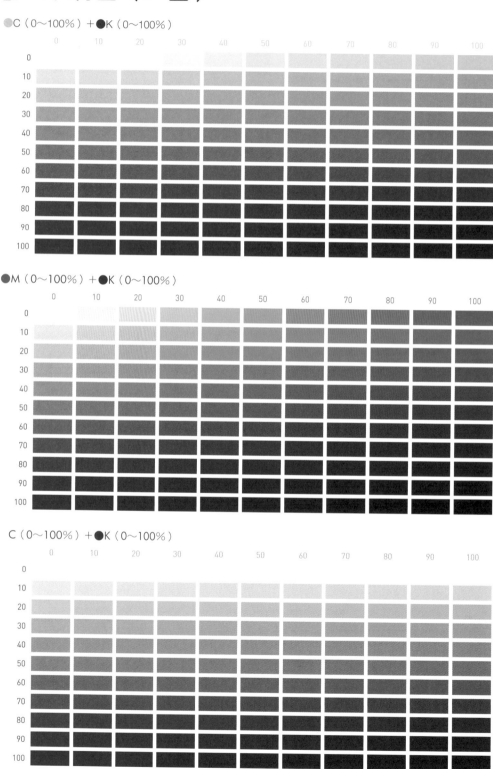

348

印刷色（2色）

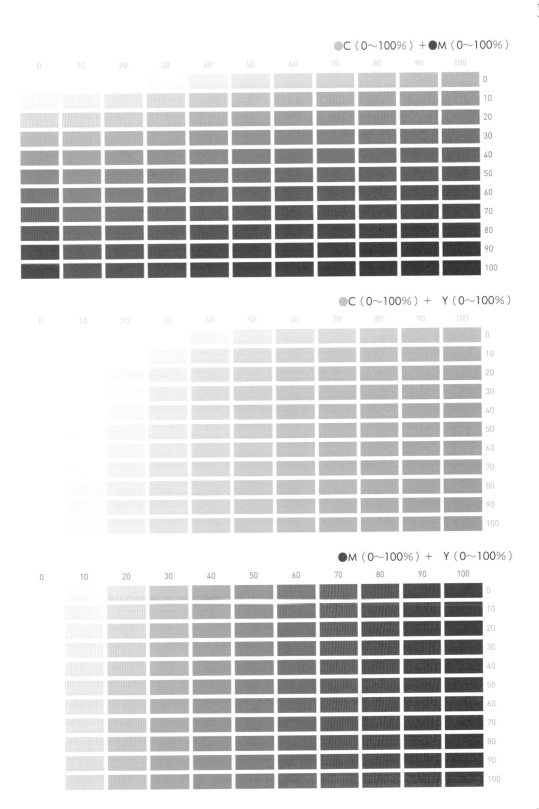

●C（0〜100%）＋●M（0〜100%）

●C（0〜100%）＋ Y（0〜100%）

●M（0〜100%）＋ Y（0〜100%）

印刷色（3色）

● C（0〜100％）＋ ● M（0〜100％）＋ ● K（50％）

● C（0〜100％）＋ Y（0〜100％）＋ ● K（50％）

● M（0〜100％）＋ Y（0〜100％）＋ ● K（50％）

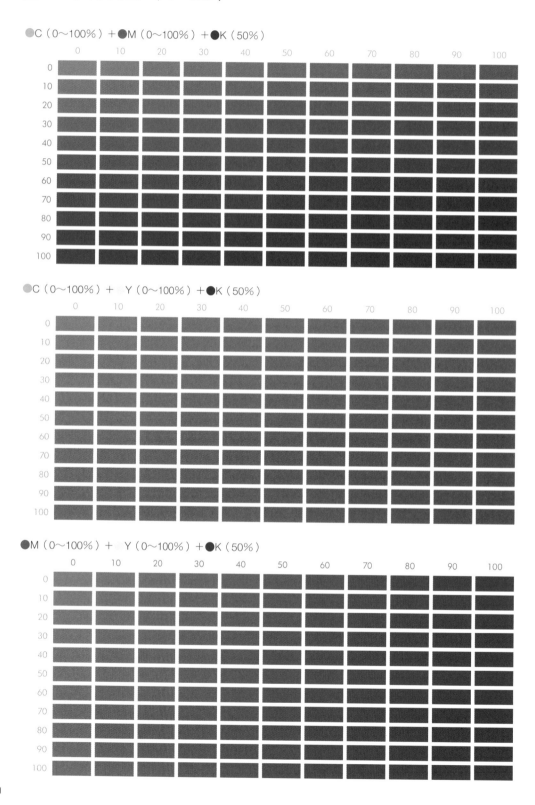

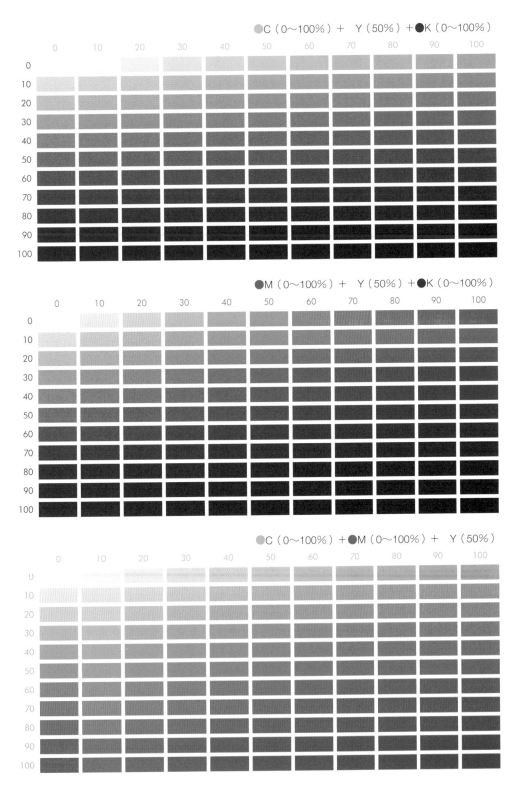

●C（0～100%）＋　Y（50%）＋●K（0～100%）

●M（0～100%）＋　Y（50%）＋●K（0～100%）

●C（0～100%）＋●M（0～100%）＋　Y（50%）

框線製作法查詢表

筆畫寬度：0.25pt

端點 筆畫寬度：2pt 虛線：2pt 間隔：10pt

筆畫寬度：0.5pt

端點 筆畫寬度：2pt 虛線：2pt 間隔：20pt

筆畫寬度：0.75pt

端點 筆畫寬度：2pt 虛線：5pt 間隔：5pt

筆畫寬度：1pt

端點 筆畫寬度：2pt 虛線：5pt 間隔：10pt

筆畫寬度：2pt

端點 筆畫寬度：2pt 虛線：5pt 間隔：20pt

筆畫寬度：3pt

端點 筆畫寬度：2pt 虛線：0pt 間隔：5pt

筆畫寬度：4pt

端點 筆畫寬度：2pt 虛線：0pt 間隔：10pt

筆畫寬度：5pt

端點 筆畫寬度：2pt 虛線：0pt 間隔：20pt

筆畫寬度：6pt

圓端點 筆畫寬度：3pt 虛線：0pt 間隔：5pt

筆畫寬度：7pt

圓端點 筆畫寬度：3pt 虛線：0pt 間隔：10pt

筆畫寬度：8pt

圓端點 筆畫寬度：3pt 虛線：0pt 間隔：20pt

筆畫寬度：9pt

圓端點 筆畫寬度：6pt 虛線：0pt 間隔：5pt

筆畫寬度：10pt

圓端點 筆畫寬度：6pt 虛線：0pt 間隔：10pt

筆畫寬度：20pt

圓端點 筆畫寬度：6pt 虛線：0pt 間隔：20pt

框線可透過「筆畫」面板設定。細節請參考「086 繪製虛線（點線）」、「087 設定筆畫的寬度與形狀」。

筆畫寬度 4pt（黑色）上面中帶一條筆畫寬度 3pt（白色）的線

筆畫寬度 6pt（黑色）上面中帶一條筆畫寬度 3pt（白色）的線

筆畫寬度 5pt（黑色）上面中帶一條筆畫寬度 2pt（白色）的線，再往下移動 1pt

筆畫寬度 8pt（黑色）上面中帶一條筆畫寬度 6pt（白色），再重帶一條筆畫寬度 4pt（黑色）的線

筆畫寬度 8pt（黑色）上面中帶一條筆畫寬度 6pt（白色），再重帶一條筆畫寬度 2pt（黑色）的線

筆畫寬度 4pt（黑色）上面中帶一條筆畫寬度 3pt（白色），虛線：3pt、間隔：3pt 的虛線

筆畫寬度 6pt（黑色）上面中帶一條筆畫寬度 3pt（白色），虛線：10pt、間隔：10pt 的白線

筆畫寬度 8pt（黑色）上面中帶一條筆畫寬度 2pt（白色），虛線：10pt、間隔：10pt 的虛線

筆畫寬度 1pt（黑色）上面中帶一條筆畫寬度 12pt（黑色），虛線：1pt、間隔：10pt 的虛線

筆畫寬度 1pt（黑色）上面中帶一條筆畫寬度 12pt（黑色），虛線：1pt、間隔：30pt 的虛線

筆畫寬度 1pt（黑色）上面中帶一條筆畫寬度 12pt（黑色），虛線：1pt、間隔：2pt、虛線、1pt、間隔 30pt 的虛線

筆畫寬度 2pt（黑色）上面中帶一條圓端點，筆畫寬度 0.5pt（黑色），虛線：0pt、間隔：40pt 的虛線

筆畫寬度 2pt（黑色）上面中帶一條圓端點，筆畫寬度 10pt（黑色），虛線：0pt、間隔：40pt 的虛線，然後再中帶一條圓端點，筆畫寬度：6pt（白色），虛線：0pt、間隔 40pt 的虛線

筆畫寬度 2pt（黑色）上面中帶一條圓端點，筆畫寬度 10pt（黑色），虛線：0pt、間隔：40pt 的虛線，然後再中帶一條圓端點，筆畫寬度 2pt（白色），虛線：0pt、間隔 40pt 的虛線

筆畫寬度 2pt，虛線：10pt，間隔：3pt，虛線：3pt，間隔：3pt

筆畫寬度 2pt，虛線：10pt，間隔：5pt，虛線：2pt，間隔：5pt，虛線：10pt，間隔：5pt

筆畫寬度 2pt，虛線：1pt，間隔：3pt，虛線：3pt，間隔：3pt，虛線：3pt，間隔：1pt

筆畫寬度 1pt，虛線：3pt，間隔：3pt

筆畫寬度 3pt，虛線：3pt，間隔：3pt

筆畫寬度 6pt，虛線：3pt，間隔：3pt

筆畫寬度 10pt，虛線：3pt，間隔：3pt

筆畫寬度 20pt，虛線：3pt，間隔：3pt

筆畫寬度 0.75pt，「扭曲與變形」、「鋸齒化」，尺寸：1pt，各區間的鋸齒數：100，尖角

筆畫寬度 0.75pt，「扭曲與變形」、「鋸齒化」，尺寸：2pt，各區間的鋸齒數：100，尖角

筆畫寬度 0.75pt，「扭曲與變形」、「鋸齒化」，尺寸：3pt，各區間的鋸齒數：100，尖角

筆畫寬度 0.75pt，「扭曲與變形」、「鋸齒化」，尺寸：1pt，各區間的鋸齒數：100，平滑

筆畫寬度 0.75pt，「扭曲與變形」、「鋸齒化」，尺寸：2pt，各區間的鋸齒數：100，平滑

筆畫寬度 0.75pt，「扭曲與變形」、「鋸齒化」，尺寸：3pt，各區間的鋸齒數：100，平滑

框線可透過「筆畫」面板設定。細節請參考「086 繪製虛線（點線）」、「087 設定筆畫的寬度與形狀」。

作者簡介

生田 信一

Far Inc 有限公司負責人。東京設計專門學校約聘講師。從 1991 年開始編輯設計雜誌的工作，後續也撰寫許多書籍與雜誌，同時參與編輯與排版。著有《プロなら誰でも知っている デザインの原則 100》（BomDigital 出版），共同著作有《DTP 桌上排版活用技術修煉》（博碩）、《InDesign CS6 逆引きデザイン事典 PLUS》、《InDesign 標準デザイン講座》（以上皆由翔泳社出版），以及《好設計，第一次就上手：85 個黃金法則，日本人就是這樣開始學設計！》（原點）、《デザインを学ぶ 1 グラフィックデザイン基礎》（MdN）。

（負責執筆第 1 章、第 7 章、第 8 章、第 12 章）

ヤマダジュンヤ

平面設計師。2000 年發佈個人網站（http://www.ch67.jp）並投身自由業。主要於廣告、LOGO 設計以及許多領域活動，也撰寫設計相關書籍、專業雜誌的文章與專欄。著有《クリエイターのための 3 行レシピ ロゴデザイン Illustrator》（翔泳社）、《Illustrator CS2 デザインスクール for Win & Mac》（MdN），共同著作有《もっとクイズで学ぶデザイン・レイアウトの基本》（翔泳社）、《プロとして恥ずかしくない 新・配色の大原則》（MdN）等。

（負責執筆第 2 章、第 3 章、第 4 章）

柘植 ヒロポン

平面設計師。橫濱美術大學美術學部美術、設計學科約聘講師。從事設計相關的書籍企劃、編排與撰寫，近期著有《やさしい配色の教科書》（個人著作）、《プロとして恥ずかしくない 新・配色の大原則》（共同著作。上述皆由 MdN 出版）。

（負責執筆第 5 章、第 9 章）

順井 守

於設計事務所 HAI 製作室服務後，於 2003 年創立 12design。目前從事的是網頁互動性平面設計。
http://www.12design.jp

（負責執筆第 6 章、第 10 章、第 11 章）

Illustrator 設計幫幫忙[CC/CS6/CS5/CS4/CS3] (增訂版) --解決現場問題的速查即效事典

作　　　者：生田信一、ヤマダジュンヤ"、柘植ヒロポン、順井守
譯　　　者：許郁文
企劃編輯：王建賀
文字編輯：王雅雯
設計裝幀：張寶莉
發 行 人：廖文良

發 行 所：碁峰資訊股份有限公司
地　　　址：台北市南港區三重路 66 號 7 樓之 6
電　　　話：(02)2788-2408
傳　　　真：(02)8192-4433
網　　　站：www.gotop.com.tw
書　　　號：ACU076200
版　　　次：2018 年 07 月初版
　　　　　　2021 年 09 月初版八刷
建議售價：NT$480

國家圖書館出版品預行編目資料

Illustrator 設計幫幫忙：解決現場問題的速查即效事典[CC/CS6/
CS5/CS4/CS3] / 生田信一等原著；許郁文譯. -- 二版. -- 臺
北市：碁峰資訊, 2018.07
　　面；　　公分
　　ISBN 978-986-476-784-7(平裝)
　　1.Illustrator(電腦程式)
312.49I38　　　　　　　　　　　　　　　　107004599

讀者服務

- 感謝您購買碁峰圖書，如果您
  對本書的內容或表達上有不清
  楚的地方或其他建議，請至碁
  峰網站：「聯絡我們」\「圖書問
  題」留下您所購買之書籍及問
  題。(請註明購買書籍之書號及
  書名，以及問題頁數，以便能
  儘快為您處理)
  http://www.gotop.com.tw

- 售後服務僅限書籍本身內容，
  若是軟、硬體問題，請您直接
  與軟、硬體廠商聯絡。

- 若於購買書籍後發現有破損、
  缺頁、裝訂錯誤之問題，請直
  接將書寄回更換，並註明您的
  姓名、連絡電話及地址，將有
  專人與您連絡補寄商品。